教育部高等学校软件工程专业教学指导委员会推荐教材

软件开发 人才培养系列丛书

MySQL

数据库
设计与应用

（慕课版）

赵晓侠 潘晟旻 寇卫利◎主编

杜文方 潘伟华 郑发鸿 刘领兵◎副主编

U0160339

人民邮电出版社

北 京

图书在版编目（ＣＩＰ）数据

MySQL数据库设计与应用 ：慕课版 / 赵晓侠，潘晟旻，寇卫利主编. -- 北京 ：人民邮电出版社，2022.3
（软件开发人才培养系列丛书）
ISBN 978-7-115-58571-4

Ⅰ. ①M… Ⅱ. ①赵… ②潘… ③寇… Ⅲ. ①SQL语言－程序设计－教材 Ⅳ. ①TP311.132.3

中国版本图书馆CIP数据核字(2022)第015566号

内 容 提 要

本书以课程管理系统为主线，介绍数据库基础知识、MySQL 操作环境、数据定义与操作、数据查询与视图、编程基础、存储程序、数据库管理及安全等内容，通过完成课程管理系统综合案例来分析基于 PHP 的 MySQL Web 数据库应用系统的开发过程。本书配有章节知识结构图及课程思政内容，有利于开展德智融合的混合模式教学。

本书以建设一流课程为目标，与在线运行的 MOOC 资源相匹配，适合线上线下混合式教学。本书配有视频、源代码、教学课件、教学案例等资源，读者可登录人邮教育社区（www.ryjiaoyu.com）下载。

本书可作为高等院校计算机相关专业 MySQL 数据库课程的教材，也适合全国计算机等级考试二级科目——MySQL 数据库程序设计的备考及培训相关人员使用。

◆ 主　　编　赵晓侠　潘晟旻　寇卫利
　　副 主 编　杜文方　潘伟华　郑发鸿　刘领兵
　　责任编辑　祝智敏
　　责任印制　王　郁　陈　犇

◆ 人民邮电出版社出版发行　　北京市丰台区成寿寺路 11 号
　　邮编　100164　　电子邮件　315@ptpress.com.cn
　　网址　https://www.ptpress.com.cn
　　固安县铭成印刷有限公司印刷

◆ 开本：787×1092　1/16
　　印张：17.75　　　　　　　　2022 年 3 月第 1 版
　　字数：427 千字　　　　　　 2025 年 1 月河北第 8 次印刷

定价：69.80 元

读者服务热线：(010)81055256　印装质量热线：(010)81055316
反盗版热线：(010)81055315
广告经营许可证：京东市监广登字 20170147 号

数据库技术作为信息领域的关键应用技术之一，已经渗透到人们生活和生产的方方面面，推动了当代社会信息化发展。数据库课程在国内外高校中都由专业课延伸为公共基础必修课。掌握数据库技术被视为新型现代高级人才必备的信息技术基础能力。MySQL 是一款流行的开源数据库，其功能完善，易于学习和使用，被广泛地应用于中小规模的数据库应用场景。

本书旨在传授知识、培养能力、塑造价值，把爱国主义情怀、刚毅坚卓的精神内涵与数据库技术知识相结合，让"数据库技术"变为有阅读感、有温度的一门计算机课程。同时，本书把道德规范、创新精神、中国智慧等元素融入数据库知识点中，让学生在吸收数据库知识、掌握数据库应用技能的同时，在精神层面也能有所收获。

本书共分为 9 章，第 1 章介绍数据库基础知识；第 2 章介绍 MySQL 的相关知识，其中图形用户界面为全国计算机等级考试二级科目——MySQL数据库程序设计所使用的 WAMP 软件环境；第 3 章介绍数据库、数据表及数据的操作；第 4 章介绍数据查询和视图知识；第 5 章和第 6 章介绍 MySQL 编程基础知识和存储程序；第 7 章介绍数据库管理及安全相关内容；第 8 章介绍基于 PHP 的 MySQL Web 应用；第 9 章给出完整的课程管理系统设计开发案例。第 1 章到第 4 章定位为基础层次，第 5 章到第 7 章涵盖高阶技术，第 8 章和第 9 章展示综合应用。本书以技术应用为主，原理介绍从简。全书以学生熟悉的课程管理系统为主线进行编写，使学生能够更方便地学习和理解数据库知识，掌握数据库技能。

本书有以下特色。

（1）配套慕课资源，便于开展线上线下混合式教学。本书配套理念新颖、特色鲜明的慕课"MySQL 数据库设计与应用"，已经在中国大学MOOC、智慧树、优课联盟等主流慕课平台上线，同时也在学堂在线英文版国际平台上线，为教师开展线上线下混合式教学奠定了基础。

（2）配套教学资源丰富，适合不同层次的读者使用。全书提供了教学视频、教学课件、数据库文件、案例源码等电子资源。书中的重点、难点和拓展知识均配有二维码，读者可扫码观看视频，或者到人邮教育社区下载相关资源。

（3）案例与问题驱动结合。本书以应用为主，以完整课程管理系统开发案例为主线，将案例拆解到各章，围绕知识点组织章节内容，最后将各章连接成一个完整的 DBMS，实现融合。

（4）教书与育人有机结合。本书在各章中融入德育元素，为使用本书的教师提供了参考及引领，在教学过程中教师可因地制宜去具体实施。本书融入德育元素的方法有两种：一是将总结的德育元素直接融入数据库内容中；二是将内容较多的德育元素通过"拓展知识"进行二维码链接，读者可扫码阅读。

本书作为教材使用时，建议理论学时为 32+32（线上+课堂），实验学时为 32，线上学习平台可选择中国大学 MOOC、智慧树官网，或访问人邮教育社区。各章主要内容、建议分配学时及对应的实验如下表所示，教师可根据实际教学情况进行调整。

章	主要内容	理论学时	实验	实验学时
第 1 章	数据库系统概述、数据模型、关系模型、关系数据库设计	线上：2 课堂：2	实验 1	2
第 2 章	MySQL 概述、MySQL 服务器的配置与管理、可视化工具 WampServer 的使用方法	线上：2 课堂：2	实验 2	2
第 3 章	MySQL 数据库操作、MySQL 数据类型、数据表操作、数据的增删改操作、索引	线上：6 课堂：6	实验 3、4、5	6
第 4 章	单表查询、条件查询、连接查询、聚合函数的使用、查询结果的排序及分组、子查询、查询结果的去向、视图	线上：6 课堂：6	实验 6、7、8	6
第 5 章	常量、变量、运算符与表达式、选择结构、循环结构	线上：4 课堂：4	实验 9、10	4
第 6 章	存储过程、事件、触发器	线上：4 课堂：4	实验 11	4
第 7 章	用户管理、权限管理、数据备份与恢复、日志文件和事务处理	线上：2 课堂：2	实验 12	2
第 8 章	PHP 操作 MySQL 的工作流程，PHP 的 MySQL 数据库连接，PHP 对 MySQL 数据库、数据表、记录的操作	线上：4 课堂：4	实验 13	4
第 9 章	课程管理系统综合案例	线上：2 课堂：2	综合案例	2

本书由赵晓侠设计内容框架和编写思路，由赵晓侠、潘晟旻、寇卫利任主编，由杜文方、潘伟华、郑发鸿、刘领兵任副主编，参与本书编写的还有付湘琼、郝熙、张霖、梁其烺、李菊芳、张俊。本书得到了人民邮电出版社的全力支持，并被列为教育部软件工程专业教学指导委员会推荐教材，同时得到了昆明理工大学和西南林业大学广大同仁的大力支持，在此一并感谢。

本书由编者基于多年的高等院校数据库课程开设经验和在线运行的慕课编写而成。由于数据库知识涉及面广，加之编者水平有限，书中难免存在欠妥之处，恳请广大读者和同行给予批评指正。问题反馈邮箱：zhxiaoxia@163.com。

编者

2021 年 9 月

第 7 章

**数据库
管理及安全**

第 8 章

基于 PHP 的 MySQL Web 应用

第9章

课程管理
系统综合
案例

1.1 数据库系统概述

1.1.1 数据与信息及数据管理技术的发展历程

1. 数据与信息

数据在大多数人看来就是数字，其实这是对数据的一种传统而狭隘的理解。从广义上来说，数据的形式是多种多样的，它不仅包括数字、文本，还包括图形、图像、声音、动画等。数据是记录信息的物理符号，是表达和传递信息的工具。

信息是对各种事物的本质及其运动规律的描述，其内容通过数据来表述和传播。信息是经过加工的数据，是附加了某种解释或意义的数据。例如，38是数据，但不能成为信息，如果说这个数据是某人的体温，那么这个数据就变得有意义了，我们可以得到这个人发烧了的信息。

数据和信息是两个既有联系又有区别的概念。数据是信息的载体，信息通过数据表现出来。数据经过处理可以转化为信息，信息也可以作为数据进行处理。一般来说，在数据库技术中，数据和信息并不严格进行区分。

2. 数据管理技术的发展历程

研制计算机的最初目的是解决复杂的科学计算问题，但随着计算机技术的不断发展，它的应用远远超出了这个范畴。在应用需求的推动下，数据管理技术也伴随计算机技术的发展而逐渐发展起来，其间经历了人工管理、文件系统和数据库系统3个阶段。

（1）人工管理阶段

20世纪50年代初，计算机主要用于科学计算。硬件方面没有像磁盘这样随机存取的外部存储设备。软件方面没有操作系统和管理数据的工具，数据处理以批处理方式进行，数据的组织和管理完全依靠程序员手动完成，数据无法存储，没有文件的概念，存在大量冗余数据，数据的独立性和共享性都很差。

（2）文件系统阶段

20世纪50年代后期到20世纪60年代，随着计算机存储技术的发展和操作系统的出现，数据的管理可以通过操作系统的文件系统来实现，数据得以通过文件的方式来存取和管理，实现了数据在文件级别上的共享，程序和数据有了一定的独立性。但文件系统只是简单地存放数据，数据文件相互之间并没有形成有机的联系，也没有相应的模型约束，所以数据独立性较差，仍有大量冗余数据，还容易造成数据不一致。

（3）数据库系统阶段

20世纪60年代后期，随着计算机在管理领域的应用越来越广泛，规模越来越大，数据量也急剧增加，以文件系统作为管理数据的手段已经不能满足多种应用的需求。此时，数据库技术应运而生，专门用于数据管理的软件——数据库管理系统（DataBase Management System，DBMS）出现了。至此，数据管理技术进入了数据库系统阶段。

DBMS把所有应用程序中使用的数据汇集在一起，并以记录为单位存储起来，以便查询和使用，从而提高了数据的共享性和独立性，减少了数据的冗余，并提高了数据的一致

第 **1** 章 数据库概述

现实世界中的信息是如何转化为能被计算机"理解"和"处理"的数据的？读者可在本章中找到答案。本章将迈出 MySQL 数据库设计的第一步，介绍数据库的基础知识、数据管理技术的发展历程、数据库系统的组成及特点，为读者打开认识数据库的大门；介绍数据库中抽象、表示和处理现实世界中数据和信息的工具——数据模型；介绍结构化数据库的基础——关系模型；通过案例介绍关系数据库的设计方法和步骤。

本章导学

本章学习目标

- ◇ 了解与数据库相关的基础知识
- ◇ 理解数据模型的概念
- ◇ 掌握结构化数据库的基础 —— 关系模型
- ◇ 能够设计出关系数据库系统的基本结构

本章知识结构图

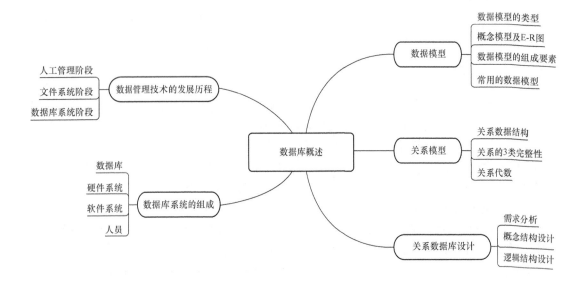

性和完整性。

与人工管理和文件系统相比，数据库系统具有以下特点：数据结构化，数据的共享性高、冗余度低且易扩充，数据独立性高，数据由 DBMS 统一管理和控制。

1.1.2　数据库系统的组成

数据库系统是引入了数据库技术的计算机系统，它不仅包含一组数据管理的软件和一个数据库，而且是一个实际可运行的，按照数据库方式存储数据、维护数据、向应用系统提供数据或信息支持的系统，是存储介质、处理对象和管理系统的集合体。数据库系统通常由数据库、硬件系统、软件系统和人员组成。

1．数据库

数据库（DataBase，DB）是长期存储在计算机内的、有组织的、可共享的、统一管理的大量数据的集合。它是按照数据结构来组织、存储和管理数据的"仓库"。数据库中的数据按一定的数据模型组织、描述和存储，具有较小的冗余度和较高的数据独立性，并易于扩展。

2．硬件系统

硬件系统包括支持数据库系统运行的全部硬件。例如，足够大的内存，用以存放操作系统、DBMS 例行程序、应用程序和数据表等；大容量的随机存取外部存储器，用以存放数据和系统副本；有较强通道能力的相关器件。网络数据库还需要相关的网络设备。

3．软件系统

软件系统主要包括 DBMS、支持 DBMS 运行的操作系统、具有数据库接口的高级语言及其编译系统、以 DBMS 为核心的应用开发工具软件和数据库应用程序。

DBMS 位于用户和操作系统之间，是建立、使用和管理数据库的系统软件，也是数据库系统的核心。它主要具有以下几方面的功能。

（1）数据定义功能。DBMS 提供了数据定义语言（Data Definition Language，DDL），供用户方便地定义数据库中的数据对象。

（2）数据组织、存储和管理功能。DBMS 能够分类组织、存储和管理各种数据，确定数据在存储级别上的结构和存取方式，实现数据之间的联系并提供多种存取方法，以提高存取效率。

（3）数据操纵功能。DBMS 提供了数据操纵语言（Data Manipulation Language，DML），方便用户对数据库中的数据进行查询、插入、删除和修改等基本操作。

（4）数据库的管理功能。DBMS 统一管理和控制数据的存储与更新等操作，可保证数据的安全性、完整性及多用户对数据的并发使用，并能在发生故障后实现系统恢复。

（5）数据库的建立和维护功能。DBMS 提供了实用程序或工具，用以完成数据库数据的批量装载、数据库转储、介质故障恢复、数据库的重组织和性能监视等。

（6）通信功能。DBMS 能与其他软件系统进行通信；DBMS 之间能完成数据转换；DBMS 能够实现异构数据库之间的互访和互操作。

4．人员

数据库系统中的人员可分为数据库管理员、系统分析员、应用程序员及最终用户。

（1）数据库管理员

数据库管理员（DataBase Administrator，DBA）是负责数据库规划、设计、协调、控制和维护等工作的专职人员。他们的主要职责是参与数据库系统的设计与建立，定义数据的安全性要求和完整性约束条件，监控数据库的使用和运行，负责数据库性能的改进和数据库的重组、重构。

（2）系统分析员

系统分析员负责应用系统的需求分析和规范说明，与用户及数据库管理员交流沟通，确定系统的硬件、软件配置，并参与数据库系统的概要设计。

（3）应用程序员

应用程序员负责设计和编写应用系统的程序模块，并进行调试和安装。

（4）最终用户

最终用户（End User）是通过应用系统的用户接口使用数据库的人。

1.1.3　数据库技术发展的新方向

随着信息技术的不断发展，大量数据不断产生，甚至呈井喷式增长，各种数据的产生速度之快、产生数量之大，已经远远超出了人类可以控制的范围，人类迈入了"大数据"时代。大数据具有数据量大、数据类型繁多、处理速度快和价值密度低的特点，它是关于客观世界及其演化过程的全面、完整的数据集。所以，大数据是半结构化或非结构化的、关系数据库难以存储的、单机数据分析统计工具无法处理的数据，这些数据需要存放在拥有数千万台机器的大规模并行系统上，这使数据管理技术的复杂度大大增加，人们不得不重新考虑数据的存储和管理方法。

虽然关系数据库管理系统（Relational DataBase Management System，RDBMS）仍然是当下流行的数据库系统，但它无法很好地管理半结构化或非结构化的数据。为了解决这一问题，研究者们提出了全面基于网络应用的新型数据库。它通常用于处理互联网上的半结构化数据（如网页数据、社交网络数据等），解决大数据多样性、规模性和流动性等带来的问题。非关系数据库与关系数据库的最大区别就在于它突破了关系数据库结构定义不易改变和数据定长的限制，支持重复字段、子字段及变长字段，并实现了对变长数据和重复字段进行处理，以及数据项的变长存储管理功能。它在处理连续数据和非结构数据时，具有传统关系数据库无法比拟的优势。

除大数据外，与计算机技术相关的大量新型应用的产生也催生了很多对人类的日常生活、社会组织结构、生产关系形态、生产力发展水平产生深刻影响的新技术，如云计算、人工智能、增强现实、机器学习、量子计算等。数据库技术与这些新技术相结合，产生了分布式数据库、并行数据库、知识库、多媒体数据库等一系列新数据库，这将是数据库技术重要的发展方向。另外，从实践的角度来看，适合特定应用领域的数据库技术，如工程数据库、统计数据库、科学数据库、空间数据库和地理数据库等，也是数据库技术研究的方向。随着研究工作的继续深入和数据库技术在实践工作中的应用，数据库技术将会朝更多专门的应用领域发展。

数据在信息化社会中的作用越来越重要，如何更好地管理数据，这已成为计算机领域一个重要的研究方向。从人工管理到数据库系统管理，从结构化数据的管理到半结构化或非结构化数据的管理，在一次次的创新中，数据管理技术也不断地向前发展。

拓展知识

1.2 数据模型

1.2.1 数据模型概述

在现今社会中，模型对人们而言已是一种熟悉的事物，明星蜡像、建筑沙盘、玩具小汽车都是模型，它们都是对现实世界中真实事物的模拟。模型就是对现实世界特征的模拟和抽象。数据模型是一种特殊的模型，是对现实世界数据特征的抽象，通俗地讲，数据模型就是对现实世界的模拟。在数据库中，用数据模型来抽象、表示和处理现实世界中的数据与信息。

数据模型的建立应该满足 3 个方面的要求：第一，能比较真实地模拟现实世界；第二，容易为人所理解；第三，便于在计算机中实现。但是，一种数据模型很难完全满足这 3 个方面的要求。所以，在设计数据库时，人们会根据不同的使用对象和应用目的，采用不同的数据模型。

根据应用的不同目的，数据模型可以分为两个不同的层次：概念数据模型和数据模型。

1．概念数据模型

概念数据模型简称概念模型，也称信息模型，是现实世界中的一个真实模型，它按用户的观点对数据和信息建模，用于设计数据库。概念模型是各种数据模型的共同基础，它比数据模型更独立于机器、更抽象，从而更加稳定。

2．数据模型

数据模型是数据库系统的核心和基础，DBMS 也是基于某种数据模型实现的。数据模型还可细分为两类：逻辑模型和物理模型。逻辑模型按计算机系统的观点对数据建模，用于实现 DBMS，主要包括网状模型、层次模型、关系模型、面向对象数据模型、对象关系数据模型、半结构化数据模型等。物理模型是对数据最底层的抽象，用于描述数据在系统内（磁盘或内存等存储介质中）的表示方式和存取方法。

把现实世界中的客观问题转变成机器世界可以识别和处理的数据模型需要经过两个步骤。第一步：通过认识和抽象把客观问题转变成信息世界的概念模型。概念模型是不依赖于任何计算机系统的，这一步工作由数据库设计人员完成。第二步：把信息世界的概念模型转变成机器世界的数据模型，即转变成逻辑层面的逻辑模型和依赖于物理系统的物理模型。

例如，把现实世界中某两人登记结婚的信息转换成机器世界的数据模型的过程如图 1-1 所示。

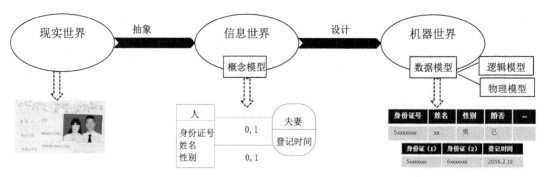

图 1-1 现实世界中客观对象的抽象过程

1.2.2 概念模型及 E-R 图

概念模型是设计数据库的有力工具，是数据库设计人员和用户之间进行交流的"语言"，是现实世界到机器世界的一个中间层次，用于信息世界的建模。

1．信息世界

将现实世界的数据抽象化和概念化，并用文字符号表示出来，就形成了信息世界。信息世界中常涉及以下概念。

（1）实体

实体（Entity）是客观存在并可以相互区别的事物，可以是具体的人、事、物或抽象的概念。例如，一台计算机、一个医生、一只兔子、一个班级等都是实体。实体是信息世界的基本单位，同型实体的集合称为实体集。例如，全部医生就是一个实体集。

（2）属性

实体的特征在信息世界中被称为属性（Attribute），通常一个实体可以由若干个属性来刻画。例如，医生实体可以用姓名、性别、年龄、职称、职工号等属性来刻画。

（3）码

码（Key）指唯一标识实体的属性集，可以包含一个属性，也可以同时包含多个属性。例如，职工号就是医生实体的码。

（4）联系

联系（Relationship）指一个实体的实例和其他实体实例之间可能发生的联系。例如，哪个医生属于哪个科室。参与发生联系的实体数目称为联系的度或元。联系有一元联系、二元联系和多元联系，其中二元联系最为常见。

实体间的联系有以下 3 种。

① 一对一联系（1:1）。一对一联系指实体集 A 的一个实体只能和实体集 B 的一个实体发生联系，实体集 B 的一个实体也只能和实体集 A 的一个实体发生联系。例如，一个班级只有一个班主任，一个班主任只能管理一个班级。

② 一对多联系（1:n）。一对多联系指实体集 A 的一个实体能和实体集 B 的多个实体发生联系，而实体集 B 的一个实体只能和实体集 A 的一个实体发生联系。例如，一个班级有多位同学，一位同学只能属于一个班级。

③ 多对多联系（$m:n$）。多对多联系指实体集 A 的一个实体可以和实体集 B 的多个

实体发生联系，实体集 B 的一个实体也可以和实体集 A 的多个实体发生联系。例如，一位同学可以选修多门课程，一门课程也可由多位同学来选修。

2. E-R 图

概念模型的表示方法有很多，其中 1976 年陈品山（P.P.S.Chen）提出的实体-联系法（Entity-Relationship Approach）是最为常用的。该方法用 E-R 图来描述现实世界的概念模型。

E-R 图提供了实体、属性、联系表示的方法，如图 1-2 所示。

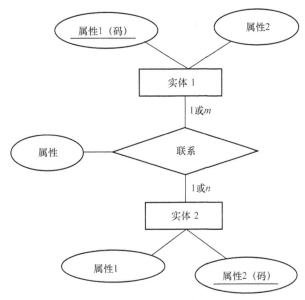

图 1-2　E-R 图的基本图元

实体：用矩形框表示，框内写明实体名。

属性：用椭圆形框表示，框内写明属性名，属性名下加下画线表示码，用直线与相关实体或联系相连。

联系：用菱形框表示，框内写明联系名，用直线分别与相关实体相连，通过在直线旁标注 1、m 或 n 来表示一对一、一对多和多对多的联系。

将现实世界中的数据转化为信息世界中的概念模型以抽象出 E-R 图时，应遵守以下原则。

（1）现实世界的事物能作为属性对待的，尽量作为属性对待。

（2）属性不能再具有需要描述的性质。属性必须是不可分的数据项，不能包含其他属性。

（3）属性应该存在且只存在于某一个地方（实体或者联系）。

（4）E-R 图中所表示的联系是实体与实体之间的联系，属性不能与其他实体具有联系。

（5）实体是一个单独的个体，不能存在于另一个实体中成为另一个实体的属性。

（6）同一个实体在同一个 E-R 图内只能出现一次。

【例 1-1】　用 E-R 图描述以下企业的概念模型。

某企业有若干个工厂，每个工厂生产多种产品，且每一种产品可以在多个工厂生产，每个工厂按照固定的计划数量生产产品；每个工厂聘用多名职工，且每名职工只能在一个工厂工作，工厂聘用的职工有聘用期和工资。工厂的属性有工厂编号、厂名、地址，产品的属性有产品编号、产品名、规格，职工的属性有职工号、姓名。

分析如下。

（1）确定实体类型及属性。

3个实体：工厂、产品、职工。

工厂的属性：工厂编号、厂名、地址。

产品的属性：产品编号、产品名、规格。

职工的属性：职工号、姓名。

（2）确定联系类型。

"工厂-产品"的联系（$m:n$）——生产。

属性：计划数量。

"工厂-职工"的联系（$1:n$）——聘用。

属性：聘用期、工资。

（3）把实体类型和联系类型组合成 E-R 图，如图 1-3 所示。

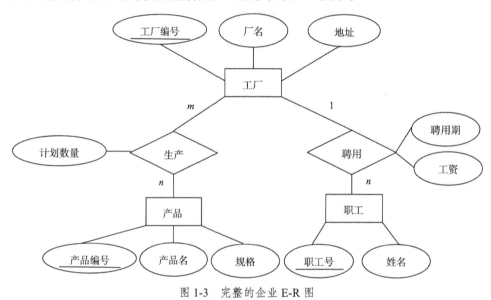

图 1-3　完整的企业 E-R 图

1.2.3　数据模型的组成要素

数据模型是严格定义的一组概念的集合，通常由数据结构、数据操作和完整性约束条件 3 部分组成。

1．数据结构

数据结构刻画的是数据模型性质中最重要的方面，是对系统静态特性的描述。它描述数据库组成对象的类型、内容、性质及对象之间的联系。在数据库系统中，程序员通常按照数据结构的类型来命名数据模型。

2．数据操作

数据操作是对数据库中各种对象的实例允许执行的操作的集合，是对系统动态特性的描述。数据操作的类型主要包括检索和更新两大类。

3. 完整性约束条件

数据的完整性约束条件指给定的数据模型中数据及其联系所具有的制约和依存规则的集合，用来保证数据的正确性、有效性和相容性。例如，成绩管理系统中规定每门课的成绩必须大于或等于 0。

1.2.4 常用的数据模型

在数据库技术发展的历史长河中，数据模型出现了多种形式。层次模型、网状模型和关系模型被称为三大经典的数据模型。

1. 层次模型

层次模型用树形结构来描述数据间的联系，它的数据结构是一棵"有向树"。树形结构有严密的层次关系，除根节点外，每个节点仅有一个父节点，节点之间是单向联系的，如图 1-4 所示。父节点和子节点之间是一对多的联系。

2. 网状模型

网状模型以图的形式来描述数据间的联系，如图 1-5 所示。网状模型节点之间的联系不受层次的限制，节点之间的联系是多对多的。层次模型是网状模型的特例。

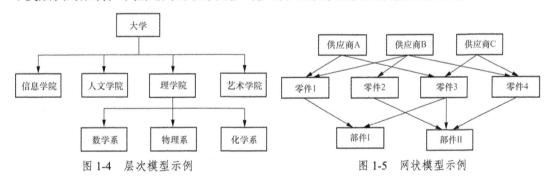

图 1-4 层次模型示例   图 1-5 网状模型示例

3. 关系模型

关系模型用二维表的结构来描述数据间的联系，它具有坚实的数学基础与理论，在下一节中将详细介绍关系模型的相关知识。

4. 其他数据模型

随着面向对象程序设计技术的发展，数据模型也出现了对象模型：面向对象数据模型和对象关系数据模型。这些数据模型都属于结构化的数据模型。随着互联网技术的发展，半结构化的数据模型应运而生，如 XML。在大数据时代，数据模型又演变出新的形式——非结构化数据模型。

1.3 关系模型

目前主流的数据库系统大多是关系数据库系统，MySQL 就是一种关系数据库系统。关系数据库系统是在关系模型基础上建立的，关系模型由关系数据结构、关系完整性约束和关系操作集合 3 部分组成，下面详细介绍这 3 部分，对于关系操作集合，则着重介绍其中的关系代数。

1.3.1 关系数据结构

关系模型的数据结构较为单一，现实世界中的实体及实体间的联系均用关系来表示。在用户眼中，关系模型的逻辑结构就是一张二维表，由行和列组成。在关系模型中，表、行和列等概念将用以下术语来描述。

（1）关系。一张二维表就是一个关系，表 1-1 所示的学生信息（student）关系。

（2）字段。表中的列称为字段，表示表中存储对象的共有属性。每个属性都有一个名字，称为字段名。表 1-1 中有 7 个字段，字段名分别为学号、姓名、性别、班级编号、出生日期、电话和家庭住址。

（3）记录。表中的行称为记录或元组，是字段的有序集合。表 1-1 中共有 7 条记录。

（4）值域。属性的取值范围称为值域。表 1-1 中"性别"字段的值域为（"男"，"女"）。

（5）关键字。关系中可以唯一确定一条记录的某个属性或属性组称为关键字，实际应用中选定的关键字称为主键（主码）。表 1-1 中的"学号"即为关键字（候选码），通常也是该关系的主键。

（6）关系模式。对关系的描述称为关系模式。其一般形式为：关系名(属性 1,属性 2,属性 3,…,属性 n)。

表 1-1 所示的学生信息关系对应的关系模式为：学生信息(学号,姓名,性别,班级编号,出生日期,电话,家庭住址)。

在数据库中要区分"型"和"值"的概念。关系数据库中，关系模式是型，关系是值。关系模式是关系的结构，是稳定的；而关系是关系模式在某一时刻的值，是可能随时间而变化的。同一关系模式下可以有很多的关系。

表 1-1 学生信息（student）

学号	姓名	性别	班级编号	出生日期	电话	家庭住址
201710201101	胡鹏	男	13	1998-11-25	***********	拉萨
201710201102	龚娜	女	13	1997-09-10	***********	昆明
201710201103	万青辰	男	13	1998-09-09	***********	广州
201710201104	冯瑶瑶	女	13	1998-08-06	***********	贵州
201710201105	何声明	男	13	1997-10-10	***********	昆明
201720101101	朱小香	女	17	1998-05-10	***********	昆明
201720101102	史泽凯	男	17	1998-08-06	***********	乌鲁木齐

1.3.2 关系的 3 类完整性

数据库中的数据要满足一些约束条件才能更合理地反映现实世界。关系模型中允许定义 3 类完整性约束，包括实体完整性、参照完整性和用户自定义完整性。实体完整性和参照完整性是关系模型必须满足的完整性约束条件，由关系系统自动支持。用户自定义完整性是应用领域需要遵循的约束条件，由用户需求决定。

1．实体完整性

实体完整性是指关系的主属性（构成主键的属性），不能取空值。如在关系“选课(学号,课程号,选课时间,成绩)”中，“学号 + 课程号”为主键，所以主属性“学号”和“课程号”都不能取空值。空值就是“不知道”“不存在”或“无意义”的值。如果主属性取空值，就说明存在某个不可标识的实体，这和现实世界中的情况不符。

2．参照完整性

现实世界中的实体之间往往存在某种联系，在关系模型中，这种联系是通过关系和关系间的引用来实现的。这就使某个关系中的某个属性需要参照与之相关联的关系的相同属性取值。例如，在关系“选课(学号,课程号,选课时间,成绩)”中，“学号”属性需要参照关系“学生信息(学号,姓名,性别,班级编号,出生日期,电话,家庭住址)”中“学号”属性来取值。这就是参照完整性。参照完整性的定义如下。

若 F 是基本关系 R 的一个或一组属性，但不是关系 R 的关键字，且 F 与基本关系 S 的主键相对应，则称 F 是 R 的外键或外码。基本关系 R 称为参照关系（Referencing Relation）。基本关系 S 称为被参照关系（Referenced Relation）。参照完整性是指 R 中每条记录在 F 上的值必须为 S 中某条记录的主键值或者空值（F 的每个属性值均为空值）。

3．用户自定义完整性

用户自定义完整性是用户针对具体的应用环境定义的完整性约束条件。用户自定义完整性反映某一具体应用所涉及的数据必须满足的语义要求。例如在关系“课程(课程号,课程名,学时,学分,人数上限,课程描述)”中，“课程名”属性不能取空值，“学分”属性的取值为 $1 \sim 6$ 之间的整数，“课程描述”只能为“选修”或“必修”。关系模型应提供定义和检验这类完整性机制，以便用统一、系统的方法处理它们，而无须应用程序承担这一功能。

1.3.3 关系代数

关系模型具有关系操作的能力，但没有具体的语法要求。关系模型中常用的关系操作包括选择、投影、连接、除、并、交、差等查询操作。关系操作用关系数据语言来表示。关系数据语言包括关系代数语言和关系演算语言（元组关系演算和域关系演算），以及介于它们之间的结构化查询语言（Structured Query Language，SQL）。关系代数语言用对关系的运算来表达查询要求；关系演算语言用谓词来表达查询要求；SQL 不仅具有丰富的查询功能，而且具有数据定义和数据控制功能。本节仅对关系代数进行简单介绍。

关系代数的运算对象是关系，运算结果亦为关系。关系代数的运算按运算符的不同可分为传统的集合运算和专门的关系运算两类。

1．传统的集合运算

传统的集合运算包括并（Union）、交（Intersection）、差（Difference）和笛卡儿积（Cartesian Product）4 种运算，如表 1-2 所示。其中参与并、交、差运算的两个关系 R、S 需满足以下条件：关系 R 和关系 S 的属性数目必须相同；关系 R 和关系 S 的相应属性应取自同一个域。

表 1-2　传统的集合运算

运算名称	运算对象 1	运算对象 2	运算表述
并	R	S	$R\cup S$
交	R	S	$R\cap S$
差	R	S	$R-S$
笛卡儿积	R	S	$R\times S$

（1）并运算

并运算是将两个关系的记录合并成一个新的关系，在合并时去掉重复的记录，合并所得的关系的字段数不变，记为 $R\cup S$。$R\cup S$ 与 $S\cup R$ 的结果是一样的。

（2）交运算

交运算是用两个关系中共有的记录构成一个新的关系，新关系的字段数不变且共有的记录只出现一次（无重复记录），记为 $R\cap S$。$R\cap S$ 与 $S\cap R$ 的结果是一样的。

（3）差运算

关系 R 与关系 S 的差运算结果也是一个关系，由出现在关系 R 中但不出现在关系 S 中的记录构成，记为 $R-S$。$R-S$ 与 $S-R$ 的结果是不同的。

（4）笛卡儿积运算

关系 $R(<a_1,a_2,\cdots,a_n>)$与关系 $S(<b_1,b_2,\cdots,b_m>)$的广义笛卡儿积（简称广义积、积或笛卡儿积）运算结果也是一个关系，由关系 R 中的记录与关系 S 中的记录进行所有可能的拼接（或串接）构成。若 R 有 k_1 个记录，S 有 k_2 个记录，则运算结果是一个（$n+m$）列、（$k_1\times k_2$）行的关系。

【例 1-2】　有图 1-6 所示的 3 个关系 R、S、T，求 $R\cup S$、$R\cap S$、$R-S$、$S-R$、$R\times T$ 的运算结果。

R

A	B	C
a	1	2
b	2	1
c	3	1

S

A	B	C
d	3	2
c	3	1

T

D	E
d	2
c	1

图 1-6　关系 R、S、T

$R\cup S$、$R\cap S$、$R-S$、$S-R$、$R\times T$ 的运算结果如图 1-7 所示。

$R\cup S$

A	B	C
a	1	2
b	2	1
c	3	1
d	3	2

$R\cap S$

A	B	C
c	3	1

$R\times T$

A	B	C	D	E
a	1	2	d	2
a	1	2	c	1
b	2	1	d	2
b	2	1	c	1
c	3	1	d	2
c	3	1	c	1

$R-S$

A	B	C
a	1	2
b	2	1

$S-R$

A	B	C
d	3	2

图 1-7　例 1-2 运算结果

2．专门的关系运算

专门的关系运算主要包括选择（Selection）、投影（Projection）和连接（Join）3 种运算，如表 1-3 所示。

表 1-3　专门的关系运算

运算名称	运算对象 1	运算对象 2	运算表述
选择	R		$\sigma_F(R)$
投影	R		$\pi_A(R)$
连接	R	S	$R\underset{A\,\theta\,B}{\bowtie}S$

（1）选择运算

给定一个关系 R，同时给定一个选择的条件 F，选择运算的结果是一个由从关系 R 中选择出满足给定条件 F 的记录构成的关系。选择运算是从记录的角度进行的，是从给定关系中选出某些记录组成新关系的运算。

条件 F 是一个逻辑表达式，由逻辑运算符 $\wedge$、$\vee$、$\neg$（and、or、negation）连接比较表达式（$X\,\theta\,Y$）组成。其中 X、Y 是属性名、常量或简单函数，θ 可以是比较运算符 $>$、$\geqslant$、$<$、$\leqslant$、$=$ 或 $\neq$。

以表 1-1 所示的学生信息（student）关系为例，$\sigma_{\text{gender} = "男"}(\text{student})$ 表示学生信息关系中男同学的信息，结果如表 1-4 所示。

表 1-4　学生信息关系中男同学的信息

学号	姓名	性别	班级编号	出生日期	电话	家庭住址
201710201101	胡鹏	男	13	1998-11-25	***********	拉萨
201710201103	万青辰	男	13	1998-09-09	***********	广州
201710201105	何声明	男	13	1997-10-10	***********	昆明
201720101102	史泽凯	男	17	1998-08-06	***********	乌鲁木齐

（2）投影运算

给定一个关系 R 和一个属性组 A，投影运算的结果是一个由从关系 R 中选出包含在 A 中的属性列构成的关系。投影运算是从字段的角度进行的，是从给定关系中选出某些字段组成新关系的运算。

以表 1-1 所示的学生信息（student）关系为例，$\pi_{\text{home\_address}}(\text{student})$ 表示从学生信息关系中获取家庭住址信息，结果如表 1-5 所示。

投影运算结果中不仅会缺少原关系中的某些字段，而且可能缺少某些记录，因为缺少某些字段后，可能会出现重复的记录，应进行去重操作。例如此例中原学生信息关系有 7 条记录，而家庭住址关系中只有 5 条记录，原因是去掉了 2 条重复的"昆明"记录。

表 1-5　家庭住址

家庭住址
拉萨
昆明
广州
贵州
乌鲁木齐

（3）连接运算

选择与投影运算只是对单个关系进行操作，而实际应用中往往需要在多个关系之间进行操作，这就需要应用连接运算。

给定关系 R 和关系 S，R 与 S 的连接运算结果也是一个关系，由关系 R 和关系 S 的笛卡儿积运算结果中关系 R 中属性 A 与关系 S 中

属性 B 满足 θ 条件的记录构成。

在连接运算中，较为常用的有两种连接：一种是等值连接；另一种是自然连接。当 θ 为"="时，即为等值连接，它要求选取属性 A 与属性 B 值相等的那些记录。自然连接（$R \bowtie S$）是一种特殊的等值连接，它要求属性 A 与属性 B 相同（即 A、B 同名），并在结果中去掉重复的列属性。

以表 1-1 所示的学生信息（student）关系为例，班级（classes）关系如表 1-6 所示，查询 2017 级数学班学生的信息可用运算 $\sigma_{\text{class\_name} = \text{"数学"} \wedge \text{year} = \text{"2017"}}$ (student $\bowtie$ classes)实现，结果如表 1-7 所示。

表 1-6　班级（classes）

班级编号	班级名	年度	学院编号
1	软件工程 1 班	2018	101
11	软件工程 1 班	2017	101
12	软件工程 2 班	2017	101
13	数学	2017	102
17	广告学	2017	201

表 1-7　2017 级数学班学生信息

学号	姓名	性别	班级编号	出生日期	电话	家庭住址
201710201101	胡鹏	男	13	1998-11-25	***********	拉萨
201710201102	龚娜	女	13	1997-09-10	***********	昆明
201710201103	万青辰	男	13	1998-09-09	***********	广州
201710201104	冯瑶瑶	女	13	1998-08-06	***********	贵州
201710201105	何声明	男	13	1997-10-10	***********	昆明

1.4　关系数据库设计

1.4.1　数据库设计概述

数据库设计是数据库及其应用系统的设计，是信息系统开发和建设的重要组成部分。大型数据库的设计和开发是一项庞大的工程，涉及多个学科的知识。数据库设计的专业人员既要了解计算机的基础知识和程序设计的方法、技巧，又要掌握数据库基础知识、数据库设计技术，以及软件工程的原理、方法和应用领域的知识。

数据库设计应该和应用系统设计相结合，将数据库结构设计和数据处理设计密切结合。人们通过多年不断努力探索和总结经验，提出了各种运用软件工程思想方法、规范化的数据库设计方法。例如，新奥尔良（New Orleans）方法、基于 E-R 模型的设计方法、3NF（第三范式）的设计方法、对象定义语言（Object Definition Language，ODL）方法、统一建模语言（Unified Modeling Language，UML）方法等。

另外，在数据库设计中还有越来越多的工具可供设计者使用。例如，数据库建模的 UML

工具 SAP PowerDesigner、Rational Rose 等。ERwin 是一款功能强大、易进行数据建模、易进行数据库设计与开发的工具。

限于篇幅，有关数据库设计的方法及设计工具的相关知识请读者参考相关书籍，在此不详细介绍。

数据库设计的过程包括需求分析、概念结构设计、逻辑结构设计及物理结构设计4 个部分。需求分析是整个数据库设计的基础，需求分析的结果是否准确地反映了用户的实际要求，将直接影响到后面各个阶段的设计，并影响到设计结果是否合理和实用。概念结构设计是将需求分析得到的用户需求抽象为概念模型的过程，是数据库设计的重要节点。逻辑结构设计是把概念结构设计阶段设计好的基本 E-R 图转换为选用的 DBMS 产品所支持的数据模型，并对其进行优化的过程。物理结构设计是为逻辑数据模型选取最能满足应用要求的物理结构的过程。下面将以大部分读者都较为熟悉的"课程管理系统"为例，介绍数据库设计的前 3 个部分，即需求分析、概念结构设计、逻辑结构设计。

1.4.2 需求分析

明确问题是解决问题的前奏，进行数据库设计也是一样的，我们首先需要搞清楚数据库系统要解决什么问题，这就是数据库设计的第一步——需求分析。需求分析的任务是充分了解原有系统的工作概况，明确用户的各种需求，包括对信息的要求、处理的要求和安全性与完整性要求，从而确定新系统的功能。

通常，做需求分析需要反复地了解机构情况、熟悉业务活动、明确用户需求，才能最终确定系统，如图 1-8 所示。

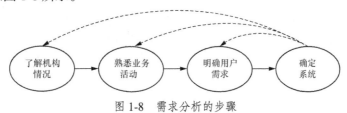

图 1-8　需求分析的步骤

通过需求分析，我们将得到数据库设计中所需的基础数据（常用数据字典表达）及一组数据流程图，它们是下一步——概念结构设计的基础。

"课程管理系统"是大多数读者都较为熟悉的，对它进行需求分析也就较为简单，几乎不存在确定用户需求的难点。限于篇幅，本书所介绍的"课程管理系统"仅给出了最基础的功能，如图 1-9 所示，在此也只对需求分析所得结果做简单描述。

用户需要成功登录"课程管理系统"才能使用其提供的服务。该系统中有 3 类用户：管理员、教师和学生。管理员负责管理教师信息、学生信息和课程信息；教师能够维护自己的信息，查询教授课程的选课情况，录入、查询所教课程的成绩信息；学生能够维护自己的信息，可选修课程、在选课结束前退选课程，

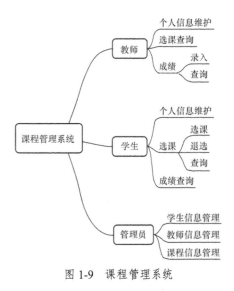

图 1-9　课程管理系统

可查询所选课程的信息、查询所修课程的成绩。

在整个系统中，基础数据有以下 4 组：①教师数据，定义了教师的有关信息，包括教师编号、姓名、密码、性别、专业、职称、所在学院、教师简介等数据项；②学生数据，定义了学生的有关信息，包括学号、姓名、性别、电话、出生年月、家庭住址、所在班级、学生简介等数据项；③课程数据，定义了课程的相关信息，包括课程号、课程名、学时、学分、人数上限、授课教师、上课时间、上课教室、开课学期、课程描述等数据项；④选课数据，在选课完成后产生，定义了学生选课的相关信息，包括学号、课程号、选课时间、成绩等数据项，成绩信息在考试结束后由教师填入。

1.4.3　概念结构设计

概念结构设计是将需求分析得到的用户需求抽象为概念模型的过程。概念模型是各种数据模型的基础，比数据模型更抽象、更具独立性。概念结构设计的任务是在需求分析所得信息的基础上划定系统中的各种实体、实体的属性、实体间的联系并定义外模式及概念模式。E-R 图是描述概念模型的有力工具，概念结构设计可通过它来实现。

1．数据库系统的标准结构

从数据库应用开发人员的角度看，数据库系统采用三级模式结构，即外模式、（概念）模式和内模式，如图 1-10 所示。模式是对数据库中的数据所进行的一种结构性描述，是所观察到的数据的结构信息。

（1）外模式

外模式也称子模式或用户模式，是数据库用户使用的局部数据的逻辑结构和特征的描述，是与某一应用有关的数据的逻辑表示。外模式通常是模式的子集，一个模式可以有多个外模式，反映不同用户的应用需求、看待数据的方式、对数据保密的要求。模式中的某一数据在不同的外模式中，其结构、类型、长度、保密级别等都可以不同。一个外模式可以被多个应用使用，一个应用程序只能使用一个外模式。每个用户只能看见和访问对应的外模式中的数据，这样既简化了用户视图，又保证了数据库的安全性。

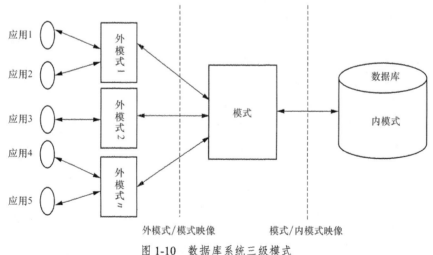

图 1-10　数据库系统三级模式

（2）模式

模式也称逻辑模式或概念模式，是数据库中全体数据的逻辑结构和特征的描述。模式是数据库系统模式结构的中心，与数据的物理存储细节和硬件环境无关，与具体的应用程序、开发工具及高级程序设计语言无关。

（3）内模式

内模式也称存储模式，是数据物理结构和存储方式的描述，是数据在数据库内部的表示方式。一个数据库只有一个内模式。

三级模式是对数据的 3 个抽象级别，DBMS 内部提供二级映像（外模式/模式映像、模式／内模式映像）来实现 3 个抽象级别的联系和转换。外模式／模式映像定义了外模式与模式之间的对应关系，映像定义通常包含在各外模式的描述中，保证数据的逻辑独立性。模式／内模式映像定义了数据全局逻辑结构与存储结构之间的对应关系，映像定义通常包含在模式描述中，保证数据的物理独立性。

2．概念结构设计的方法步骤

数据库概念结构设计的思路可分为先局部后全局和先全局后局部两种。本书将以先局部后全局的思路为例来介绍概念结构设计的方法。概念结构设计通常分为两步：抽象数据并设计局部视图；集成局部视图，得到全局的概念结构。

第一步，对需求分析阶段收集到的数据进行分类、组织，确定实体、实体的码、实体之间的联系类型，并设计各个子系统的分 E-R 图（或称局部 E-R 图）。例如，在"课程管理系统"中，如果把"学生选课"作为一个子系统，那么由需求分析可知，该子系统主要围绕"选课记录"的处理来实现。首先确定其中应包含两个实体——"学生"和"课程"，学号和课程号分别为它们的码，"学生"和"课程"间存在多对多联系"选修"；进一步可确定"学生"的属性还包括姓名、性别及班级，"课程"的属性还包括课程名、学时、学分、人数上限、授课教师、上课时间、上课教室、开课学期、开始选课时间、结束选课时间及课程描述，如图 1-11 所示。另外，联系"选修"还应该包括选修时间属性（图 1-11 中未标出）。

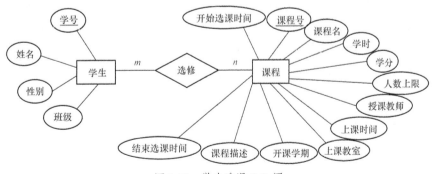

图 1-11　学生选课 E-R 图

第二步，将所有的局部 E-R 图综合成一个系统的全局 E-R 图。首先，确定待合并的局部 E-R 图的公共实体类型，检查并解决各局部 E-R 图之间的冲突，完成局部 E-R 图的合并，生成初步的全局 E-R 图；然后再对初步的全局 E-R 图进行优化，根据分析方法及规范化理论的方法消除不必要的冗余，生成基本的全局 E-R 图。

局部 E-R 图之间的冲突主要有以下 3 类。

（1）属性冲突

属性冲突指属性域冲突（属性的类型或取值范围不同）及属性取值单位冲突。

（2）结构冲突

结构冲突包括同一对象在不同应用中的抽象不同、同一实体在不同 E-R 图中属性组成不同，以及实体之间的联系在不同 E-R 图中呈现不同的类型。例如，教师在"成绩管理"子系统中是实体，在"学生选课"子系统中则被抽象为属性，这就属于结构冲突的第一种类型。

（3）命名冲突

命名冲突分为同名异义（不同意义的对象具有相同的名字）和异名同义（同一意义的对象具有不同的名字）两种类型。

对于复杂的数据库系统，设计人员需要按照前面提到的两个步骤来完成概念结构的设计，而本书提到的"课程管理系统"较为简单，基本只需按第一步进行操作就可以得到整个系统的全局 E-R 图。当然读者也可以将它分为"学生选课""成绩管理"等子系统，然后按照概念结构设计的两个步骤来完成设计，但本书不进行介绍。

整个"课程管理系统"主要是围绕课程、学生和教师展开的，所以课程、学生和教师应确定为系统中的 3 个实体，它们的码分别是课程号、学号和教师编号。另外，在学生的属性中需要有所在班级的信息，教师的属性中需要有所在学院的信息，而班级和学院之间存在联系，所以把班级和学院也作为实体处理，班级编号和学院编号分别为它们的码。各实体的属性定义如下。

课程：课程号、课程名、学时、学分、人数上限、上课时间、上课教室、开课学期、开始选课时间、结束选课时间、课程描述。

学生：学号、姓名、性别、班级、电话、出生年月、家庭住址、学生简介。

教师：教师编号、姓名、性别、专业、学院、职称、教师简介。

班级：班级编号、班级名称、年级。

学院：学院编号、学院名称。

课程和学生之间存在"选修"多对多联系，由于学生选修了课程应该获得成绩，选课有选课的时间，所以该联系应具有成绩和选课时间属性；教师和课程之间存在"教授"一对多联系；学院和班级之间是一对多的联系。根据上述分析可得整个系统的全局 E-R 图，如图 1-12 所示（注：限于篇幅，全局 E-R 图中并未画出实体的非码属性）。

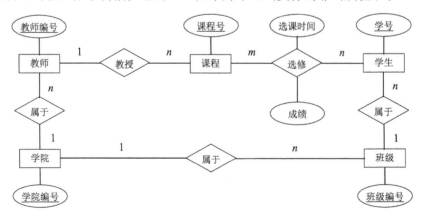

图 1-12　课程管理系统全局 E-R 图

1.4.4 逻辑结构设计

逻辑结构设计的任务是把概念结构设计阶段得到的全局 E-R 图转换为选用的 DBMS 产品所支持的数据模型。目前主流的数据模型是关系模型，它也是 MySQL 支持的数据模型。下面将对 E-R 图转换为关系模型的转换原则、关系模型的优化及设计外模式进行介绍。

1．E-R 图转换为关系模型的转换原则

（1）实体的转换

对于实体，把它转换为关系模式时，实体的属性变为关系模式的属性；实体的码就是关系模式的码。

（2）联系的转换

① 一对一联系：将联系定义为一个新的关系模式，属性为参与双方实体的关键字属性；或与参与联系的任意一方对应的关系模式合并。

② 一对多联系：将单方参与实体的关键字作为多方参与实体对应关系模式的属性。例如，"学生"和"班级"间的"属于"联系，可通过在"学生"关系模式添加"班级编号"属性来实现。

③ 多对多联系：将联系定义为新的关系模式，属性为参与双方实体的关键字。例如，"课程"和"学生"间的"选修"联系，可定义为关系模式：选修(学号,课程号)。

（3）多元联系的转换

多元联系可以通过继承参与联系的各个实体的关键字而形成新的关系模式。这些继承过来的关键字可作为新关系的关键字，也可以新增一个区分属性作为关键字。

结合上述转换原则，"课程管理系统"全局 E-R 图共涉及 5 个实体，每个实体将对应一个关系模式，实体名变为关系模式名，实体的属性变为关系模式的属性，实体的码就是关系模式的码；多对多联系"选修"定义为一个关系模式，码为参与双方实体的码——"学号"+"课程号"，属性为联系的属性；一对多联系"教授"可并入关系模式课程，在其中添加教师编号属性；其余 3 个一对多联系也以同样的方式处理。经此步骤，得到"课程管理系统"的 6 个关系模式如下：

课程(课程号,课程名,学时,学分,人数上限,教师编号,上课时间,上课教室,开课学期,开始选课时间,结束选课时间,课程描述)；

学生(学号,姓名,性别,电话,出生年月,家庭住址,班级编号,学生简介)；

教师(教师编号,姓名,性别,专业,职称,学院编号,教师简介)；

班级(班级编号,班级名称,年级,学院编号)；

学院(学院编号,学院名称)；

选修(学号,课程号,选课时间,成绩)。

2．关系模型的优化

由 E-R 图转换过来的关系模式是不唯一的，在某些关系模式基础上设计出来的数据库系统很容易出现数据冗余、插入异常、删除异常等问题，所以，在得到初步关系模式后，还应该适当地修改、调整关系模式的结构，以进一步提高数据库应用系统的性能，这个过程就是关系模型的优化。关系模型的优化通常以规范化理论为指导，包括函数依赖理论、关系范式理论和模式分解理论。本书仅简单介绍关系范式理论。

范式是符合某一种级别的关系模式的集合。关系数据库中的关系必须满足一定的要求，满足不同程度要求的关系为不同范式。满足最低要求的就是第一范式，简称 1NF。在 1NF 基础上还满足进一步要求的称为第二范式，简称 2NF，其余以此类推。

第一范式：如果一个关系模式的所有属性都是不可分的基本数据项，那么它属于第一范式。1NF 是对关系模式最基本的要求，不属于 1NF 的数据模式不能称为关系数据模式。例如，表 1-8 所示的"课程"数据表对应的模式中，授课教师包括教师编号和教师姓名，该模式就不属于 1NF。把表 1-8 中的授课教师拆分为两列后得到的表 1-9 对应的模式就属于 1NF。

表 1-8　"课程"数据表

课程号	课程名	学时	学分	授课教师	
				教师编号	教师姓名
1001	高等数学	90	6	10101	潘多拉
1002	化学	90	6	10102	吉米

表 1-9　修改后的"课程"数据表

课程号	课程名	学时	学分	教师编号	教师姓名
1001	高等数学	90	6	10101	潘多拉
1002	化学	90	6	10102	吉米

第二范式：如果一个关系模式属于 1NF，并且每一个非主属性都完全函数依赖于该关系模式的码，则该关系模式属于第二范式（2NF）。例如，表 1-10 所示的"选修"数据表对应的关系模式就不属于 2NF。因为在该关系模式中，"姓名"属性只需要"学号"即可确定，即"姓名"（非主属性）完全函数依赖于"学号"，部分函数依赖于该关系模式的码（学号和课程号），所以该关系模式不属于 2NF。可将关系模式"选修"中的"姓名"属性去除，让其属于 2NF，对应数据表如表 1-11 所示。

表 1-10　"选修"数据表

学号	姓名	课程号	成绩
201810101101	刘晓东	1001	65
201810101101	刘晓东	1002	88
201810101102	林慧	1001	60
201810101102	林慧	1002	75

表 1-11　修改后的"选修"数据表

学号	课程号	成绩
201810101101	1001	65
201810101101	1002	88
201810101102	1001	60
201810101102	1002	75

第三范式：如果一个关系模式不存在任何非主属性对码的部分函数依赖和传递函数依赖，则该关系模式属于第三范式（3NF）。例如，表 1-12 所示的"学生"数据表对应的关系模式就

不属于3NF。因为在该关系模式中，"学院编号"可由"班级编号"确定，"班级编号"可由"学号"（码）确定，所以"学院编号"（非主属性）传递依赖于"学号"（码）。将关系模式"学生"中的"学院编号"属性去除，即可让其属于3NF，对应的数据表如表1-13所示。

表1-12　"学生"数据表

学号	姓名	性别	学院编号	班级编号	出生年月	家庭住址
201710201101	胡鹏	男	102	13	1998-11-25	拉萨
201710201102	龚娜	女	102	13	1997-09-10	昆明
201810101101	刘晓东	男	101	1	1999-05-10	昆明
201810101102	林慧	女	101	1	2000-01-15	上海

表1-13　修改后的"学生"数据表

学号	姓名	性别	班级编号	出生年月	家庭住址
201710201101	胡鹏	男	13	1998-11-25	拉萨
201710201102	龚娜	女	13	1997-09-10	昆明
201810101101	刘晓东	男	1	1999-05-10	昆明
201810101102	林慧	女	1	2000-01-15	上海

对于BCNF（修正的第三范式）、4NF和5NF，这里就不再讨论了，读者可自行参阅相关书籍。但整体来说，各种范式间满足以下联系：

$$1NF \subset 2NF \subset 3NF \subset BCNF \subset 4NF \subset 5NF。$$

需要注意的是，虽然范式的级别越高，规范化程度就越高，但是并非规范化程度越高，关系就越优越。对一个具体应用而言，要规范化到什么程度，需要权衡响应时间和潜在问题二者的利弊来决定。

范式

在实际应用中，查询学生主要信息时，常会需要学院的信息，为了减少连接运算次数，提高查询效率，这里将"学院编号"属性也添加到"学生"关系模式中，虽然降低了范式的级别，但提高了效率。另外，在实际应用中为了处理方便，常会添加一个选课编号属性作为关系模式"选修"的码。优化后的两个关系模式如下：

学生(学号,姓名,性别,电话,出生年月,家庭住址,班级编号,学院编号,学生简介)；
选修(选课编号,学号,课程号,选课时间,成绩)。

3．设计外模式

数据库模式设计主要考虑系统全局应用的需求、时间效率、空间效率和易维护等特性。在数据库的逻辑结构设计阶段，除了要考虑数据库的模式，还需要考虑外模式，也就是用户模式。在RDBMS中，通常使用视图机制来实现用户模式。用户模式的设计主要考虑局部应用的特殊需求和用户体验，如使用更符合用户习惯的别名，针对不同级别的用户定义不同的视图，提高系统的安全性，简化用户对系统的使用，等等。例如，在"课程管理系统"中为学生提供成绩查询的功能，不妨定义一个视图——学生成绩(学号,姓名,课程号,课程名,成绩)来实现，有关MySQL视图的相关知识将在后面的章节中介绍。

在确定了数据库的逻辑结构后就进入数据库设计的最后一个环节——物理结构设计。数据库物理结构设计是为一个给定的逻辑数据模型选取最能满足应用要求的物理结构的过程。在物理结构设计阶段需要充分了解所选DBMS的特征，确定数据库的存储结构、文件类型，设计一些完整性约束条件，确定数据库的高效访问方式，评估和设置磁盘空间，设计用户视图及访问控制规则以进行安全性控制，建立索引，同时设计一些能使数据库运行达到最佳效率的方案，并设计备份和恢复数据库的步骤。

本书将从第 2 章开始为读者介绍 MySQL 的相关知识，届时读者可以了解如何在 MySQL 环境中完成数据库的物理结构设计。

本章小结

本章简要介绍了数据管理技术的发展阶段和数据库发展新方向，详细介绍了数据库系统的组成、数据模型和数据库设计等知识。数据库设计在整个软件开发中起到举足轻重的作用，只有具备优秀的数据库设计，才能开发出节约资源、运行效率高、故障少的数据库应用系统。

本章小结

在本章的学习中，读者要特别注意 E-R 图的设计及表示方法，要搞清楚关系模型的概念及表示方法，搞清楚数据库系统的三级模式及范式的基本概念。

本章习题

1．思考题

（1）请简要描述关系模型中的完整性规则。

（2）试给出 1NF、2NF、3NF 及 BCNF 的定义，并说明它们之间的关系。

2．设计题

假设某学校需要建立一个教学管理系统，用来管理学生选课及教师授课情况，规定一个学生可以选修多门课程，一门课程可以有多个学生选修；一门课程只能有一个教师讲授，一个教师至多可以讲授一门课程，试绘制出该系统的 E-R 图。

第**2**章 初识 MySQL

本章将介绍 MySQL 数据库的诞生和发展历程，对 MySQL 的特性进行概括总结。本章分别以开源社区版软件安装包的方式和 WampServer 套件安装的方式介绍 MySQL 的安装、参数配置和初步应用，带领读者步入 MySQL 的世界。

本章导学

本章学习目标

◇ 了解什么是 MySQL、MySQL 的发展历程
◇ 掌握 MySQL 数据库的特点，加深对 MySQL 的认识
◇ 能够通过官网下载 MySQL 安装包，并完成 MySQL 的安装
◇ 熟练掌握 WampServer 的安装及相关配置方法
◇ 掌握用 PhpMyAdmin 图形界面和命令行界面操作 MySQL 的方法
◇ 了解 MySQL 数据库的 Web 应用

本章知识结构图

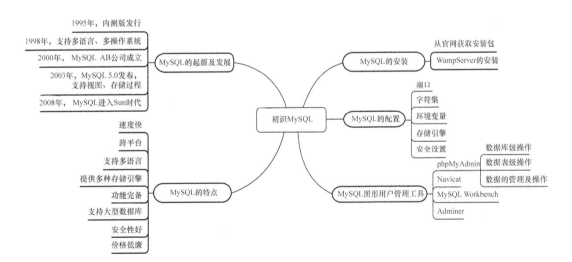

2.1 MySQL 数据库简介

2.1.1 什么是 MySQL

MySQL 是一个开源的 RDBMS，最初是由瑞典的 MySQL AB 公司开发的，目前归属于美国的 Oracle 公司。其具有体积小、速度快、总体使用成本低的特点，同时具有跨平台和开放源代码的优势。如今，MySQL 拥有大量的用户，其被广泛用于互联网上各类站点和信息管理系统的应用与开发，在 Web 应用方面 MySQL 是较好的 RDBMS 之一。

追溯 MySQL 的发展历程，MySQL 的创建者为蒙蒂·维德纽斯（Monty Widenius），他在 1979 年用 BASIC 语言设计开发了 MySQL 的雏形，后来用 C 语言重写了面向报表的底层存储引擎——Unireg。1995 年，Monty 在一个项目需求的驱动下，重新编写了具有更加通用的 SQL 接口的数据库——MySQL，并发布了第一个 MySQL 的内部测试版本。随后，MySQL 不断被完善和更新，逐步增加了编程接口、跨平台等重要特性。至 1998 年，MySQL 提供了面向 C、C++、Eiffel、Java、Perl、PHP、Python、Tcl 等编程语言的应用程序接口（Application Programming Interface，API），且支持 FreeBSD、Linux、Windows 等 10 多种操作系统。2000 年，MySQL AB 公司成立，并开发了 BDB 数据库引擎，支持事务处理。2003 年，MySQL 5.0 版本发布，该版本开始支持视图、存储过程。2008 年，Sun 公司收购了 MySQL AB 公司，MySQL 进入 Sun 时代。时至今日，MySQL 拥有企业版和非常有竞争力的开源社区版两种主要的版本，全球知名的数据库流行度排行榜网站 DB-Engines 的统计数据表明，2013 年至 2020 年，MySQL 在 350 多种流行的 DBMS 的排名中仅次于 Oracle，长期稳居第 2 位，在开源 DBMS 中则稳居第 1 位，如图 2-1 所示。

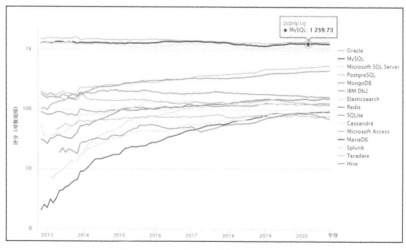

图 2-1　DB-Engines 数据库排行榜

2.1.2 MySQL 的特点

MySQL 之所以广受用户的欢迎，是因为其拥有诸多优秀特性，MySQL 主要具有以下特点。

（1）速度快。速度快是 MySQL 吸引众多用户的显著特点之一。MySQL 使用了极快的

"B 树"磁盘表（MyISAM）和索引压缩。通过使用优化的"单扫描多连接"，MySQL 能够实现极快的连接。SQL 函数使用高度优化的类库实现，这也保障了 MySQL 拥有极快的运行速度。

（2）跨平台。MySQL 目前支持超过 20 种开发平台，包括 Linux、Windows、FreeBSD、MacOS、Solaris 等，这使用户可以选择多种平台实现自己的应用，并且在不同平台上开发的应用系统可以很容易地在各种平台之间进行移植。

（3）支持多种开发语言。MySQL 为多种当前流行的程序设计语言提供了很多 API 函数，包括 C、C＋＋、Java、Perl、PHP、Python 等语言。

（4）提供多种存储引擎。MySQL 提供了多种数据库存储引擎，每种引擎各有所长，适用于不同的应用场合，用户可以选择最合适的存储引擎以得到最佳性能。强大的存储引擎使 MySQL 能够有效应用于任何数据库应用系统，高效完成各种任务，无论是大量数据的高速传输系统，还是每天访问量超过数亿的高强度的搜索 Web 站点。

（5）功能完备。从 MySQL 5.0 开始，MySQL 便具备了企业级 DBMS 的特性，提供了完备而强大的功能，例如子查询、事务、外键、视图、存储过程、触发器、查询缓存等功能，能够更好地支持各类系统的开发及应用。

（6）支持大型数据库。InnoDB 存储引擎将 InnoDB 表保存在一个表空间内，该表空间可由数个文件创建。这样，表的大小就能超过单独文件的最大容量。表空间还可以包括原始磁盘分区，从而使构建很大的表成为可能，表的最大容量可以达到 64TB。

（7）安全性好。灵活、安全的权限和密码系统允许基于主机的验证。在连接到服务器时，所有的密码传输均采用加密形式，保证了密码的安全。

（8）价格低廉。MySQL 采用双 GPL，在很多情况下，用户可以免费使用 MySQL。对于一些商业用途，用户则需要购买 MySQL 商业许可，但价格也相对低廉。

2.1.3　MySQL 的获取与安装配置

MySQL 的版本分为企业版和社区版等，本书以开源、免费的社区版为例进行讲解，建议读者在 MySQL 官网中下载安装包。MySQL 官网安装包下载页面及信息详情如图 2-2 所示。

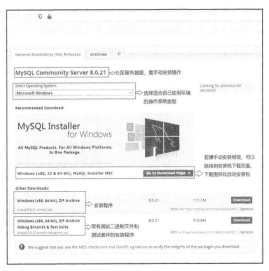

图 2-2　MySQL 官网安装包下载页面及信息详情

读者可以根据自己的系统配置和应用开发需求，选择不同的安装方式和安装程序。本书为便于初学者学习，选用基于 Windows 系统的图形化安装包进行自动安装。单击图 2-2 所示的 "Go to Download Page" 按钮进入安装包下载页面，如图 2-3 所示。

图 2-3　图形化安装包下载页面

下载页面提供了在线安装和离线安装两种方式，读者可以根据自身的网络状况进行选择，如图 2-4 所示。

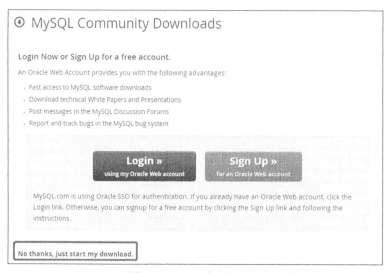

图 2-4　选择 MySQL 安装方式并下载安装包

单击 "No thanks,just start my download." 链接即可下载安装包。下载完毕后的安装过程，基本可以沿用默认的配置项进行，直至安装完毕，MySQL 安装界面如图 2-5 所示。

MySQL 安装程序会自动检测当前是否满足安装环境要求，如果不满足，则需要下载相关文件，用户只需等待即可。安装完 MySQL Server 后将进入配置页面。在此页面中保持

"Config Type"为"Development Computer"，默认协议为"TCP/IP"，默认端口号为"3306"等，如图2-6所示。

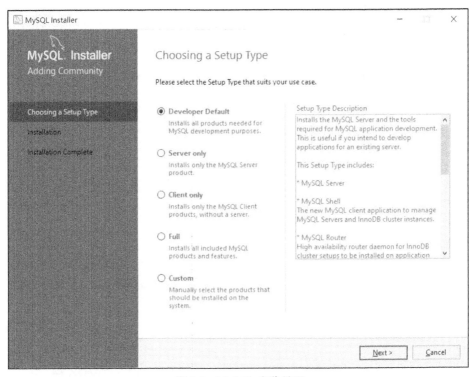

图 2-5　MySQL 安装界面

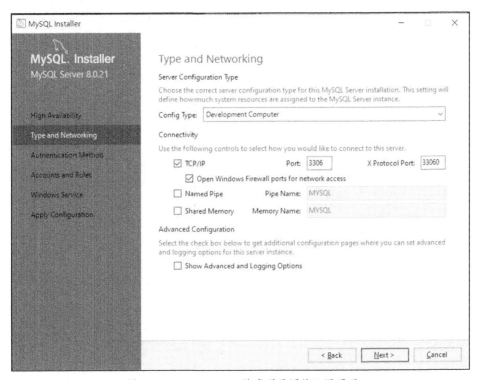

图 2-6　MySQL Server 的类型及网络配置页面

在安装完成之后，需在操作系统的属性中配置环境变量。

右击"我的电脑"→选择"属性"→单击"高级系统设置"，在弹出的"系统属性"对话框中单击"环境变量"按钮，如图 2-7 所示。

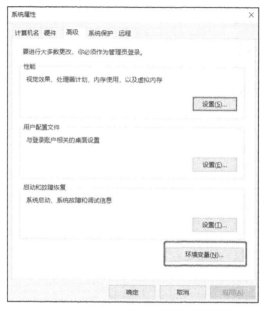

图 2-7　设置环境变量

在"环境变量"对话框中单击"新建"按钮，新建系统变量，在弹出的"新建系统变量"对话框中设置变量名和变量值，变量名为"MYSQL_HOME"，变量值为"C:\Program Files\MySQL\MySQL Server 8.0\bin"（本例的 MySQL 安装地址），单击"确定"按钮，即可建立新的系统变量，如图 2-8 所示。

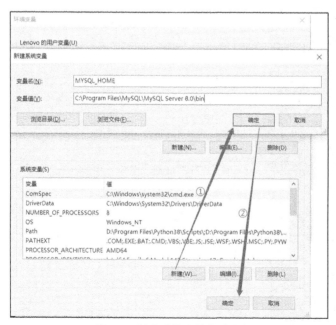

图 2-8　新建系统变量的过程

在图 2-8 所示的对话框中编辑"Path"变量,将"%MYSQL_HOME%\bin"加入其中,以方便后续通过命令行应用 MySQL,如图 2-9 所示。

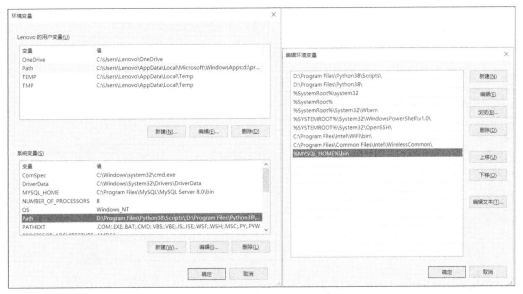

图 2-9 MySQL 系统路径 Path 的设定

至此,就完成了对 MySQL 的安装与环境配置。关于安装完成后 MySQL Server 的启动、使用、调试等操作,请扫描右侧二维码观看视频。

MySQL 的启动、
使用、调试

2.2 WampServer 的安装与配置

MySQL 是 Web 世界中应用非常广泛的数据库,用 MySQL 数据库构建 Web 网站与信息管理系统的应用环境主要有两种架构方式:LAMP 和 WAMP。WampServer 是 Apache Web 服务器、PHP 解释器及 MySQL 数据库的整合软件包,即 WAMP 架构下的集成安装环境。利用 WampServer,MySQL 的学习者可以免去烦琐的软件环境配置过程,一步到位地拥有一个含有 MySQL 学习与研究、以 MySQL 作为数据库开发 Web 及相关产品的良好的环境。

2.2.1 MySQL 图形用户管理工具

MySQL 主要工作在服务器端,因此其在设计之初并不包含图形用户管理工具,而是使用交互效率更高的命令行方式。作为开源软件,MySQL 众多的用户群体和强大的社区提供了丰富的图形用户管理工具。这些图形用户管理工具可以大大提高用户管理数据库的工作效率,简化操作方法,即使是没有 SQL 基础的用户也可以应用自如。下面介绍几款常用的 MySQL 图形用户管理工具。

1.PhpMyAdmin

PhpMyAdmin 是用 PHP 开发的基于 Web 方式的 MySQL 图形用户管理工具,支持中文,界面友好、简洁,使用方便。该工具已经集成在 WampServer 集成套件之中,是本书学习过程中首选的图形用户管理工具。关于它的简单应用，将在 2.4 节中进行概要讲解。

2．Navicat

Navicat 是一款图形化数据库管理软件。该软件提供桌面版 MySQL 管理工具，界面简洁，功能强大，简单易学，支持中文。其工作界面如图 2-10 所示。

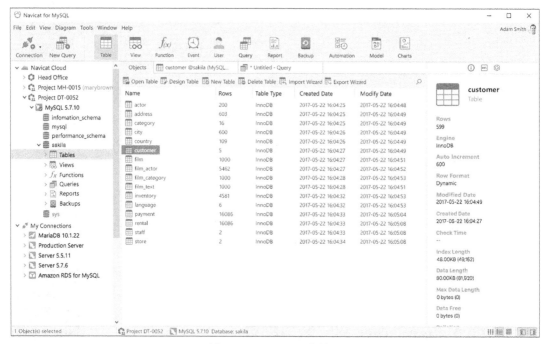

图 2-10 Navicat 工作界面

3．MySQL Workbench

MySQL Workbench 是由 MySQL 官方发行的，是一款专为 MySQL 设计的可视化数据库设计、管理工具。用户可以用 MySQL Workbench 实现数据库的设计和建模，建立数据库文档，以及进行复杂的 MySQL 迁移。它有开源版本和商业化版本，支持 Windows、Linux 等多种操作系统。

4．Adminer

Adminer 是一款类似于 PhpMyAdmin 的 MySQL 图形用户管理工具。该工具只由一个 PHP 文件构成，易于使用和安装。Adminer 支持多语言，可满足大部分的 MySQL 管理需求。

总之，很多图形用户管理工具都可以帮助用户在不同的开发和应用场景中，以较为简单直观的方式操纵 MySQL 数据库，使数据库的开发和应用工作事半功倍。

2.2.2 WAMP 与 LAMP 简介

在实际的开发场景中，MySQL 常常搭配 Apache、PHP 等构成一个强大的 Web 应用程序平台。逐一下载、安装、配置这几款软件，对初学者而言是一个非常烦琐的过程。而整合了 MySQL 及其相关开发工具的软件包的出现，则免去了复杂的环境配置过程，能够帮助使用者快速搭建一个应用开发环境。其中 LAMP 和 WAMP 最为著名，开源的 Apache、MySQL、PHP 组合因其投资成本低而受到 IT 界的广泛关注。从网站流量分析数据来看，70%以上的访问流量是 LAMP/WAMP 贡献的，它成了极其强大的网站开发集成环境之一。

LAMP（Linux + Apache + MySQL + PHP/Perl/Python）表示使用 Linux 操作系统，将 Apache 作为 Web 服务器，将 MySQL 作为 DBMS，将 PHP/Perl/Python 作为服务器端脚本解释器。LAMP 架构的所有组成产品均是开源软件，与 Java EE 架构相比，LAMP 架构具有 Web 资源丰富、轻量、快速开发等特点。LAMP 还具有通用、跨平台、高性能、低价格的特点。

WAMP（Windows+ Apache + MySQL + PHP/Perl/Python）表示使用 Windows 操作系统，将 Apache 作为 Web 服务器，将 MySQL 作为 DBMS，将 PHP/Perl/Python 作为服务器端脚本解释器。因为 Windows 在桌面操作系统中的市场占有率极高，所以 WAMP 充分利用了 Windows 易用且拥有大量用户的优势。对 MySQL 的初学者而言，WAMP 不失为一个良好的学习实践平台。

2.2.3 WampServer 的安装及配置

Alter Way 开源团队开发的 WampServer 在诸多 WAMP 集成环境内脱颖而出，它极大地简化了 MySQL 等软件安装配置的过程，降低了 MySQL 的学习门槛。除了 WampServer 官网，在许多的编程社区和搜索引擎内也可以找到 WampServer 的下载源。WampServer 官网界面如图 2-11 所示。

图 2-11　WampServer 官网界面

为方便读者学习，本书以 WampServer 为平台来讲解 MySQL 的应用，WampServer 的主要安装与配置步骤如下。

（1）双击已下载的 WampServer 安装包，便可看到 WampServer 集成的软件及版本信息，如图 2-12 所示。

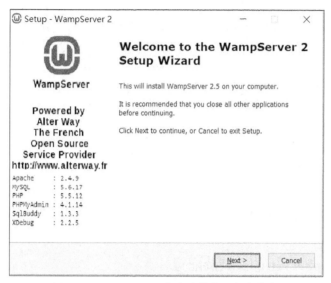

图 2-12　WampServer 集成的软件及版本信息

（2）在同意用户许可协议后，安装过程正式开始。在安装路径选择页面为 WampServer 设置安装路径，如图 2-13 所示。

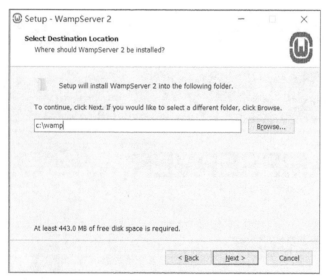

图 2-13　设置 WampServer 安装路径

（3）之后的步骤可以直接保持默认设置，直至安装过程开始启动。安装临近结束，安装进程将自动检测系统内的浏览器，并让用户选择 WampServer 默认使用的浏览器。如无特别需求，单击"是"按钮即可，如图 2-14 所示。

（4）若遇到 Windows 防火墙阻断 Apache HTTP Server 的某些功能的情况，请根据实际情况选择"专用网络"或者"公共网络"，并允许访问。之后按照安装向导提示输入 PHP

收发邮件的 SMTP 和 E-mail，这些设置与 MySQL 学习不存在关联，可以保持默认设置。单击"Next"按钮，完成 WampServer 的安装，如图 2-15 所示。

图 2-14　选择默认的浏览器

图 2-15　SMTP 及 E-mail 参数设置

图 2-16　WampServer 的控制菜单

（5）安装完成后，若任务栏中的 WampServer 图标显示为绿色■，则证明包括 MySQL 在内的各项软件已经正常启动。单击图标，可显示 WampServer 的控制菜单，如图 2-16 所示。

通过 WampServer 的控制菜单，可以实现对服务的启动、停止和重新启动等操作，也可以对 MySQL 进行重要参数的配置。选择控制菜单中的第一项"Localhost"或者在浏览器地址栏输入 http://localhost，均可进入 WampServer 的首页，全面了解集成环境的各项配置，如图 2-17 所示。

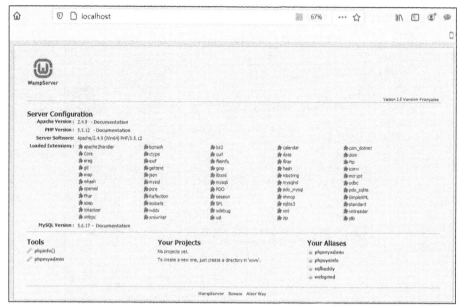

图 2-17　WampServer 首页信息

中国数据库发展巡礼

数据库将计算机科学和易于被人类理解与认知的数据管理方式完美地结合在一起，从 20 世纪 50 年代开始，数据库逐渐影响和改变世界。今天，达梦、金仓、神通、南大……越来越多的中国国产 DBMS 闪亮登场，中国数据库领域的科学研究与世界同步，一起为人类美好的未来绘制数据库的蓝图。

拓展知识

2.3　MySQL 的配置与管理

　　MySQL 拥有大量可以修改的参数，通常在使用前需要将基本项配置正确，以适应未来数据库的设计与开发需求。

2.3.1　MySQL 的字符集及字符序

　　在信息化全面普及的当代，网络早已覆盖了全球的每一个角落，然而在信息化推进的过程中，不同的国家和地区间却形成了不同的信息编码规则，这样的差异导致信息全球化交流和传递中存在一些客观的藩篱。作为数据库的初学者，可能往往会遇到中文显示为乱码的情况。为了弄清楚引发这类问题的原因，进而通过正确的设置来解决问题，下面对字符集与字符序的概念进行比较说明。

1．字符集

　　字符集（Character Set）是多个字符及其编码规则的集合。字符集需要以某种字符编码方式来表示、存储字符。字符集种类较多，每个字符集包含的字符个数不同，常见字符集有 latin1、GB2312、BIG5、GB18030、Unicode 等。在字符集中，字符编码方式是用一个或多个字节表示字符集中的一个字符，每种字符集都有自己特有的编码方式，因此同一个字符，在不同字符集的编码方式下，会产生不同的二进制编码。为消除众多字符编码方式彼此不统一而造成的信息交流障碍，有必要为每种语言中的每个字符设定一套统一且唯一的二进制编码，以满足跨语言、跨平台进行文本转换、处理的要求。国际标准化组织（International Standards Organization，ISO）等国际组织 1994 年正式公布了一套可以容纳世界上所有文字和符号的字符编码方案——Unicode。其中 UTF-8、utf8mb4 等都是 Unicode 编码方案支持的字符集。这类字符集是 MySQL 等数据库、软件推荐使用的字符集。

2．字符序

字符序（Collation）也称为字符的排序规则。同一字符集内又存在字符间不同的比较规则，因而产生了字符序。每个字符集都至少有 1 种字符序（通常是多种），两个不同的字符集不能有相同的字符序，每一种字符集都有默认的字符序，叫作 Default Collation。在 MySQL 中，字符序以字符集名称开头，加下画线及国家名或者 General 居中，加下画线及 ci\cs 或者以 bin 结尾，ci 代表不区分大小写，cs 代表区分大小写，bin 代表二进制编码。字符序对数据库的查询、排序等的结果和效率是有影响的。

MySQL 数据库的字符集、字符序设置具有分层、灵活的特点。MySQL 的字符集和字符序分为 4 个级：服务器级、数据库级、数据表级、字段级。MySQL 通过如下系统变量实现对字符集的设置。

character_set_server：默认的内部操作字符集。

character_set_client：客户端来源数据使用的字符集。

character_set_connection：连接层字符集。

character_set_results：查询结果字符集。

character_set_database：当前选中数据库的默认字符集。

character_set_system：系统元数据（字段名等）字符集。

变量是编程语言普遍采用的、在内存中标记和存储信息的"容器"。MySQL 可以通过变量存储信息。MySQL 的变量分为系统变量和用户自定义变量两大类，其中系统变量用于存储控制数据库的一些行为和方式参数。例如启动数据库时设定可用内存的大小、日志文件的大小、存放位置等。当数据库系统启动后，有些系统变量也可以通过动态修改以及时调整数据库。

MySQL 的字符集可以细化到一个库、一个表、一个列，通常使用默认的设置。安装 MySQL 时，配置文件中会指定一个默认的字符集。启动 MySQL 时，使用 character_set_server 来指定默认的字符集，如果没有指定就继承配置文件中的配置。安装 MySQL 时选择多语言支持，在程序安装时系统会自动将字符集设置为 UTF-8。默认情况下 MySQL 的字符集是 latin1。

【例 2-1】 MySQL 字符集、字符序的查看与设置。

用 "SHOW CHARACTER SET;" 命令能够显示 MySQL 支持的所有字符集，如图 2-18 所示。

由图 2-18 可见，每一种字符集的名称及默认的字符序都被清晰地列出。其中 Maxlen 列代表某一特定字符集中单一字符最多占用的字节数。

```
mysql> SHOW CHARACTER SET;
+----------+-------------------------+-------------------+--------+
| Charset  | Description             | Default collation | Maxlen |
+----------+-------------------------+-------------------+--------+
| big5     | Big5 Traditional Chinese| big5_chinese_ci   |      2 |
| dec8     | DEC West European       | dec8_swedish_ci   |      1 |
| cp850    | DOS West European       | cp850_general_ci  |      1 |
| hp8      | HP West European        | hp8_english_ci    |      1 |
| koi8r    | KOI8-R Relcom Russian   | koi8r_general_ci  |      1 |
| latin1   | cp1252 West European    | latin1_swedish_ci |      1 |
| latin2   | ISO 8859-2 Central European | latin2_general_ci |  1 |
| utf8     | UTF-8 Unicode           | utf8_general_ci   |      3 |
| binary   | Binary pseudo charset   | binary            |      1 |
| geostd8  | GEOSTD8 Georgian        | geostd8_general_ci|      1 |
| cp932    | SJIS for Windows Japanese | cp932_japanese_ci |    2 |
| eucjpms  | UJIS for Windows Japanese | eucjpms_japanese_ci | 3 |
+----------+-------------------------+-------------------+--------+
40 rows in set (0.01 sec)
```

图 2-18　显示 MySQL 支持的所有字符集

由于 MySQL 支持的字符集数量众多,可以通过添加 LIKE 子句匹配一些特定的字符集。例如通过命令 "SHOW CHARACTER SET LIKE 'UTF%';" 显示当前系统支持的 UTF 类的字符集,如图 2-19 所示。

```
mysql> SHOW CHARACTER SET LIKE 'UTF%';
+----------+----------------+-------------------+--------+
| Charset  | Description    | Default collation | Maxlen |
+----------+----------------+-------------------+--------+
| utf8     | UTF-8 Unicode  | utf8_general_ci   |      3 |
| utf8mb4  | UTF-8 Unicode  | utf8mb4_general_ci|      4 |
| utf16    | UTF-16 Unicode | utf16_general_ci  |      4 |
| utf16le  | UTF-16LE Unicode | utf16le_general_ci | 4 |
| utf32    | UTF-32 Unicode | utf32_general_ci  |      4 |
+----------+----------------+-------------------+--------+
5 rows in set (0.00 sec)
```

图 2-19　显示 MySQL 支持的特定字符集

通过查看 MySQL 字符集、字符序的设置变量,可以了解当前系统设置的字符集和字符序,命令分别为 "SHOW VARIABLES LIKE 'CHARACTER_SET_%';" 和 "SHOW VARIABLES LIKE 'COLLATION_%';"。查询结果如图 2-20 所示。

```
mysql> SHOW VARIABLES LIKE 'CHARACTER_SET_%';
+--------------------------+------------------------------------------+
| Variable_name            | Value                                    |
+--------------------------+------------------------------------------+
| character_set_client     | gbk                                      |
| character_set_connection | gbk                                      |
| character_set_database   | latin1                                   |
| character_set_filesystem | binary                                   |
| character_set_results    | gbk                                      |
| character_set_server     | latin1                                   |
| character_set_system     | utf8                                     |
| character_sets_dir       | c:\wamp\bin\mysql\mysql5.6.17\share\charsets\ |
+--------------------------+------------------------------------------+
8 rows in set (0.00 sec)

mysql> SHOW VARIABLES LIKE 'COLLATION_%';
+----------------------+-------------------+
| Variable_name        | Value             |
+----------------------+-------------------+
| collation_connection | gbk_chinese_ci    |
| collation_database   | latin1_swedish_ci |
| collation_server     | latin1_swedish_ci |
+----------------------+-------------------+
3 rows in set (0.00 sec)
```

图 2-20　查看 MySQL 设置的字符序、字符集

可以通过 SET 命令来设置字符集及字符序。例如用 "SET CHARACTER_SET_SERVER = UTF8;" 命令,可以将内部操作的字符集由默认的 "latin1" 设置为 "utf8"。设置的过程及设置后的字符集情况如图 2-21 所示。

字符集和字符序的查看与设置也可以通过现在诸多的管理工具,在 GUI 环境中直观而便利地完成。请读者举一反三,完成其他层次的字符集和字符序的设置,探索通过 PhpMyAdmin 等工具用更方便的方式完成字符集、字符序的查看和设置。

```
mysql> SET CHARACTER_SET_SERVER=UTF8;
Query OK, 0 rows affected (0.00 sec)

mysql> SHOW VARIABLES LIKE 'CHARACTER_SET_%';
+--------------------------+-------------------------------------------+
| Variable_name            | Value                                     |
+--------------------------+-------------------------------------------+
| character_set_client     | gbk                                       |
| character_set_connection | gbk                                       |
| character_set_database   | latin1                                    |
| character_set_filesystem | binary                                    |
| character_set_results    | gbk                                       |
| character_set_server     | utf8                                      |
| character_set_system     | utf8                                      |
| character_sets_dir       | c:\wamp\bin\mysql\mysql5.6.17\share\charsets\ |
+--------------------------+-------------------------------------------+
8 rows in set (0.00 sec)
```

图 2-21 字符集的设置

2.3.2 MySQL 的存储引擎

存储引擎是数据库的底层软件组织，在关系数据库领域也叫表类型。DBMS 使用存储引擎进行创建、查询、更新和删除数据。不同的存储引擎提供不同的存储机制、索引技术等。MySQL 数据库支持多种存储引擎，且允许用户根据需要编写存储引擎。

使用 "SHOW ENGINES;" 命令即可查看当前 MySQL 支持的存储引擎，如图 2-22 所示。

```
mysql> SHOW ENGINES;
+--------------------+---------+----------------------------------------------------------------+--------------+------+------------+
| Engine             | Support | Comment                                                        | Transactions | XA   | Savepoints |
+--------------------+---------+----------------------------------------------------------------+--------------+------+------------+
| FEDERATED          | NO      | Federated MySQL storage engine                                 | NULL         | NULL | NULL       |
| MRG_MYISAM         | YES     | Collection of identical MyISAM tables                          | NO           | NO   | NO         |
| MyISAM             | YES     | MyISAM storage engine                                          | NO           | NO   | NO         |
| BLACKHOLE          | YES     | /dev/null storage engine (anything you write to it disappears) | NO           | NO   | NO         |
| CSV                | YES     | CSV storage engine                                             | NO           | NO   | NO         |
| MEMORY             | YES     | Hash based, stored in memory, useful for temporary tables      | NO           | NO   | NO         |
| ARCHIVE            | YES     | Archive storage engine                                         | NO           | NO   | NO         |
| InnoDB             | DEFAULT | Supports transactions, row-level locking, and foreign keys     | YES          | YES  | YES        |
| PERFORMANCE_SCHEMA | YES     | Performance Schema                                             | NO           | NO   | NO         |
+--------------------+---------+----------------------------------------------------------------+--------------+------+------------+
9 rows in set (0.00 sec)
```

图 2-22 MySQL 支持的存储引擎

在图 2-22 中，Support 列指明当前 MySQL 服务器版本是否支持相应的存储引擎，YES 为支持，NO 为不支持，值为 DEFAULT 的存储引擎为当前 MySQL 服务器默认的存储引擎；Comment 列对存储引擎的特征进行了概要的描述；Transactions 列指明对应存储引擎是否支持事务，YES 为支持，NO 为不支持；XA 和 Savepoints 列分别指明存储引擎是否支持 XA 分布式事务规范及是否支持事务处理中的保存点，这两列与事务相关，当 Transactions 为 YES 时，这两个属性才有意义，否则均为 NO。

用命令 "SHOW VARIABLES LIKE '%storage_engine%';" 查看数据库当前使用的存储引擎，如图 2-23 所示。

通过 SQL 命令修改数据表的存储引擎，也可以通过使用 GUI 工具、修改 my.ini 文件等多种方式修改数据表、数据库乃至 MySQL 默认的存储引擎。

```
mysql> SHOW VARIABLES LIKE '%storage_engine%';
+----------------------------+--------+
| Variable_name              | Value  |
+----------------------------+--------+
| default_storage_engine     | InnoDB |
| default_tmp_storage_engine  | InnoDB |
| storage_engine             | InnoDB |
+----------------------------+--------+
3 rows in set (0.00 sec)
```

图 2-23 查看数据库当前使用的存储引擎

每种存储引擎都有不同于其他存储引擎的特点，随着应用的深入，读者可以选择适合自己开发及应用环境的存储引擎。以常用的 MyISAM、MEMORY、InnoDB 和 ARCHIVE 存储引擎为例，它们之间的功能对比如表 2-1 所示。

在 MySQL 数据库中，允许灵活选择存储引擎，一个数据库中的多个表可以使用不同的存储引擎，以满足各种性能需求和实际需求。使用合适的存储引擎，将会提高整个数据库的性能。

表 2-1　4 种常见的 MySQL 存储引擎功能对比

功能	存储引擎			
	MyISAM	MEMORY	InnoDB	ARCHIVE
存储限制	256TB	RAM	64TB	None
支持事务	×	×	√	×
支持全文索引	√	×	×	×
支持索引	√	√	√	×
支持哈希索引	×	√	×	×
支持数据缓存	×	N/A	√	×
支持外键	×	×	√	×

2.3.3　MySQL 的安全设置

随着大数据时代的到来，网络安全问题的重心逐渐过渡到数据安全问题中来。数据安全不仅关系到个人隐私、企业商业秘密，甚至直接影响国家安全。因此，数据库的安全性成为用户选择数据库产品时考虑的首要特性。

MySQL 数据库因其具有开源特点而得到广泛应用。为保障数据库的安全性，MySQL 提供了由两部分构成的访问授权模块：一是基本用户管理模块；二是访问授权控制模块。基本用户管理模块主要负责用户登录连接相关的基本权限控制，它就像一个"卫兵"一样，通过检查每一位访问者的身份和口令，决定是否予以放行。访问授权控制模块则随时检查已经进入系统的访问者，检验他们的访问数据权限。通过检验的访问者可以顺利拿到数据，而未通过检验的访问者只能收到"访问越权"的相关反馈。

MySQL 还为用户提供了非常丰富的访问控制权限，以确保数据库设计过程中为不同角色的用户提供合适的访问控制权限，避免数据被越权访问。图 2-24 展示了在 WampServer 中，通过 PhpMyAdmin 管理工具呈现的用户权限。

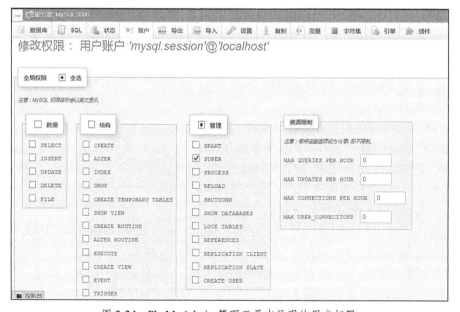

图 2-24　PhpMyAdmin 管理工具中呈现的用户权限

图 2-24 呈现了数据、结构、管理和资源限制 4 个维度的细粒度用户全局权限。其中部分权限的作用如表 2-2 所示。

表 2-2 MySQL 用户访问控制权限（部分）及其作用

权限	作用
CREATE	创建数据库、数据表和索引的权限
DROP	删除数据库、数据表和视图的权限
ALTER	修改数据表结构的权限
DELETE	删除数据记录的权限
INSERT	向数据表中插入数据的权限
SELECT	查询数据记录的权限
UPDATE	更新数据记录的权限
PROCESS	显示服务器运行进程信息的权限
RELOAD	允许用户使用 FLUSH 语句的权限
CREATE USER	创建修改 MySQL 账户的权限
SHUTDOWN	允许用户关闭 MySQL 服务的权限

初学者在安装 MySQL 的过程中通常会采用默认配置，这就为未来的数据库安全留下了一些隐患。例如 MySQL 相关环境安装好后，MySQL 默认密码通常为空；MySQL 初始化后会自动生成空用户；默认的 MySQL 管理员名称是 root 等，这些会对数据库造成安全漏洞。通常可以通过命令修改或者在 GUI 工具中直观地修改，直至形成符合数据库安全需求的安全策略。

【例 2-2】 创建一个用户 "kustuser"，该用户可以通过本机连接 MySQL 数据库，账号密码设为 "Test*123"。

在 MySQL 控制台输入如下代码。

```
CREATE USER 'kustuser'@'localhost' identified by 'Test*123';
```

其中，各个参数的含义如下。

（1）kustuser 是创建的用户名。

（2）localhost 指本地用户可以登录，如果想让该用户能够从任意远程主机登录，可以使用通配符 "%"。

（3）identified by 用于指定用户的登录密码。

（4）Test*123 为该用户的登录密码，密码可以为空，如果为空，则该用户可以不需要密码登录服务器。

代码执行后，收到回馈信息，如 "Query OK, 0 rows affected (0.01 sec)"，即代表用户名和密码创建成功。在图形用户管理工具界面中，可以清晰地看到新创建的用户，如图 2-25 所示。

另外，在图形用户管理工具中能够直观地创建用户和设置密码。

对于默认安装的 MySQL 没有密码的问题，可以通过 SET PASSWORD 命令为 root 用户设置密码，如下所示。

```
SET PASSWORD FOR root@localhost=password('testpsw');
```

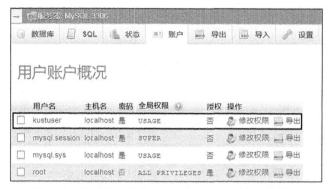

图 2-25　图形用户管理工具界面中显示新创建的用户

这样 root 用户的密码就被改成 testpsw 了。通过其他命令也可以为 root 用户设置或者更新密码，读者可参阅 MySQL 技术手册加以学习和实践。

总之，MySQL 数据库的安全性一般包括以下几个方面。

（1）一般性安全要素：使用较强的密码、禁止给用户分配不必要的权限等。

（2）安装步骤的安全性：确保安装 MySQL 时指定的数据文件、日志文件、程序文件均被存储在安全的地方，未经授权的用户无法读取或写入数据。

（3）访问控制安全：包括在数据库中定义账户及相关权限设置。

（4）MySQL 网络安全：仅允许有效的主机连接服务器，并且需要账户权限。

（5）数据安全：确保对 MySQL 数据库文件、配置文件、日志文件进行充分可靠的备份。

2.4 MySQL 客户端使用

在 MySQL 数据库的学习和数据库实际开发中，选择一款合适的客户端软件可以达到事半功倍的效果。虽说基于图形用户界面的客户端软件可以管理 MySQL，但有些功能是图形用户界面客户端程序无法实现的，因此理解和掌握一些常用的 MySQL 命令也是很有必要的。本节将介绍 MySQL 的命令行界面和一款被广泛使用的客户端管理工具——PhpMyAdmin。

2.4.1　MySQL 命令行界面

MySQL 的命令行界面可以通过操作系统命令进入，过程如图 2-26 所示。

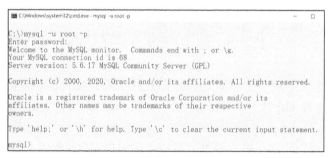

图 2-26　用操作系统命令进入 MySQL

首先，在 Windows 系统的命令行界面中输入"mysql -u root -p"（前提是 MySQL 的安装目录下的 bin\mysql.exe 命令路径已经设置在 Windows 系统的 Path 环境路径之下）。系统将需要用户输入 root 用户密码，通过验证后就能进入 MySQL 的命令行界面。若安装了 WampServer 并正常启动，也可以通过 WampServer 控制台的 MySQL/MySQL console 更加便捷地进入 MySQL 命令行界面。

在 MySQL 命令行界面中，用户可以通过 MySQL 命令，以最为直接而高效的方式实施对 MySQL 数据库的管理与控制，但是命令行相对图形用户管理工具而言是晦涩的，需要用户具备一定的 MySQL 命令知识。

例如，在命令行界面中，用命令"CREATE DATABASE logistics;"创建一个名为 logistics 的数据库，然后使用命令 "USE logistics;" 使 logistics 库成为当前数据库，最后通过命令 "SOURCE c:\logistics.sql;" 将提前存储在 c:\下的数据库文件 logistics.sql 导入刚创建的数据库中，从而完成一次数据库的导入工作。命令执行界面如图 2-27 所示。

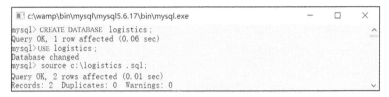

图 2-27　命令执行界面

2.4.2　MySQL 的 PhpMyAdmin 管理工具的使用

使用命令行的方式创建和管理 MySQL 数据库虽然灵活高效，但是冗长和晦涩的命令往往令初学者望而生畏。在 MySQL 的实际应用开发中，用户一般会用图形用户管理工具来创建及管理数据库。在众多的 MySQL 图形用户管理工具中，PhpMyAdmin 是流行度较高的一款。该工具是使用 PHP 开发的 B/S 模式的 MySQL 客户端工具，它为用户提供了以网页形式存在的图形化操作界面。该工具大大降低了初学者学习 MySQL 的难度。PhpMyAdmin 可以单独安装配置，也内置于 WampServer 工具包中，获取和应用都非常方便、灵活。

在浏览器的地址栏输入"http://localhost/phpMyAdmin"或者通过 WampServer 控制菜单均可启动 PhpMyAdmin，进入其图形化管理主界面，如图 2-28 所示。

图 2-28　PhpMyAdmin 图形化管理主界面

为支持简体中文，防止乱码，建议在 PhpMyAdmin 图形化管理主界面的"语言-Language"下拉列表中选择"中文-Chinese simplified"选项；在其上的"服务器连接排序规则"下拉列表中一般选择"utf8mb4_general_ci"选项。

1. 数据库级操作

做好上述的基本设置之后，单击"数据库"选项卡，即可创建数据库。在文本框中输入要创建的数据库名称，如"course"，在排序规则下拉列表中再次选择"utf8mb4_general_ci"选项，如图 2-29 所示，单击"创建"按钮，便可以在左侧数据库列表树中看见刚创建的数据库。

图 2-29　通过 PhpMyAdmin 创建数据库

单击数据库管理界面上方的"操作"选项卡，便可对数据库进行删除及复制等操作，如图 2-30 所示。

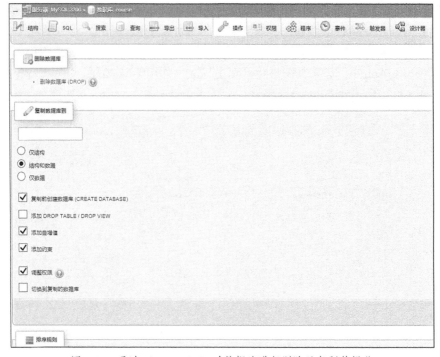

图 2-30　通过 PhpMyAdmin 对数据库进行删除及复制等操作

2．数据表级操作

数据表的操作是建立在选定数据库的基础之上的。通过 PhpMyAdmin 可以便捷地实现对数据表的创建、修改及删除。

在创建的 course 数据库右侧的操作界面中输入数据表的名称和字段数，单击"执行"按钮，即可创建数据表，如图 2-31 所示。

图 2-31　通过 PhpMyAdmin 创建数据表

成功创建数据表之后，将显示数据表结构的界面。在该界面的表单中输入各个字段的详细信息，包括字段名、数据类型、长度/值、编码格式、是否为空和主键等信息，以完成对数据表结构的详细设置。当所有信息都填写完成之后，单击"保存"按钮，就可以创建数据表结构。读者在学习完关于数据表设计的章节内容之后，可以更加规范地设计数据表。这里仅做入门级别的介绍，旨在让读者了解 PhpMyAdmin 工具的应用，对数据表的具体设计不做阐释。经过设计后的数据表字段信息如图 2-32 所示。

#	名字	类型	排序规则	属性	空	默认	注释	额外	操作
1	teacher_id	char(5)	utf8mb4_general_ci		否	无	教师编号		🖉 修改 ⊖ 删除 ▼ 更多
2	teacher_name	varchar(4)	utf8mb4_general_ci		否	无	教师姓名		🖉 修改 ⊖ 删除 ▼ 更多
3	password	varchar(32)	utf8mb4_general_ci		否	无	密码		🖉 修改 ⊖ 删除 ▼ 更多
4	department_id	char(3)	utf8mb4_general_ci		否	无	学院编号		🖉 修改 ⊖ 删除 ▼ 更多
5	gender	char(1)	utf8mb4_general_ci		否	男	性别		🖉 修改 ⊖ 删除 ▼ 更多
6	major	varchar(8)	utf8mb4_general_ci		否	无	专业		🖉 修改 ⊖ 删除 ▼ 更多
7	professional	varchar(8)	utf8mb4_general_ci		否	无	职称		🖉 修改 ⊖ 删除 ▼ 更多
8	introduction	varchar(100)	utf8mb4_general_ci		是	NULL	教师简介		🖉 修改 ⊖ 删除 ▼ 更多

图 2-32　MySQL 数据表结构设计

在建立好的数据表界面中，可以通过改变表的结构来修改表，也可以对列进行添加与删除。总之，在 PhpMyAdmin 中，这些管理与操作都是通过界面，以图形可视化的直观方式完成的，对使用者和开发者而言，直观和便捷的操作可以有效地提高工作效率。

3．数据的管理及操作

PhpMyAdmin 为数据记录的管理提供了便捷的渠道，单击图 2-33 所示的"浏览"选项卡，即可显示并编辑数据表中的数据记录。通过"插入"选项卡，可实现新的数据记录的创建。PhpMyAdmin 还允许通过"SQL"选项卡打开 SQL 编辑区，从而实现对 SQL 语句的编辑，以完整实现对数据的新增、删除、修改、查询等操作，如图 2-33 所示。

图 2-33　PhpMyAdmin 的 SQL 语句编辑

除了上述对数据库、数据表及数据的常规管理功能，PhpMyAdmin 还提供了便捷的数据表导入导出功能、全面的用户分配功能等，这些功能有待读者在后续的学习过程中深入应用。

2.5 数据库设计案例

2.5.1　MySQL 数据库的 Web 应用概要

在互联网深度融入世界各个角落的今天，数据的聚合、处理和呈现，普遍是以可视化的页面形式加以实现的。在互联网世界，大如京东、百度，小到一个简单的留言板，都可以看到数据库的用武之地，可以说数据库无处不在，数据库构筑了几乎一切高级应用的基础。MySQL 作为一款以 Web 应用见长的 RDBMS，互联网是其主要的工作领域。也就是说，在实际应用中，数据并不是枯燥地"躺在"MySQL 的数据表之中，而是通过外卖订单、新闻热力图、搜索查询页面等异彩纷呈的形式流淌在网络之中，支持大量基于 Web 的应用系统。

要在一个网站上运行 MySQL，就需要一种脚本语言来和数据库进行交互。而同为 WAMP 组件之一的 PHP，是人们在 Web 开发中进行 MySQL 数据库操作的首选语言。作为一种易于学习和使用的服务器端脚本语言，PHP 并不需要使用者拥有完备的编程知识，便可建立与 MySQL 的关联，从而实现在网页上获取、呈现并操作来自 MySQL 的数据，进而建立一个真正交互的 Web 站点。

利用 PHP 连接并操纵 MySQL 数据库，实现的基于数据库的 Web 站点架构如图 2-34 所示。

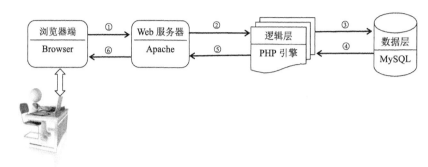

图 2-34　基于数据库的 Web 站点架构

对应图 2-34 所示的流程①至⑥，MySQL 的 Web 应用事务过程解释如下。

① 用户通过 Web 浏览器发出 HTTP 请求，请求特定的 Web 页面。例如，index.php。

② Web 服务器收到 index.php 请求，获取该文件，并将其传给 PHP 引擎，要求它处理。PHP 引擎即 Web 服务的后台程序，也被称为中间件。在本例示意中，Apache 是 Web 服务器软件。Apache 是世界上非常流行的 Web 服务器软件之一，它同样具有开源的特性，属于 WAMP 组件之一，为 PHP 提供了良好的语言支持。

③ PHP 引擎开始解析脚本。脚本中含有连接 MySQL 数据库的命令及执行一个查询的命令，PHP 打开通向 MySQL 数据库的连接，发送满足用户需求的查询。

④ MySQL 服务器接收数据库查询并处理，将结果返回给 PHP 引擎。

⑤ PHP 引擎完成脚本运行，并将查询结果格式化成 HTML 格式，然后再将输出的 HTML 返回给 Web 服务器。

⑥ Web 服务器将 HTML 发送到浏览器，这样用户就可以通过页面信息看到处理结果。

一般情况下，Web 服务器软件、PHP 引擎和数据库服务器都在同一台机器上运行。在商业应用中，出于对安全及负载均衡需求的考虑，数据库服务器独立运行在另外一台机器上也是常见的。从开发的角度来看，无论数据库服务器是否分离部署，其开发过程都是不变的。

本书采用的 MySQL 学习环境——WampServer 已经集成了上述基于数据库的 Web 应用的所有环境支撑软件。可以说，一台能够正常运行 WampServer 的计算机，便是一台支持 MySQL 数据库运行的 Web 服务器。这样的环境基础已经足以支撑初学者以有限的背景知识初探 MySQL 数据库的 Web 应用。

2.5.2　MySQL 数据库 Web 应用原生操作

在 MySQL 数据库的 Web 应用开发领域，已经存在许多成熟的框架。利用它们，在实际的开发中，可以事半功倍地实现高效开发。但是，由于框架及第三方库的封装，使用者往往无法理解和解析其内部实现机制。本小节将采取极简数据库及代码结构，以手动录入原生代码的形式，为读者展示 MySQL 数据库的 Web 应用案例，借此使读者掌握 MySQL 数据库支持的 Web 应用实现机理，并能在深入学习 MySQL 的过程中，见微知著，将 MySQL

数据库设计与其应用完美结合。

【例 2-3】 通过 MySQL 的 Web 应用，实现新闻页面的浏览计数功能。页面实现效果如图 2-35 所示，其中"你是第 8 位访客"的访问统计数字"8"，是通过 MySQL 对访问记录的查询统计，在页面上呈现的动态数据。

图 2-35 新闻页面浏览计数效果

1．完成本例设计所必需的知识

（1）在 WampServer 的控制菜单中选择"www directory"选项，打开 Apache 默认的 Web 根目录。只有将创建的网页及资源保存在该目录下，它们才能被 Apache 所支持，实现通过 HTTP 的访问及响应。该目录可以通过 Apache 的配置文件进行修改，本例采用的是默认的目录。查看方式及结果如图 2-36 所示。

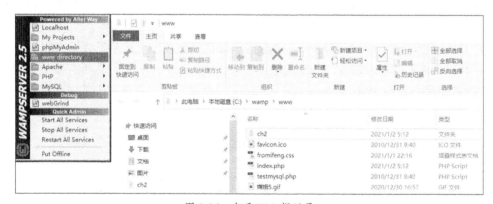

图 2-36 查看 Web 根目录

（2）本机 Web 访问的默认 URL。MySQL 支持的动态 Web 访问，必须通过 HTTP 请求，服务器才能够响应，这就需要知晓站点页面的 URL，由于本例是在本地进行测试，Apache

的 Web 服务没有域名的支持，所以可以通过 http://localhost 或者 http://127.0.0.1 进行访问。最便捷的访问方式是通过 WampServer 控制菜单中的 "Localhost" 选项直接访问。值得注意的是，如果测试页面在 Web 根目录下的子目录中，则需在本机 URL 后面通过 "/" 加子目录名称直至页面文件名的方式进行访问，如 http://localhost/ch2/test.php。

（3）在 HTML 标签中加入 PHP 代码。网页对应的 HTML 是有结构的一组组成对的标签，在网页中混合 PHP 代码实现页面的动态交互及对 MySQL 的访问有多种形式，其中最为简捷的一种便是直接在 HTML 代码中加入 PHP 代码，其特征是在需要执行 PHP 代码的地方加入<?php…?>标签或者<? = …?>标签。混有 PHP 代码的页面保存为扩展名为.php 的文件。

2．实现本例的主要过程

对于本例的实现，初学者主要是感受 MySQL 的 Web 实现过程，不妨以模板化的方式进行识记掌握，不必拘泥语法细节。

（1）MySQL 数据库及数据表的设计。设计本例的目的是实现对访问者的计数统计，即一旦有对页面的访问请求发生，则向数据库中特定的数据表里插入一条访问记录，最后统计共有多少条记录（即该页面的总的访问数）。本例采用极简的一库、一表、一关键计数字段的方式进行设计即可满足需求。设计情况如图 2-37 所示。

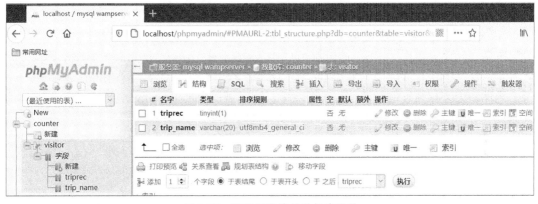

图 2-37　网页浏览统计数据库设计

本例建立了一个名为 counter 的数据库，一个名为 visitor 的数据表，数据表含有一个名为 triprec 的关键字段，拟通过每次页面加载，使用向该字段插入值 "1" 的方式实现访问记录，从而实现统计的功能。

（2）实现通过 PHP 连接 MySQL 数据库服务器的功能。实现的代码如下。

```
<? php
    $servername="localhost";
    $username="root";
    $password="";
    $mydb="counter";
    $conn= new mysqli($servername,$username,$password,$mydb);
?>
```

其中$servername 变量的值为本地服务器名称；$username 变量的值为 MySQL 的默认

用户名；$password 变量的值为 MySQL 的默认密码，此处为空；$mydb 变量的值为要访问的数据库的名称；"$conn = new mysqli(…);"是关键语句，实现了利用上述参数连接 MySQL 并访问指定数据库的功能。

（3）在数据库设计完成，PHP 与 MySQL 数据库服务器连接完毕，并选择正确的数据库之后，通过 PHP 的系统函数等方式，利用 SQL 命令实现对具体数据的操作，形成操作完成后的记录集。代码如下。

```php
<? php
    $query="insert into visitor (triprec) values ('1')";
    $conn->query ($query);
    $result=$conn->query ('select * from visitor');
?>
```

本段代码的第一句 "$query= "insert into visitor (triprec) values('1')";" 的功能是：向表 visitor 中的 triprec 字段插入值 "1"，并赋值给变量$query。第二句通过连接对象$conn 的 query()方法，实现了插入语句的执行，即实质性地完成了向数据表中写入具体记录值的操作。最后一句则实现了对刚刚插入新值的数据表的查询，并将形成的结果集返回给$result。

（4）将记录集中的数据或者统计结果格式化后输出到反馈给用户的网页之中，从而实现网页新闻浏览计数的功能。代码如下。

```html
<div align="right"><span draggable="true" style="text-align:right">你是第<?= $result->num_rows?> 位访客
```

本条语句充分体现了 PHP 代码与 HTML 标签的混合应用。在需要显示结果的地方，嵌入<? = …?>即可，<? = …?>代表输出，$result→num_rows 代表结果集的记录数目。

当然，为了提高本例的设计与实现效率，读者可以借助 Dreamweaver 等设计软件，通过创建 PHP 站点的方式加以实现。其设计界面如图 2-38 所示。

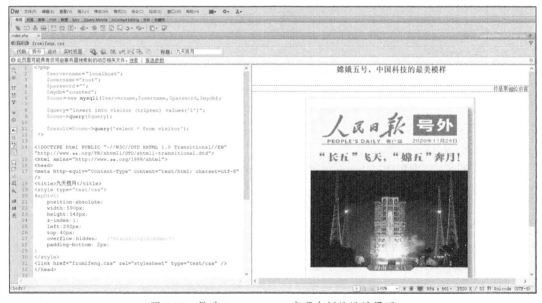

图 2-38　借助 Dreamweaver 实现本例的设计界面

本例不详述具体建站及设计的过程。读者可以通过扫描右侧二维码观看视频进行学习及掌握。

站点设计

本章小结

本章介绍了 MySQL 数据库的诞生和发展历程，并对 MySQL 数据库的特点和特性进行了简要的介绍。MySQL 数据库可以通过命令行和图形用户管理工具进行管理及使用。MySQL 数据库重要的应用领域——Web 应用，本章借助案例进行了详细讲解。通过对本章的学习，读者能够了解 MySQL，初步学会使用 MySQL，为进一步学习 MySQL 打下良好的基础。

本章小结

本章习题

1．思考题

（1）字符集与字符序有哪些区别和联系？

（2）为什么要进行 MySQL 的 Web 应用？简述 MySQL 的 Web 实现流程。

（3）除了本章列举的 4 种 MySQL 图形用户管理工具外，请你通过网络等渠道，再列举至少 3 种 MySQL 图形用户管理工具，并简要叙述它们的特点。

（4）什么是端口？在安装和使用 WampServer 的过程中要关注、配置哪几种端口？

（5）简述通过 PhpMyAdmin 创建数据库及数据表的过程。

2．上机练习题

（1）通过 PhpMyAdmin 设置用户"t_user"，并为其设置针对数据库 course 的数据操作权限（SELECT、UPDATE、DELETE、INSERT）。

（2）通过 PhpMyAdmin 对 MySQL 数据库中的 course 数据库进行导出操作，形成扩展名为.sql 的文件。

（3）在 PhpMyAdmin 中的 SQL 语句编辑区输入 SQL 语句，实现数据的查询、添加、修改和删除操作。

第3章 数据定义与操作

第3章

MySQL 数据库由表、索引、视图、事件、触发器、存储过程等数据对象组成。数据定义是指对各种数据对象的定义及管理，由 DDL 完成。各种数据对象中，表作为存储数据的基本单位，由表结构和表记录两部分组成。本章的数据定义主要是针对数据库和表两种数据对象的定义及修改；数据操作主要是针对表中数据记录的添加、删除、修改及查询操作（即常说的增、删、改、查操作），由 DML 完成。

本章导学

本章学习目标

◇ 了解数据类型及其特点
◇ 掌握数据库的定义、查看、修改和删除操作
◇ 掌握数据表的定义、查看、修改和删除操作
◇ 掌握数据的增加、修改和删除操作
◇ 掌握完整性约束的定义、查看与修改操作
◇ 掌握索引的概念及操作

本章知识结构图

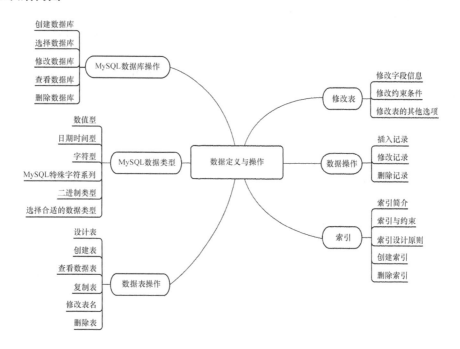

3.1 MySQL 数据库操作

数据库作为一种数据对象，同时也是存储表、视图、触发器、存储过程等数据对象的容器。只有建立了数据库对象，才能建立并管理其中的其他数据对象。MySQL 对数据库的操作主要包括创建、选择、修改、查看和删除，另外还有备份、还原数据库等。MySQL 管理操作可以用命令行窗口和图形化界面（GUI）两种方式实现。命令行方式是用户直接使用 SQL 语句创建和管理数据库，并且用户可将代码保存至本地计算机或复制到其他计算机上，以反复执行相应的创建和管理操作。GUI 方式简单、直观，以图形化的方式和用户交互，由 GUI 生成相应的 SQL 语句来完成数据库的创建和管理。本章主要介绍命令行操作方式。

3.1.1 创建数据库

1．创建数据库命令

创建数据库的语法格式如下。

```
CREATE {DATABASE|SCHEMA} [IF NOT EXISTS] 数据库名 [选项];
```

具体说明如下。

（1）语句中"[ ]"内的为可选项。

（2）IF NOT EXISTS 表示数据库不存在时才创建数据库。

（3）[选项]用于描述字符集和校对规则等选项。设置字符集或校对规则的语法格式如下。

```
[DEFAULT] CHARACTER SET[ = ]字符集|[DEFAULT] COLLATE[ = ]校对规则名称;
```

如不指定该选项，则默认为使用服务器级别的字符集和校对规则。

【例 3-1】 创建名为 course 和 test 的数据库。代码如下。

```
CREATE DATABASE course;
CREATE DATABASE test;
```

2．数据库的命名规则

数据库的命名规则如下。

（1）不能与现有数据库重名。

（2）由字母（a~z、A~Z）、数字（0~9）和下画线（_）组成。

（3）不能使用 MySQL 的关键字。若使用了其他字符或关键字，需要使用成对的反引号（`）将名称引起来。

（4）默认 Windows 系统不区分大小写字母，而 UNIX、Linux 等其他操作系统常常要区分大小写字母。

【例 3-2】 创建一个名为 course 的数据库，要求创建之前检查是否存在名称为 course 的数据库，若存在则不用创建，若不存在才执行创建操作。代码如下。

```
CREATE DATABASE IF NOT EXISTS course;
```

【例 3-3】 使用 SHOW 命令查看 MySQL 数据目录的路径。代码如下。

```
SHOW VARIABLES LIKE 'datadir';
```

执行结果如图 3-1 所示。

```
mysql> SHOW VARIABLES LIKE 'datadir';
+---------------+-------------------------------------------+
| Variable_name | Value                                     |
+---------------+-------------------------------------------+
| datadir       | C:\ProgramData\MySQL\MySQL Server 5.7\Data\|
+---------------+-------------------------------------------+
1 row in set, 1 warning (0.00 sec)
```

图 3-1　查看 MySQL 数据目录路径

3.1.2　选择数据库

选择数据库是为了切换或指定某个数据库为当前默认的数据库，用 USE 命令实现，语法格式如下。

```
USE 数据库名;
```

【例 3-4】　选择数据库 course 为当前数据库。代码如下。

```
USE course;
```

3.1.3　修改数据库

修改数据库是指修改现有数据库的相关参数，但不能修改数据库名称，语法格式如下。

```
ALTER {DATABASE|SCHEMA} [数据库名]
    [DEFAULT] CHARACTER SET [=] 字符集|
    [DEFAULT] COLLATE [=] 校对规则名称;
```

本命令用于修改指定数据库的参数，在未指定数据库名时修改当前默认数据库的参数。
【例 3-5】　修改数据库 course 的字符集为 utf8mb4。代码如下。

```
ALTER DATABASE course DEFAULT CHARACTER SET utf8mb4;
```

3.1.4　查看数据库

查看 MySQL 服务器中数据库的信息，语法格式如下。

```
SHOW {DATABASES|SCHEMAS}
    [LIKE 'pattern'|WHERE expr];
```

本命令默认查看所有数据库的信息，可以用[LIKE 'pattern']或[WHERE expr]指定仅查看符合条件的数据库的信息。
【例 3-6】　查看所有数据库信息。代码如下。

```
SHOW DATABASES;
```

执行结果如图 3-2 所示。

3.1.5　删除数据库

不再使用的数据库需要及时删除。删除数据库的同时将删除其中的所有数据对象，所以删除数据库时需要特别谨慎。删

```
Database
blog
course
information_schema
muke
mysql
performance_schema
sys
test
xiaomi
```

图 3-2　所有数据库信息

除数据库命令的语法格式如下。

```
DROP {DATABASE|SCHEMA} [IF EXISTS] 数据库名;
```

【例 3-7】 删除【例 3-1】中创建的数据库 test。代码如下。

```
DROP DATABASE test;
```

3.2 MySQL 数据类型

一个完整的表由表结构和记录两部分组成。用户进行表结构管理时，需要确定各组成字段的名称、数据类型、约束条件、字符集、索引、存储引擎等。确定各字段的数据类型是表结构管理最基本的内容。数据类型即数据的特征属性，决定了数据的存储方式。字段的数据类型对数据库的优化非常重要。MySQL 支持多种数据类型，主要包括数值型、日期时间型和字符型三大类。下面将详细介绍 MySQL 支持的各种数据类型，以及如何选择合适的数据类型。

3.2.1 数值型

MySQL 支持 ANSI/ISO 数据库 SQL 92 标准中的所有数值类型数据。数值类型包括准确数字的数值型（numeric、decimal、integer 和 smallint）和近似数字的数值型（float、real 和 double）。其中，int 与 integer 同义，dec 与 decimal 同义。当不需要小数部分时，可以使用表 3-1 所示的整数类型。若还需要小数部分，则可使用表 3-2 所示的小数类型。

表 3-1 整数类型

类型	大小	范围（有符号）	范围（无符号）	用途
tinyint	1 字节	−128～127	0～255	小整数值
smallint	2 字节	−32768～32767	0～65535	大整数值
mediumint	3 字节	−8388608～8388607	0～16777215	大整数值
int 或 integer	4 字节	−2147483648～2147483647	0～4294967295	大整数值
bigint	8 字节	−9223372036854775808～9223372036854775807	0～18446744073709551615	极大整数值

表 3-2 小数类型

类型	大小	范围（有符号）	范围（无符号）	用途
float	4 字节	−3402823466E + 38～−1.175494351E−38	0 和 1.175494351E−38～3.402823466E + 38	单精度，浮点数值
double	8 字节	−1.7976931348623157E + 308～−2.2250738585072014E−308	0 和 2.2250738585072014E−308～1.7976931348623157E + 308	双精度，浮点数值
decimal	DEC(length, precision)	length 决定小数的最大位数，precision 用于设置小数位数	length 决定小数的最大位数，precision 用于设置小数位数	小数值

decimal (length, precision)用于表示精度确定（固定了小数部分位数）的数值类型，length 表示最大数值位数（包含整数部分和小数部分，但不包含小数点字符），precision 表示精度（小数部分位数），例如：

decimal (5,2)表示小数，取值范围为−999.99～＋999.99；

decimal (5,0)表示整数，取值范围为-99999～＋99999。

3.2.2 日期时间型

日期时间型包括 datetime、date、timestamp、time 和 year。每种日期时间型都有其取值的范围，如赋予一个不合法的值，该值将会被"0"代替。各类日期时间型数据如表 3-3 所示。

表 3-3 日期时间型

类型	大小	范围	格式	用途
date	4 字节	'1000-01-01'～'9999-12-31'	YYYY-MM-DD	日期值
time	4 字节	'-838:59:59'～'838:59:59'	HH:MM:SS	时间值或持续时间
year	4 字节	1901～2155	YYYY	年份
datetime	8 字节	'1000-01-01 00:00:00'～'9999-12-31 23:59:59'	YYYY-MM-DD HH:MM:SS	混合日期和时间值
timestamp	9 字节	'1970-01-01 00:00:00'～'2038-01-19 03:14:07'	YYYY-MM-DD HH:MM:SS	混合日期和时间值、时间戳

3.2.3 字符型

字符型分 3 类：普通文本字符串类型（char 和 varchar）、可变类型（text 和 blob）和特殊类型（set 和 enum）。它们之间存在一定的区别，其取值的范围不同，应用的地方也不同。各类字符型数据的详细介绍如表 3-4 所示。

表 3-4 字符型

类型	大小	用途
char(n)	0～255 字节	定长字符串
varchar(n)	0～65535 字节	变长字符串
tinytext	0～255 字节	短文本字符串
text	0～65535 字节	长文本数据
mediumtext	0～16777215 字节	中等长度文本数据
longtext	0～4294967295 字节	极大文本数据

注意，char(n)和 varchar(n)中的"n"代表字符个数，而不是字节个数，如 char(30)能够存储 30 个字符。char 和 varchar 保存与检索的方式不同，它们的最大长度和是否保留尾部空格等也不同。字符型数据在存储或检索过程中不进行大小写转换。字符型常量需要用单引号或双引号引起来，如'潘多拉'。

3.2.4 MySQL 特殊字符系列

在 MySQL 中除了常见的字符，还有一些特殊字符，如换行符、回车符、反斜线等。这些符号因为无法显示和打印，或直接用字符本身将表示某种功能，所以需要使用某些特殊的字符组合来表示，这些字符组合就是转义字符。这些特殊字符序列均由反斜线(\)开始，用来说明后面的字符不是字符本身的含义，而是表示其他的含义。MySQL 的特殊字符序列如表 3-5 所示。

特殊字符

表 3-5　MySQL 的特殊字符序列

MySQL 的特殊字符序列	转义后的字符
\0	ASCII 0（NULL）字符
\'	单引号（'）
\"	双引号（"）
\b	退格符
\n	换行符
\r	回车符
\t	制表符
\\	反斜线（\）

说明：这些字符序列对大小写敏感，如"\b"与"\B"不同，"\B"中的"\"将被忽略，从而表示字母"B"，并不是表示退格字符"\b"。

3.2.5　二进制类型

二进制类型包括 binary、blob 和 bit 等。binary 和 varbinary 的区别类似于 char 和 varchar，但二进制类型存储的不是字符串，而是二进制串（字符串以字符为单位，二进制串以位为单位）。各种二进制类型的详细介绍如表 3-6 所示。

表 3-6　二进制类型

类型	大小	用途
binary(n)	0～255 字节	较短的二进制
varbinary(n)	0～65535 字节	较长的二进制
bit(n)	0～64 字节	短二进制
tinyblob	0～255 字节	较短的二进制
blob	0～65535 字节	图片、声音等文件
mediumblob	0～16777215 字节	图片、声音、视频等文件
longblob	0～4294967295 字节	图片、声音、视频等文件

除了以上几种数据类型，MySQL 常见的数据类型还有复合数据类型。常见的 MySQL 复合数据类型包括 enum 枚举类型和 set 集合类型。enum 是一个字符串对象，只能有 0 或 1 个值，其值来自创建表时在列规定中显式枚举的一列值。set 集合类型也是一个字符串对象，可以有 0 或多个值，其值来自创建表时显式规定的一列值。复合数据类型的详细介绍如表 3-7 所示。

表 3-7　复合数据类型

类型	最大值	说明
enum('value1', 'value2', …)	65535	只能存储所列值之一或为 NULL
set('value1', 'value2', …)	64	可以存储所列值中的 1 至多个值或为 NULL

例如性别 gender，enum('男','女')的值要么为'男'，要么为'女'，或者为 NULL；兴趣爱好 interest，set('唱歌', '游泳', '网球')的值可以为 NULL，也可以是所列 3 个选项中任意的 1～3 个值。

3.2.6 选择合适的数据类型

选择合适的数据类型不仅能节省存储空间，还可以有效提升计算性能。以下是选择合适数据类型的常见规则。

（1）能存储所需数据的最短小、计算最快捷的数据类型。

（2）数据类型越简单越好，例如 int 要比 varchar 简单。

（3）尽量用内置的日期时间数据类型，不用字符串来存储日期和时间。

（4）尽量采用精确小数类型（例如 decimal），而不采用浮点数类型。

（5）尽可能用 NOT NULL 定义字段约束，避免允许字段为 NULL 值。例如 InnoDB 存储引擎中 NULL 既需要额外存储开销，又要增加磁盘 I/O 次数和计算开销。

（6）尽量少用 text 类型，非用不可时最好将 text 字段与经常操作的表分开，以减少磁盘 I/O 开销，提高系统性能。

3.3 数据表操作

3.3.1 设计表

数据库中表是最重要、最基本的数据对象，是真正存储数据的基本单位。没有表，数据库中的其他对象就都没有意义。在数据库开发中，数据表占有相当重的分量，设计合理的表结构会减少数据冗余，提高数据库的性能。

数据表由关系模式转换而来，如图 3-3 所示，关系名就是表名，关系中的属性就是表中的字段，字段值构成了表中的一条条记录。关系模式转化为表时，数据库设计人员要根据实际情况，确定表中各字段的数据类型、大小、约束、存储引擎等，这样才能设计出符合系统要求的数据表结构。

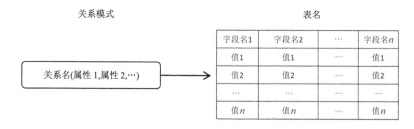

图 3-3 关系模式转换为数据表

设计表时应遵循如下原则。

（1）字段名通俗易懂且具有代表性；为了程序设计方便，应尽量使用英文名字。

（2）选择合适的字段类型。原则如前所述，例如 age 用 tinyint 而不是 int；不参加数学计算的数字定义为字符串型，如编号、身份证号、电话号码等。

（3）字段长度应足以容纳对应字段的最大值，设置得过短会存在截断风险，设置得过长会造成存储空间浪费。

（4）当数据表中存储的内容包含中文字符时，建议采用 UTF-8 或 GBK 字符集编码，以避免出现乱码。

通过学习"1.4 关系数据库设计"一节，我们已经得到了课程管理系统的 6 个关系模式，结合设计数据表遵循的原则，可将 6 个关系模式转换为对应的数据表。本小节仅列出几个典型的数据表，如表 3-8～表 3-13 所示。完整的数据表结构请参考本书的资源文件。

表 3-8　学院表（department）

字段名	数据类型	长度	是否为空值	主键/外键	默认值	备注
department_id	char	3	no	主键		学院编号
department_name	varchar	10	no			学院名称

表 3-9　教师表（teacher）

字段名	数据类型	长度	是否为空值	主键/外键	默认值	备注
teacher_id	char	5	no	主键		教师编号
teacher_name	varchar	4	no			教师姓名
department_id	char	3	no	外键		学院编号
gender	char	1	no		男	性别

表 3-10　班级表（classes）

字段名	数据类型	长度	是否为空值	主键/外键	默认值	备注
class_id	char	8	no	主键		班级编号
class_name	varchar	8	no			班级名称
year	smallint	4	no			年级
department_id	char	3	no	外键		学院编号

表 3-11　学生表（student）

字段名	数据类型	长度	是否为空值	主键/外键	默认值	备注
student_id	char	12	no	主键		学号
student_name	varchar	4	no			姓名
class_id	char	4	no	外键		班级编号
phone	varchar	18	no			电话

表 3-12　课程表（course）

字段名	数据类型	长度	是否为空值	主键/外键	默认值	备注
course_id	char	4	no	主键		课程号
course_name	varchar	10	no			课程名
capacity	tinyint	4	no		60	人数上限
teacher_id	char	5	no	外键		教师编号

表 3-13 选课表（choose）

字段名	数据类型	长度	是否为空值	主键/外键	默认值	备注
choose_id	int	11	no	主键		自动编号
student_id	char	12	no	外键		学号
course_id	char	4	no	外键		课程号
choose_time	datetime		no			选课时间
report	int				0	成绩

3.3.2 创建表

使用 CREATE TABLE 语句创建表，语法格式如下。

```
CREATE TABLE 表名 (
    字段名 1 数据类型 [约束条件],
    字段名 2 数据类型 [约束条件],
    …
    [其他约束条件],
    [其他约束条件]
)[其他选项];
```

具体说明如下。

（1）CREATE TABLE 用于创建表。表名不区分大小写，尽量避免使用 SQL 中的关键字，如 DROP、ALTER、INSERT 等。

（2）表名必须符合命名规则，若以"数据库名.表名"形式指定表名，表示要在指定数据库中创建表。在当前数据库中创建表时，可以省略"数据库名."。

（3）[约束条件]用来指定字段的约束，有主键约束（Primary Key）、非空约束（Not Null）、唯一性约束（Unique）、默认值约束（Default）、外键约束（Foreign Key）和检查约束（Check，但目前 MySQL 只检查语法）。

（4）[其他选项]包括设置存储引擎、表的默认字符集、索引压缩选项、自动增长初始值和增长增量等。如"ENGINE=InnoDB"将所创建表的存储引擎设置为"InnoDB"；"DEFAULT CHARSET = utf8"将该表的默认字符集设置为"utf8"。

【例 3-8】 在 course 数据库中创建表 3-8～表 3-13 所示的 6 个数据表。

创建 department 表的代码如下。

```
USE course;  #若未设置当前默认数据库为 course，则需使用此语句
CREATE TABLE department(
    department_id char(3) PRIMARY KEY COMMENT '学院编号',
    department_name varchar(10) NOT NULL COMMENT '学院名称'
) ENGINE=InnoDB DEFAULT CHARSET=utf8;
```

创建 teacher 表的代码如下。

```
CREATE TABLE teacher(
    teacher_id char(5) PRIMARY KEY COMMENT '教师编号',
    teacher_name varchar(4) NOT NULL COMMENT '教师姓名',
    department_id char(3) NOT NULL COMMENT '学院编号',
```

```
   gender char(1) NOT NULL DEFAULT '男' COMMENT '性别',
   CONSTRAINT teacher_department FOREIGN KEY (department_id)
      REFERENCES department(department_id)
) ENGINE=InnoDB DEFAULT CHARSET=utf8;
```

创建 classes 表的代码如下。

```
CREATE TABLE classes(
   class_id char(8) PRIMARY KEY COMMENT '班级编号',
   class_name varchar(8) NOT NULL COMMENT '班级名',
   year smallint(4) NOT NULL COMMENT '年级',
   department_id char(3) NOT NULL COMMENT '学院编号',
   CONSTRAINT class_department FOREIGN KEY (department_id)
      REFERENCES department (department_id)
) ENGINE=InnoDB DEFAULT CHARSET=utf8;
```

创建 student 表的代码如下。

```
CREATE TABLE student(
   student_id char(12) PRIMARY KEY COMMENT '学号',
   student_name varchar(4) NOT NULL COMMENT '姓名',
   class_id char(4) NOT NULL COMMENT '班级编号',
   phone varchar(18) NOT NULL COMMENT '电话',
   CONSTRAINT student_class FOREIGN KEY (class_id)
      REFERENCES classes (classe_id)
) ENGINE=InnoDB DEFAULT CHARSET=utf8;
```

创建 course 表的代码如下。

```
CREATE TABLE course(
   course_id char(4) PRIMARY KEY COMMENT '课程号',
   course_name varchar(10) NOT NULL COMMENT '课程名',
   capacity tinyint(4) NOT NULL DEFAULT 60 COMMENT '人数上限',
   teacher_id char(5) NOT NULL COMMENT '教师编号',
   CONSTRAINT course_teacher FOREIGN KEY (teacher_id)
      REFERENCES teacher (teacher_id)
) ENGINE=InnoDB DEFAULT CHARSET=utf8;
```

创建 choose 表的代码如下。

```
CREATE TABLE choose(
   choose_id int(11) PRIMARY KEY AUTO_INCREMENT,
   student_id char(12) NOT NULL COMMENT '学号',
   course_id char(4) NOT NULL COMMENT '课程号',
   choose_time datetime NOT NULL COMMENT '选课时间',
   report int DEFAULT 0 COMMENT '成绩',
   CONSTRAINT choose_course FOREIGN KEY (course_id)
      REFERENCES course (course_id),
   CONSTRAINT choose_student FOREIGN KEY (student_id)
      REFERENCES student (student_id)
) ENGINE=InnoDB DEFAULT CHARSET=utf8;
```

创建显示

3.3.3 查看数据表

创建数据表后，可以查看数据表的结构。

（1）用 DESCRIBE 命令查看表结构。

DESCRIBE 以表格的形式展示表结构的详细信息，例如字段名、字段数据类型、约束条件等，语法格式如下。

```
DESCRIBE|DESC 表名;
```

【例 3-9】 使用 DESCRIBE 命令查看 teacher 的表结构。代码如下。

```
DESCRIBE teacher;
```

执行结果如图 3-4 所示。

```
mysql> DESCRIBE teacher;
+---------------+-----------+------+-----+---------+-------+
| Field         | Type      | Null | Key | Default | Extra |
+---------------+-----------+------+-----+---------+-------+
| teacher_id    | char(5)   | NO   | PRI | NULL    |       |
| teacher_Name  | varchar(4)| NO   |     | NULL    |       |
| department_id | char(3)   | NO   | MUL | NULL    |       |
| gender        | char(1)   | NO   |     | 男      |       |
+---------------+-----------+------+-----+---------+-------+
4 rows in set (0.00 sec)
```

图 3-4 使用 DESCRIBE 命令查看表结构

（2）用 SHOW CREATE TABLE 命令查看表结构。

SHOW CREATE TABLE 命令能以 SQL 语句的形式展示表结构的详细信息。与 DESCRIBE 命令相比，SHOW CREATE TABLE 命令展示的内容更加丰富，包括存储引擎和字符编码。另外，用户还可以通过\g 或者\G 参数来控制展示格式。语法格式如下。

```
SHOW CREATE TABLE 表名;
```

【例 3-10】 使用 SHOW CREATE TABLE 命令查看 teacher 的表结构。代码如下。

```
SHOW CREATE TABLE teacher;
```

（3）使用 SHOW tables 命令查看数据库中所有数据表。

```
SHOW tables;
```

执行结果如图 3-5 所示。

3.3.4 复制表

利用 CREATE TABLE 语句可以将一个已存在的表结构复制到一个新表中。复制一个表结构可以用 LIKE 子句或 SELECT 子句实现。

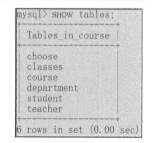

```
mysql> SHOW tables;
+-------------------+
| Tables_in_course  |
+-------------------+
| choose            |
| classes           |
| course            |
| department        |
| student           |
| teacher           |
+-------------------+
6 rows in set (0.00 sec)
```

图 3-5 查看数据库中的所有数据表

1．使用 LIKE 子句复制表

在 CREATE TABLE 语句末尾添加 LIKE 子句，可以将旧表结构复制到新表中。使用 LIKE 子句根据已有表来创建新表的特点如下。

（1）不需要查看原表的表结构定义信息。

（2）新表的结构定义、完整性约束都与原表保持一致。

（3）LIKE 子句能将一个表的结构复制并生成一个与旧表完全相同的全新空表，包括备注、索引、主键、外键、存储引擎等。语法格式如下。

```
CREATE TABLE [IF NOT EXISTS] 新表名 LIKE 旧表名;
```

【例 3-11】　将已存在的 course 表结构复制到一个新表 course1 中。代码如下。

```
CREATE TABLE course1 LIKE course;
```

2．使用 SELECT 子句复制表

在 CREATE TABLE 语句末尾添加 SELECT 语句，能实现表结构和记录的复制，但只复制字段属性，主键、索引、备注、存储引擎都不复制。语法格式如下。

```
CREATE TABLE 新表名 [AS] SELECT 字段列表 FROM 旧表名;
```

【例 3-12】　将已存在的 course 表结构及数据复制到新表 course2 中。代码如下。

```
CREATE TABLE course2 SELECT * FROM course;
```

【例 3-13】　仅复制 course 的表结构到新表 course3 中。代码如下。

```
CREATE TABLE course3 SELECT * FROM course WHERE 1=2;
```

3.3.5　修改表名

修改表名的语法格式如下。

```
RENAME TABLE 旧表名 TO 新表名;
```

或者

```
ALTER TABLE 旧表名 RENAME 新表名;
```

例如，将 student 的表名修改为 students，代码如下。

```
RENAME TABLE student TO students;
```

又如，将 students 的表名修改回 student，代码如下。

```
ALTER TABLE students RENAME student;
```

3.3.6　删除表

不再使用的数据表可删除。使用 DROP TABLE 语句可以删除一个或多个表，语法格式如下。

```
DROP TABLE [IF EXISTS] 表名1[,表名2，表名3,…,表名n];
```

具体说明如下。

（1）表名 1、表名 2、表名 3、…、表名 n 表示将要被删除的表名。使用 DROP TABLE 语句能同时删除多个表，只需将表名依次用逗号隔开即可。

（2）IF EXISTS 用于在删除表之前判断对应表是否存在。如果不加 IF EXISTS，当表不存在时，MySQL 将提示错误并中断 SQL 语句的执行；加上 IF EXISTS 后，当表不存在时，

SQL 语句可以顺利执行，但会发出警告。

（3）如果表之间存在外键约束关系，删除父表有以下两种方法：一是先删除与之关联的子表，再删除父表；二是将关联表的外键约束取消，再删除父表。第二种方法适用于需要保留子表的数据、只删除父表的情况。

【例 3-14】 选择数据库 course，首先生成一个 teacher 的备份表 teacher_bak，然后删除 teacher_bak，代码如下。

```
USE course;
CREATE TABLE teacher_bak SELECT * FROM teacher;
DROP TABLE IF EXISTS tacher_bak;
```

△ 注意：删除数据表的操作应该谨慎使用。一旦删除了数据表，表中的数据将会被全部清除，没有备份则无法恢复。

3.4 修改表

修改表主要修改字段相关信息、约束条件、存储引擎、表的字符集等。修改表结构的命令是 ALTER TABLE，其语法格式如下。

```
ALTER TABLE 表名 修改选项[,修改选项…];
```

修改选项用来定义要修改的内容。主要修改选项如下。

```
ADD [COLUMN] 新列名 数据类型 [FIRST|AFTER 列名]
|ADD [CONSTRAINT [约束名]] PRIMARY KEY (列名1,列名2,…,列名n)
|ADD [CONSTRAINT [约束名]] UNIQUE (列名1,列名2,…,列名n)
|ADD [CONSTRAINT [约束名]] FOREIGN KEY (列名1,列名2,…,列名n)
  REFERENCES (列名1,列名2,…,列名n)
|ALTER [COLUMN] 列名 {SET DEFAULT 值|DROP DEFAULT}
|CHANGE [COLUMN] 旧列名 新列名 数据类型
|MODIFY [COLUMN] 新列名 数据类型
|DROP [COLUMN] 列名
|DROP PRIMARY KEY
|DROP INDEX 索引名
|DROP FOREIGN KEY 外键名
```

各修改选项的含义如下。

（1）ADD [COLUMN]用于向数据表中添加新列，通过 FIRST|AFTER 指定添加新列的位置，默认添加到最后一列。

（2）ADD [CONSTRAINT]用于向数据表中添加约束，其中 PRIMARY KEY 表示主键，UNIQUE 表示唯一索引，FOREIGN KEY 表示外键。

（3）ALTER [COLUMN] 列名 {SET DEFAULT 值|DROP DEFAULT}用于设置/删除默认值。

（4）CHANGE [COLUMN]用于修改字段名及类型。

（5）MODIFY [COLUMN]表示修改字段类型。

（6）DROP [COLUMN]表示删除字段。

（7）DROP PRIMARY KEY 表示删除主键。

（8）DROP INDEX 表示删除索引。

（9）DROP FOREIGN KEY 表示删除外键。

3.4.1　修改字段信息

1．添加字段

MySQL 允许在已有的表中添加字段。添加字段的语法格式如下。

```
ALTER TABLE 表名 ADD 新字段名 数据类型 [约束条件] [FIRST|AFTER 旧字段名];
```

具体说明如下。

表名：要修改的表名。

新字段名：要添加的新字段名。

数据类型：要添加的新字段数据类型。

[约束条件]：任选，指定添加字段的约束条件。

默认情况下在表的最后位置（最后一列的后面）添加新字段。

【例 3-15】　新建 test 数据库，在其中新建 student 表，然后在 student 表的开头添加 id 字段。代码如下。

```
CREATE DATABASE test;
USE test;
CREATE TABLE student(
    student_id char(12) NOT NULL PRIMARY KEY COMMENT '学号',
    student_name varchar(4) NOT NULL COMMENT '姓名',
    class_id char(4) NOT NULL COMMENT '班级编号',
    phone varchar(18) NOT NULL COMMENT '电话',
    CONSTRAINT student_class FOREIGN KEY (class_id)
    REFERENCES classes (class_id))
    ENGINE=InnoDB DEFAULT CHARSET=utf8;
ALTER TABLE student ADD id int FIRST;   /*在 student 表的开头添加 id 字段*/
```

2．删除字段

删除字段的语法格式如下。

```
ALTER TABLE 表名 DROP 字段名;
```

【例 3-16】　使用 ALTER TABLE 语句修改 student 表的表结构，删除 phone 字段。代码如下。

```
ALTER TABLE student DROP phone;
```

3．修改表的字段名及数据类型

修改表的字段名及数据类型的语法格式如下。

```
ALTER TABLE 表名 CHANGE 旧字段名 新字段名 新数据类型;
```

具体说明如下。

旧字段名：修改前的字段名。

新字段名：修改后的字段名。

新数据类型：修改后的数据类型。如果不需要修改字段的数据类型，可以将新数据类型设置成与原来一样的，但数据类型不能为空。

【例 3-17】 使用 ALTER TABLE 语句修改 student 表的表结构，将 student_name 字段名改为 sname，同时将数据类型改为 char(30)。代码如下。

```
ALTER TABLE student CHANGE student_name sname char(30);
```

4．修改字段的数据类型

MySQL 中修改字段数据类型的语法格式如下。

```
ALTER TABLE 表名 MODIFY 字段名 数据类型;
```

具体说明如下。

表名：要修改数据类型的字段所在的表的名称。

字段名：需要修改的字段的名称。

数据类型：修改后字段的新数据类型。

【例 3-18】 使用 ALTER TABLE 语句修改 classes 表的表结构，将 year 字段的数据类型由 smallint(4)修改成 int(11)。代码如下。

```
ALTER TABLE classes MODIFY year int(11);
```

5．设置自增型字段

自增型字段是指字段的值会自动增长。默认情况下，MySQL 自增型字段的值从 1 开始递增，且步长为 1。自增型字段的数据类型为整型，建议将自增型字段设置为主键。设置自增型字段的语法格式如下。

```
ALTER TABLE 表名 MODIFY 字段名 数据类型 auto_increment;
```

3.4.2 修改约束条件

数据完整性包括实体完整性、参照完整性和用户自定义完整性。实体完整性通过主键约束或者唯一性约束实现，参照完整性通过外键约束实现，用户自定义完整性通过非空约束、检查约束和默认值约束实现。

约束与道德规范

数据库中的数据只有遵守规则才能被数据库管理，使用数据库的我们更应该遵守法律和社会的公序良俗，必须做到不违反法律、不损害社会公共利益、不损害他人的合法权益。在职业行为中，我们必须遵守职业道德。作为一个合法公民，我们每个人要处处遵守法律法规，在法律法规的约束下，公平与秩序才能存在并获得发展，社会才能稳定和谐。

拓展知识

数据完整性是通过各种约束来实现的，添加约束条件的语法格式如下。

```
ALTER TABLE 表名 ADD [CONSTRAINT [约束名]] 约束类型 (字段名);
```

1．添加或删除主键约束

主键约束确保表中每一行记录都是唯一的，一个表只能有一个主键，主键的值不能重复且不能为空（NULL）。

添加主键约束的语法格式如下。

```
ALTER TABLE 表名 ADD PRIMARY KEY (字段名列表);
```

删除主键约束的语法格式如下。

```
ALTER TABLE 表名 DROP PRIMARY KEY;
```

【例 3-19】 将字段 student_id 添加为表 student 的主键，然后将该主键删除。代码如下。

```
ALTER TABLE student ADD PRIMARY KEY (student_id);
ALTER TABLE student DROP PRIMARY KEY;
```

2．添加或删除外键约束

外键约束主要用于保证外键字段值与父表中主键字段值的一致性，外键字段值要么是 NULL，要么是父表中主键字段值的复制。

外键约束

添加外键约束的语法格式如下。

```
ALTER TABLE 表名 ADD CONSTRAINT 外键名 FOREIGN KEY 外键字段
REFERENCES 关联表名（关联字段）[on delete 级联选项] [on update 级联选项];
```

删除外键约束的语法格式如下。

```
ALTER TABLE 表名 DROP FOREIGN KEY 约束名;
```

外键约束的 4 种级联选项如表 3-14 所示。

表 3-14　外键约束的 4 种级联选项

参数名称	功能描述
cascade	父表记录的删除（DELETE）或修改（UPDATE）操作，会自动删除或修改子表中与之对应的记录
set null	父表记录的删除（DELETE）或修改（UPDATE）操作，会将子表中与之对应记录的外键自动设置为 NULL
no action	对于父表记录的删除（DELETE）或修改（UPDATE）操作，如果子表存在与之对应的记录，那么删除或修改操作将失败
restrict	与 no action 功能相同，是默认设置，也是最安全的设置

【例 3-20】 将表 classes 中的字段 classe_id 添加为表 student 的外键字段 class_id。代码如下。

```
ALTER TABLE student ADD CONSTRAINT student_class FOREIGN KEY (class_id)
REFERENCES classes(class_id);
```

【例 3-21】 将表 student 的外键字段删除（注意，student_class 是外键字段 class_id 的约束名）。代码如下。

```
ALTER TABLE student DROP FOREIGN KEY student_class;
```

3．添加或删除唯一性约束

唯一性约束主要用于保证表中某个字段的值不重复且不为空（NULL），一个表可以定义多个唯一性约束。

添加唯一性约束的语法格式如下。

```
ALTER TABLE 表名 ADD CONSTRAINT 约束名 UNIQUE (字段名);
```

【例 3-22】 为表 student 的学生姓名字段添加唯一性约束。代码如下。

```
ALTER TABLE student ADD CONSTRAINT unique_name UNIQUE (student_name);
```

删除唯一性约束的语法格式如下。

```
ALTER TABLE 表名 DROP INDEX 唯一索引名;
```

【例 3-23】 删除表 student 的学生姓名字段的唯一性约束。代码如下。

```
ALTER TABLE student DROP INDEX unique_name;
```

4．添加或删除非空约束

非空约束主要用于保证表中某个字段的值不为 NULL。

添加非空约束的语法格式如下。

```
ALTER TABLE 表名 MODIFY 字段名 数据类型 NOT NULL;
```

【例 3-24】 为表 student 的学生姓名字段 student_name 添加非空约束。代码如下。

```
ALTER TABLE student MODIFY student_name varchar(4) NOT NULL;
```

删除非空约束的语法格式如下。

```
ALTER TABLE 表名 MODIFY 字段名 数据类型 NULL;
```

【例 3-25】 删除表 student 的学生姓名字段的非空约束。代码如下。

```
ALTER TABLE student MODIFY student_name varchar(4) NULL;
```

5．添加或删除默认值约束

默认值约束用于指定一个字段的默认值。插入记录时，如果没有给该字段赋值，数据库系统就会自动为这个字段插入默认值。

添加默认值约束的语法格式如下。

```
ALTER TABLE 表名 ALTER 字段名 SET DEFAULT 默认值;
```

【例 3-26】 为表 teacher 的 gender 字段添加默认值约束。代码如下。

```
ALTER TABLE teacher ALTER gender SET DEFAULT '男';
```

删除默认值约束的语法格式如下。

```
ALTER TABLE 表名 ALTER 字段名 DROP DEFAULT;
```

【例 3-27】 删除表 teacher 的 gender 字段的默认值约束。代码如下。

```
ALTER TABLE teacher ALTER gender DROP DEFAULT;
```

3.4.3 修改表的其他选项

1．修改存储引擎类型

修改存储引擎类型的语法格式如下。

```
ALTER TABLE 表名 ENGINE=新的存储引擎类型;
```

2．修改字符集

修改字符集的语法格式如下。

```
ALTER TABLE 表名 DEFAULT CHARSET=新的字符集;
```

3．修改自动编号起始值

修改自动编号起始值的语法格式如下。

```
ALTER TABLE 表名 AUTO_INCREMENT=新的初始值;
```

4．修改压缩类型

修改压缩类型的语法格式如下。

```
ALTER TABLE 表名 PACK_KYES=新的压缩类型;
```

⚠ 注意：PACK_KYES 仅限于 MyISAM。

【例 3-28】 将表 teacher 的存储引擎类型改为 InnoDB，将表 student 的字符集改为 utf8mb4。代码如下。

```
ALTER TABLE teacher ENGINE=InnoDB;
ALTER TABLE student DEFAULT CHARSET=utf8mb4;
```

修改显示

3.5 数据操作

数据操作主要包括插入数据、修改数据、删除数据、查询数据。本节结合 course 数据库介绍插入数据、修改数据和删除数据操作，查询数据操作将在下一章详细介绍。

国立西南联合大学

国立西南联合大学（后文简称为西南联合大学、西南联大）是中国抗日战争开始后，国立北京大学、国立清华大学、私立南开大学 3 所高校内迁设于昆明的一所综合性大学。它虽然仅存在了 8 年 11 个月，但是保存了抗战时期的重要科研力量，培养了一大批卓有成就的优秀人才，为中国和世界的发展进步做出了杰出贡献。

拓展知识

3.5.1 插入记录

1．向表中插入一条记录

使用 INSERT 语句可以向数据表中插入新记录，语法格式如下。

```
INSERT INTO 表名 [(字段列表)] VALUES (值列表);
```

选项说明如下。

（1）字段列表为可选项，指定要插入数据的字段名，各字段之间用逗号"，"分隔，若省略了字段列表，则表示向数据表中的所有字段插入数据，此时 VALUES 后面值的顺序要与表中定义的字段顺序一致。

（2）表名后的字段顺序可以与表中定义的字段顺序不一致，但需要与 VALUES 后面值的顺序一致。

（3）向 char、varchar、date 及 text 类型的字段插入数据时，字段值要用单引号""引起来。

【例 3-29】 向 student 表中插入一条表 3-15 所示的记录（数据库中为虚拟信息）。

表 3-15　向 student 表插入的一条记录

student_id	student_name	password	gender	department_id	class_id	birthday	phone	home_address	introduction
194110201103	邓稼先	123456	男	101	1	1924-06-25	***********	怀宁	

代码如下。

```
INSERT INTO student VALUES
('194110201103','邓稼先','123456','男','101','1','1924-06-25','***********','怀宁', '');
```

使用 SELECT 语句显示 student 表的所有记录，请读者自行查看运行结果。代码如下。

```
SELECT * FROM student;
```

2．向表中插入多条记录

使用 INSERT 语句向表中插入多条记录的语法格式如下。

```
INSERT INTO 表名 [(字段列表)] VALUES (值列表 1),(值列表 2),…,(值列表 n);
```

【例 3-30】 向 student 表中插入表 3-16 所示的记录。

表 3-16　向 student 表插入的两条记录

student_id	student_name	password	gender	department_id	class_id	birthday	phone	home_address	introduction
194310101101	李政道	123456	男	101	1	1926-11-24	***********	上海	
194220101105	黄昆	123456	男	201	8	1919-09-02	***********	嘉兴	

代码如下。

```
INSERT INTO student VALUES
('194310101101','李政道','123456','男','101','1','1926-11-24','***********','上海', ''),
('194220101105','黄昆','123456','男','201','8','1919-09-02','***********','嘉兴', '');
SELECT * FROM student;
```

请读者自行查看运行结果。

3．向表中指定字段插入数据

向表中指定字段插入数据是指使用 INSERT 语句向部分字段插入值，而其他字段的值为表定义时的默认值。

【例 3-31】 向 student 表中插入表 3-17 所示的数据。

表 3-17　向 student 表插入的数据

student_id	student_name	password	gender	department_id	class_id	birthday	phone	home_address	introduction
194210201104	朱光亚			102	4				

代码如下。

```
INSERT INTO student(student_id,student_name,department_id,class_id)
VALUES('194210201104','朱光亚','102','4');
SELECT * FROM student;
```

除指定的 4 个字段为新插入的数据外，其余字段均为默认（Default）值。值得注意的是，由于 student 表与 department 表、classes 表存在外键约束，因此 student 表中的 department_id 和 class_id 字段值要么是 NULL，要么是来自父表中字段的值。

3.5.2　修改记录

使用 UPDATE 语句对已有数据进行修改，语法格式如下。

```
UPDATE 表名
    SET 字段名 1=值 1,字段名 2=值 2,…,字段名 n=值 n
    [WHERE 条件表达式];
```

选项说明如下。

（1）SET 子句为指定的字段赋新值，新值可以是数据或表达式。

（2）WHERE 子句为可选项，指定修改满足条件的记录，若省略，则将所有记录的指定字段的值修改成新值。

【例 3-32】 将 student 表中学号（student_id）为"194310101101"的学生姓名（student_name）改为"吴征镒"。代码如下。

```
UPDATE student set student_name='吴征镒' WHERE student_id='194310101101';
SELECT * FROM student;
```

请读者自行查看运行结果。

数据库与西南联合大学

西南联合大学是世界高等学校的传奇。通过分析西南联合大学历史，从中挖掘数据，用数据库把优秀的人物和事件信息存储起来，可方便人们对这段历史进行查询和分析，以唤起人们的爱国主义热情。

3.5.3　删除记录

使用 DELETE 语句可删除记录，使用 TRUNCATE 语句可清空表记录。

使用 DELETE 语句删除表记录的语法格式如下。

```
DELETE FROM 表名 [WHERE 条件表达式];
```

其中，WHERE 子句为可选项，指定删除满足条件的记录，若省略，则表的所有记录都会被删除，但表结构依然存在。

【例 3-33】 将 student 表中学号（student_id）为 "194310101101" 的记录删除。代码如下。

```
DELETE FROM student WHERE student_id='194310101101';
SELECT * FROM student;
```

DELETE 语句执行完成后，再次查询学号（student_id）的值为 "194310101101" 的学生记录，返回结果为空。

TRUNCATE 语句用于清空一个表，语法格式如下。

```
TRUNCATE [table] 表名;
```

TRUNCATE 语句等价于没有删除条件的 DELETE 语句 "DELETE FROM 表名;"，但二者也存在不同：TRUNCATE 语句无法清除父表的记录，而且清空表记录后，对于自增型（AUTO_INCREMENT）数据类型将重置计数器，不支持业务回滚，不支持触发器程序的运行；而 DELETE 语句不会重置计数器，支持业务回滚，支持触发器程序的运行。

3.6 索引

3.6.1 索引简介

索引是由表中的一列或多列组合而成的一种数据库对象。利用索引可以加快表的查询速度。例如，《汉语词典》的汉语拼音音节索引和部首检字表可以用来快速确定某个字在字典正文中的位置（页码），人们根据位置就可以快速找到这个字在词典中的解释。索引本质上是表中字段值的复制，它指向实体表的记录位置，因此需要占用一定的存储空间。索引由 MySQL 自动管理和维护，当插入、修改或删除表记录时，MySQL 会自动对索引进行相应的修改。

1．索引的作用

（1）加快数据检索速度。
（2）加快表之间的连接操作速度。
（3）显著减少查询语句中的分组和排序时间。

2．使用索引存在的问题

（1）索引需要占用一定的磁盘空间，特别是在数据量较大且创建多种组合索引的情况下，索引文件的大小会快速增长。
（2）当对表中的数据进行增加、删除和修改操作时，索引也要动态地进行相应的维护，需要占用计算机的大量存储和计算资源。

3．索引的分类

按照分类标准的不同，MySQL 的索引可分为多种类型，通常包括普通索引、唯一索引、主键索引和全文索引等。

（1）普通索引（Index）：最基本的索引，没有任何限制。

（2）唯一索引（Unique）：索引列的值必须唯一，但允许为空。

（3）主键索引（Primary Key）：一种特殊的唯一索引，索引列的值不允许有空值。

（4）全文索引（Full Text）：主要用来查找文本中的关键字，允许在索引列中插入重复值和空值。全文索引可以在 char、varchar 或者 text 类型的字段上创建，并且仅 MyISAM 支持。

按照创建索引键值的列数分类，索引还可分为单列索引和组合索引。

3.6.2　索引与约束

MySQL 的约束分为主键约束、唯一性约束、默认值约束、检查约束、非空约束及外键约束，主要用于对表中数据进行限制，以保证记录的完整性和有效性。而索引用于提高查询效率，快速定位特定数据，二者的作用不同。约束是逻辑层面的概念，而索引既有逻辑层面的概念，又有物理上的存储空间的存在。

对 MySQL 数据库来说，主键约束、唯一性约束及外键约束是基于索引实现的。创建主键约束时，也就自动创建了主键索引；创建唯一性约束时也自动创建了唯一索引；创建外键约束时也自动创建了普通索引。

3.6.3　索引设计原则

索引能提高检索效率、优化查询，因此，索引的设计也成为数据库设计的重要一环。索引不是越多越好，过多的索引会导致服务器性能下降，不恰当的索引会降低系统性能。设计索引时应考虑以下原则。

（1）离散度越高的字段越适合作为索引的关键字。如 student 表中的性别字段 gender，其取值仅为"男"和"女"，离散度较低，因此不需要在 gender 字段设置索引；学号 student_id 的离散度较高，适合作为索引的关键字。主键字段和唯一性约束字段的值离散度高，适合作为索引的关键字。

（2）WHERE 子句中经常使用的字段适合作为索引的关键字。

（3）用于排序和分组的字段、两个表的连接字段应该建立索引。例如 GROUP BY 子句、ORDER BY 子句中的字段，两个表的连接（Join）字段。

（4）需要频繁更新的字段不适合创建索引。

（5）尽量不要对某个含有大量重复值的字段创建索引。

3.6.4　创建索引

创建索引的方法有两种：一是在创建表的同时创建索引；二是在已有表上创建索引。

方法一：在创建表的同时创建索引。语法格式如下。

```
CREATE TABLE 表名 (
    字段名 1 数据类型 [约束条件],
    字段名 2 数据类型 [约束条件],
    …
    [其他约束条件],
    …
```

```
   [UNIQUE|FULLTEXT|SPATIAL] INDEX [索引名] (字段名 [(长度)] [ ASC|DESC])
)ENGINE=存储引擎类型 DEFAULT CHARSET=字符集类型;
```

选项说明如下。

UNIQUE：表示索引为唯一索引。

FULLTEXT：表示索引为全文索引。

SPATIAL：表示索引为空间索引。

INDEX：用于指定字段为索引。

索引名：给创建的索引取一个新名称。

字段名：指定索引对应的字段的名称，该字段必须是前面定义好的字段。

长度：指索引中关键字的长度，必须是字符串类型才可以使用。

ASC | DESC：表示升序（降序）排列。

【例 3-34】 创建一个存储引擎为 MyISAM、默认字符集为 GBK 的学生表 student，定义学号 student_id、姓名 student_name、性别 gender、出生年月 birthday、联系电话 phone 和家庭住址 address，并分别定义 student_id 为主键索引 id_index、student_name 为普通索引 name_index。代码如下。

```
CREATE TABLE student(
student_id char(12),
student_name varchar(5),
gender char(1) NOT NULL,
birthday date,
phone varchar(14) NOT NULL,
address varchar(32),
PRIMARY KEY id_index (student_id),
INDEX name_index (student_name (3))
) ENGINE=MyISAM DEFAULT CHARSET=GBK;
```

方法二：在已有表上创建索引。

表创建完成后，可使用 CREATE INDEX 语句或 ALTER TABLE 语句创建索引。

（1）使用 CREATE INDEX 语句创建索引，语法格式如下。

```
CREATE [UNIQUE|FULLTEXT|SPATIAL]
    INDEX 索引名 ON 表名(字段名 [(长度)] [ASC|DESC]);
```

【例 3-35】 在学生表 student 的 phone 字段创建一个唯一索引。代码如下。

```
CREATE UNIQUE INDEX phone_index ON student(phone);
```

（2）使用 ALTER TABLE 语句创建索引，语法格式如下。

```
ALTER TABLE 表名 ADD [UNIQUE|FULLTEXT|SPATIAL]
    INDEX 索引名(字段名 [(长度)] [ASC|DESC]);
```

3.6.5 删除索引

用于删除索引的语句是 DROP INDEX 或 ALTER TABLE。

（1）使用 DROP INDEX 语句删除索引的语法格式如下。

```
DROP INDEX 索引名 ON 表名;
```

【例 3-36】 删除学生表 student 的 phone 字段上的索引 phone_index。代码如下。

```
DROP INDEX phone_index ON student;
```

（2）使用 ALTER TABLE 语句删除索引的语法格式如下。

```
ALTER TABLE 表名 DROP INDEX 索引名;
```

【例 3-37】 删除学生表 student 的 student_name 字段上的索引 name_ index。代码如下。

```
ALTER TABLE student DROP INDEX name_index;
```

本章小结

本章介绍了 MySQL 数据库、表的定义和数据操作的相关知识，主要包括 MySQL 数据库操作，数据类型，表的设计、定义、修改、删除，以及表记录的增加、修改、删除操作。另外，本章还介绍了索引的概念和使用方法。通过对本章的学习，读者能够把数据库设计结果转化到 DBMS 中，并能够熟练掌握使用 SQL 语句对数据库、表及记录进行增删改查的操作。在数据库开发中，数据表占有相当重的分量，设计合理的表结构

本章小结

会减少数据冗余，提高数据库的性能。从现实世界到逻辑模型，再到表结构的形成，这并不是一蹴而就的，需要反复打磨优化。

本章习题

1．思考题

（1）请简述数据库、表和数据库服务器之间的关系。
（2）简述主键的作用及特征。
（3）关系数据库中如何存储图像、视频文件？

2．上机操作题

请从下面的描述中获取信息，把戴永年、王展飞添加到 course 数据库中。

戴永年（1929—2022），男，汉族，1929 年 2 月出生，中国工程院院士，教授，博士生导师，中共党员，曾任昆明理工大学真空冶金国家工程实验室主任、云南省有色金属真空冶金重点实验室学术委员会主任、真空冶金及材料研究所所长，是"有色金属冶金"国家级重点学科和云南省真空冶金重点学科带头人。

王展飞，男，汉族，中共党员，1929 年 5 月出生，四川泸县人，昆明理工大学马克思主义学院教授，现为云南省高校思想政治理论课教学指导委员会副主任、中央马克思主义理论研究和建设工程高校思想政治理论课教材首席专家，曾获全国高校百名"两课"优秀教师、云南省教育功勋奖、云岭楷模等荣誉，享受国务院特殊津贴。他主编的《马克思主义哲学原理》被教育部评选为全国高校优秀教材。

第4章 MySQL 数据查询与视图

数据查询是 DBMS 的重要功能之一，数据查询不仅要考虑如何查询数据库中存储的数据，还应该根据需要对查询结果进行筛选，以及确定查询结果以什么样的格式显示。视图（View）是在数据表或已有视图的基础上定义的虚拟表，视图本身并不保存数据，视图数据来自定义视图所引用的基本表，并且在引用视图时动态生成。本章将介绍 SELECT 查询语句的使用、视图的含义、视图的作用，以及视图的基本操作。

本章导学

（注：本章及后续章节的数据均来源于"course.sql"对应资源文件给出的完整的 course 数据库数据。）

本章学习目标

- ◇ 掌握 SELECT 查询语句的基本结构
- ◇ 掌握简单查询、条件查询、连接查询、分组查询、查询结果排序、限制查询结果记录数量等子句的使用方法
- ◇ 掌握子查询的使用方法
- ◇ 熟悉 MySQL 常见函数的使用方法
- ◇ 了解视图的含义、视图的作用，以及视图的基本操作

本章知识结构图

本章知识结构图见下页。

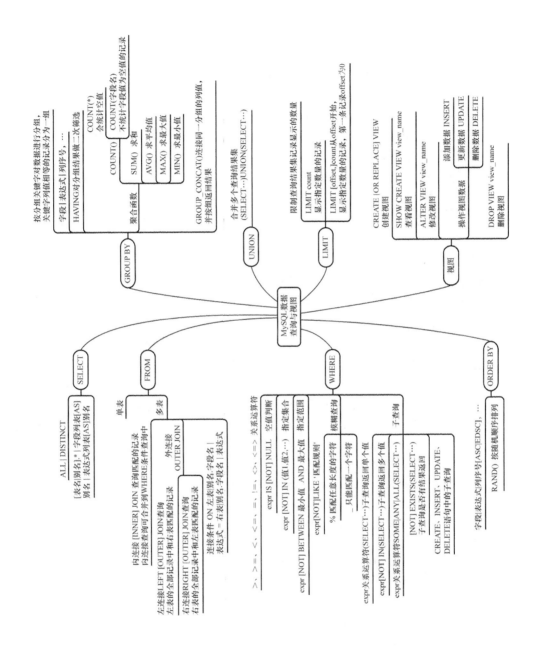

4.1.1 理解查询

表（Table）是数据库中最基本的对象。无论是 MySQL 正常运行所需的系统数据库，还是用户创建的数据库，要存储的数据都被组织到数据库的若干个表中。MySQL 数据库的基本结构如图 4-1 所示。

系统数据库"mysql"是 MySQL 的核心数据库，其中的 user 表存储了允许连接到数据库服务器的账号信息，是 MySQL 中最重要的一个权限表。添加、删除用户，修改用户密码，修改用户权限等操作，都需要在 user 表中进行。

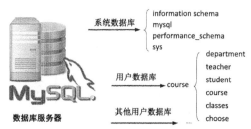

图 4-1 MySQL 数据库的基本结构

用户创建的选课数据库 course 用 6 个表存储了用于选课系统的数据，基于 course 数据库的系统开发好后，用户利用 PC、平板电脑、手机或其他设备，通过网络连接到数据库服务器，授权验证通过后，就可以从数据库中获取数据，数据以网页或窗口的形式呈现出来，供用户浏览、修改。例如，学生从选课系统选课、退选，查看自己的课表，查看期末考试成绩；教师查看自己的教学任务、打印学生名册、填报成绩等。

从数据库中获取所需数据的操作和过程就是数据查询，也称数据检索。用户根据对数据的需求使用合适的查询方式，使用不同的查询方式可以获得不同的数据。数据查询是 DBMS 的重要功能之一，是数据库操作中最常用、最重要的操作。

数据查询示意图如图 4-2 所示。从图中可以看出，用户在客户端通过 SQL 查询语句向 MySQL 数据库服务器提出查询请求；服务器响应客户请求，分析、解释、执行请求命令，并把查询结果返回到客户端。

拓展知识：
查询优化

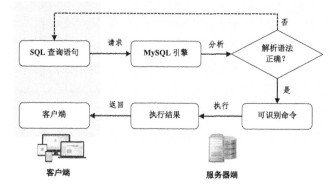

图 4-2 数据查询示意图

使用 MySQL 的控制台程序（mysql.exe）、PhpMyAdmin、MySQL Workbench 等工具，都可以编写 SQL 查询语句、执行查询和分析结果。

4.1.2　基本查询语句

关系数据库使用 SELECT 语句进行数据查询，其基本语法格式如下。

```
SELECT
    [ALL|DISTINCT]
    *|select_expr
    [into_option]
FROM table_references
[WHERE where_condition]
[GROUP BY {col_name|expr}]
    [HAVING where_condition]
[ORDER BY {col_name|expr} [ASC|DESC], …]
[LIMIT {[offset,]row_count|row_count OFFSET offset}];
```

其中，into_option 如下所示。

```
{
    INTO OUTFILE 'file_name'
        [CHARACTER SET charset_name]
    export_options
    |INTO DUMPFILE 'file_name'
    |INTO var_name [,var_name] …
}
```

各部分的含义如下。

（1）[ALL|DISTINCT]：指定查询结果的列值是显示全部（包含重复值）还是去掉重复值（相同的列值只保留一个）显示。默认为 ALL，显示全部列值。ALL 和 DISTINCT 不能同时使用。

（2）* | select_expr：“*”用于匹配表的所有字段，表示查询表的所有字段的值。select_expr 可以是字段名、与字段有关的表达式或其他表达式，多个 select_expr 之间用逗号分隔。

（3）FROM table_references：指定查询数据的来源，可以是单个、多个表或视图。

（4）WHERE where_condition：指定查询条件，如果指定该项，则查询结果只包含满足条件的数据。

（5）[GROUP BY {col_name | expr}]：按照指定的列或表达式进行分组。

（6）[ORDER BY {col_name | expr} [ASC | DESC], …]：指定查询结果按指定的列或表达式以升序（ASC）或降序（DESC）显示，默认情况下是升序。

（7）[LIMIT {[offset,] row_count | row_count OFFSET offset}]：指定查询结果显示的记录数量。

（8）into_option：指定查询结果的去向。INTO var_name 表示把查询结果赋值给变量。INTO OUTFILE、INTO DUMPFILE 表示把查询结果输出到文件，其中 INTO OUTFILE 可设置使用的字符集和输出选项。

查询语句示例如下。

```
SELECT student.student_id,student.student_name,student.home_address
FROM course.student WHERE LEFT(student.student_id,4)='2018';
```

SELECT 后列出了要查询的数据为学生表的学号、姓名和家庭住址 3 个字段的值，FROM 子句指定了数据的来源为 course 数据库中的表 student，WHERE 子句指定了查询条件为学号的前 4 位字符——"2018"。因此，查询结果为学生表中学号前 4 位为"2018"的学生的学号、姓名和家庭住址信息，数据显示顺序为记录添加到表中的顺序。

> ⚠ 注意：如果查询结果来源于单个表，可以省略字段名前面的表名称前缀。如果在执行 SELECT 查询之前已经使用 USE 命令选择了表所在的数据库，可以省略表名称之前的数据库名前缀。

4.2 单表查询

单表查询是指从一个数据表中查询全部字段或部分字段的数据。

4.2.1 查询所有字段的数据

从一个表中查询所有字段的数据，使用星号（＊）匹配所有列。语法格式如下。

```
SELECT * FROM table_name;
```

【例 4-1】 从 department 表中查询所有学院的信息。代码如下。

```
SELECT * FROM department;
```

查询结果如图 4-3 所示。

该例使用星号（＊）匹配 department 表中的所有列。

【例 4-1】中的查询语句与下面的 SELECT 语句作用相同。

```
+---------------+-----------------+
| department_id | department_name |
+---------------+-----------------+
| 101           | 信息学院         |
| 102           | 基础部           |
| 103           | 理学院           |
| 104           | 电力学院         |
| 190           | 西南联合大学      |
| 201           | 艺术传媒学院      |
| 202           | 管理经济学院      |
| 301           | 化学工程学院      |
| 302           | 机械工程学院      |
+---------------+-----------------+
```

图 4-3　查询结果

```
SELECT department_id,department_name FROM department;
```

实际查询中，一般根据需要选择性地查询表中部分字段的数据。例如查询学生信息时，只需要学号、姓名和生日信息，而不必列出表中的所有字段。

4.2.2 查询指定字段的数据

查询指定字段的数据，需要在 SELECT 后指定要查询的字段名称。SELECT 后还可以添加与字段有关的表达式或其他表达式。多个字段之间使用逗号（，）分隔。

【例 4-2】 从 student 表中查询学生的学号、姓名、性别和生日。代码如下。

```
SELECT student_id,student_name,gender,birthday FROM student;
```

查询结果如图 4-4 所示（部分记录）。

从图中看到，查询结果只包含了 SELECT 后指定的 4 个字段的数据。

4.2.3 为查询的字段指定别名

创建表时字段名如果用英文,查询结果的

```
+--------------+--------------+--------+------------+
| student_id   | student_name | gender | birthday   |
+--------------+--------------+--------+------------+
| 193310101102 | 吴征镒        | 男     | 1916-06-13 |
| 193520101106 | 叶笃正        | 男     | 1916-02-21 |
| 193820201111 | 刘东生        | 男     | 1917-11-22 |
| 193820201116 | 王希季        | 男     | 1921-07-26 |
| 193910101101 | 汪曾祺        | 男     | 1920-03-05 |
| 194110201103 | 邓稼先        | 男     | 1924-06-25 |
+--------------+--------------+--------+------------+
```

图 4-4　查询指定字段数据的结果

列名称也显示为英文。如果想把查询结果的列名称改为中文名称,可以在字段名后使用 AS 关键字指定别名。

【例 4-3】 查询课程的课程号、课程名称、开课学期和学分,列名称用中文显示。代码如下。

```
SELECT course_id AS 课程号,course_name AS 课程名称,term AS 开课学期,credit AS 学分
FROM course;
```

查询结果如图 4-5 所示(部分记录)。

从查询结果可以看到,列名称已经显示为 AS 指定的别名。

SELECT 语句中的 AS 关键字也可以省略,但字段名和别名之间至少要加一个空格。如【例 4-3】的代码可以做如下修改。

```
+--------+-----------------+----------+------+
| 课程号 | 课程名称          | 开课学期  | 学分 |
+--------+-----------------+----------+------+
| 1001   | 高等数学(一)     | 第1学期   |    6 |
| 1002   | 化学             | 第1学期   |    5 |
| 1003   | 计算机基础        | 第1学期   |    4 |
| 1004   | 数据库应用        | 第1学期   |    4 |
```

图 4-5 指定别名的查询结果

```
SELECT course_id 课程号,course_name 课程名称,term 开课学期,credit 学分
FROM course;
```

4.2.4 去掉查询结果的重复值

在查询字段的前面加上 DISTINCT 关键字,可以去掉列的重复值,如果结果是单列,则该列的多个重复值只保留一个,如果结果是多列,则多列的列值组合后重复的值只保留一个。基本语法格式如下。

```
SELECT DISTINCT column_name FROM table_name;
```

【例 4-4】 从 teacher 表中查询有教师的学院编号。

这是一个简单的单表查询,查询结果只显示学院编号。代码如下。

```
SELECT department_id FROM teacher;
```

查询结果(部分)如图 4-6 左图所示。从查询结果可以看到,学院编号有多个重复的值。因为一个学院有多个教师,所以这些教师的学院编号都是相同的。使用关键字 DISTINCT 能够去掉重复值,方法是在查询字段名的前面加上 DISTINCT。上面的代码改进如下。

```
SELECT DISTINCT department_id FROM teacher;
```

查询结果如图 4-6 右图所示。从查询结果可以看出,多个重复值只保留了一个,且 teacher 表中的所有教师都分布在 4 个学院。

图 4-6 去掉重复值的查询结果

4.3 条件查询

如果数据表中存储了大量数据,不加任何过滤条件,把表的全部数据显示到客户端,这会占用大量的网络带宽和系统资源,影响应用体验。在实际应用中,根据使用需求,可能只需要少量数据。例如某位同学登录选课系统,只能查看自己的个人信息、每学期选课情况,以及课程的成绩等,设计应用程序时只需按对应同学的学号从数据库检索相关的数

据，再将其呈现出来。这就是条件查询。

4.3.1 WHERE 子句

在 SELECT 语句中加上 WHERE 子句就构成了条件查询。条件查询用于过滤数据，结果只包含满足条件的记录。基本语法格式如下。

```
SELECT select_list FROM table_name WHERE where_condition;
```

实际应用中的大多数查询都是条件查询，例如，基于 course 数据库开发的选课系统的部分功能如图 4-7 所示。

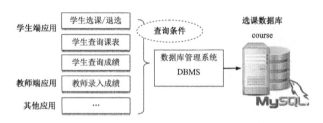

图 4-7　选课系统部分功能

查询条件（where_condition）使用运算符（算术运算符、比较运算符和逻辑运算符等）及相应的表达式来构造，表达式的运算结果为非 0 值，则条件为真；结果为 0 或空值（NULL），则条件为假。

【例 4-5】　查询学号为 "201710201104" 的学生的基本信息。代码如下。

```
SELECT student_id,student_name,gender,birthday FROM student
WHERE student_id='201710201104';
```

查询结果如图 4-8 所示。

该例使用了等于运算符（=）来构造查询条件。查询结果为 "冯瑶瑶" 同学的信息，由于学号 student_id 对每个同学来说都是唯一的，所以查询结果只有一条记录。

```
+--------------+--------------+--------+------------+
| student_id   | student_name | gender | birthday   |
+--------------+--------------+--------+------------+
| 201710201104 | 冯瑶瑶        | 女      | 1998-08-06 |
+--------------+--------------+--------+------------+
```

图 4-8　【例 4-5】查询结果

【例 4-6】　查询 1997 年出生的学生的个人信息。代码如下。

```
SELECT student_id,student_name,birthday FROM student
WHERE (birthday>='1997-1-1') AND (birthday<='1997-12-31');
```

查询结果如图 4-9 所示。

1997 年出生，即出生日期 birthday 大于或等于 1997 年 1 月 1 日，且小于或等于 1997 年 12 月 31 日。因此，本例使用了大于或等于运算符（>=）、小于或等于运算符（<=）和逻辑与运算符（AND）来构造查询条件。

```
+--------------+--------------+------------+
| student_id   | student_name | birthday   |
+--------------+--------------+------------+
| 201710201102 | 龚娜          | 1997-09-10 |
| 201710201105 | 何声明        | 1997-10-10 |
| 201720201102 | 宋东东        | 1997-08-10 |
| 201810101103 | 李健康        | 1997-03-20 |
| 201820201102 | 华燕凯        | 1997-02-13 |
+--------------+--------------+------------+
```

图 4-9　【例 4-6】查询结果

我们也可以使用 MySQL 的 YEAR() 函数来构造查询条件，如下所示。

```
WHERE YEAR(birthday)=1997;
```

YEAR() 函数从 birthday 字段值中获取年份，然后条件语句进行判断，如果等于 1997，则表示是 1997 年出生的。

【例 4-7】 查询职称为讲师或副教授的女教师信息。

教师的职称不可能既是"讲师"，又是"副教授"，所以二者之间是或者的关系，要使用逻辑或运算符（OR）。而性别和职称之间是且的关系，即不仅要满足职称的条件，还要满足性别的条件，所以要使用逻辑与运算符（AND）。运算符 AND 的优先级高于运算符 OR，所以需要把 OR 部分的条件用小括号括起来。代码如下。

```
SELECT teacher_id,teacher_name,gender,professional FROM teacher
WHERE (professional='讲师' OR professional='副教授') AND gender='女';
```

查询结果如图 4-10 所示。

☺ 思考：在该例中，如果 OR 部分的条件不加小括号，查询结果是什么？

条件查询的要点：把实际应用对数据的需求转换为相应的条件，包括使用哪些字段、哪些运算符来构造查询条件。

除了使用常规的关系运算符和逻辑运算符来构造查询条件，MySQL 还提供了几个特殊的运算符，包括 IN、BETWEEN…AND…、LIKE 和 IS NULL。

```
+------------+--------------+--------+--------------+
| teacher_id | teacher_name | gender | professional |
+------------+--------------+--------+--------------+
| 10103      | 郝本         | 女     | 副教授       |
| 10202      | 赵瑾         | 女     | 讲师         |
| 10203      | 方圆         | 女     | 副教授       |
| 10205      | 程笑笑       | 女     | 讲师         |
| 20102      | 赵雅琴       | 女     | 副教授       |
| 20103      | 罗艺         | 女     | 讲师         |
| 20203      | 王雪         | 女     | 副教授       |
| 20204      | 李康         | 女     | 讲师         |
+------------+--------------+--------+--------------+
```

图 4-10 【例 4-7】查询结果

4.3.2 IN 运算符

IN 运算符的语法格式如下。

```
WHERE expr[NOT] IN(value1,value2,value3,…);
```

用运算符 IN 构造查询条件时，将多个用于构造条件的值用括号括起来，值之间用逗号分隔，比较时，只要表达式 expr 的值与括号中的某个值相等即满足条件，如果与所有的值都不相等，则不满足条件。上述语法等价于如下语句。

```
WHERE (expr=value1) OR (expr=value2) OR …
```

【例 4-8】 查询 1997 年、1998 年出生的学生的学号、姓名和生日。代码如下。

```
SELECT student_id,student_name,birthday FROM student
WHERE YEAR(birthday) IN(1997,1998);
```

查询结果如图 4-11 所示（部分记录）。

该例使用 IN 运算符构造查询条件，括号中的值列表为 1997、1998，前面使用 YEAR()函数得到 birthday 中的年份，如果获取的年份与值列表中的任何一个值相等，则满足条件，对应学生包含在查询结果中。

```
+---------------+--------------+------------+
| student_id    | student_name | birthday   |
+---------------+--------------+------------+
| 201710201101  | 胡鹏         | 1998-11-25 |
| 201710201102  | 龚娜         | 1997-09-10 |
| 201710201103  | 万菁辰       | 1998-09-09 |
| 201710201104  | 冯瑶瑶       | 1998-08-06 |
| 201710201105  | 何声明       | 1997-10-10 |
| 201720101101  | 朱小香       | 1998-05-10 |
+---------------+--------------+------------+
```

图 4-11 【例 4-8】查询结果

【例 4-9】 查询职称为讲师或副教授的教师信息。代码如下。

```
SELECT teacher_name,professional FROM teacher
WHERE professional IN('讲师','副教授');
```

查询结果如图 4-12 所示（部分记录）。

该例条件字段为 professional，使用 IN 运算符构造条件，括号中的值列表为讲师、副教授，如果 professional 字段的值与列表中的任何一个值相等，则该教师包含在查询结果中。

NOT IN 运算符用于构造与 IN 运算符意义相反的条件。如将上例中的条件语句可改为如下形式。

```
+--------------+--------------+
| teacher_name | professional |
+--------------+--------------+
| 潘多拉       | 副教授       |
| 吉米         | 讲师         |
| 郝本         | 副教授       |
| 江泽涵       | 副教授       |
| 田野         | 副教授       |
| 赵瑾         | 讲师         |
+--------------+--------------+
```

图 4-12 【例 4-9】查询结果

```
WHERE professional NOT IN('讲师','副教授');
```

查询结果为职称不是讲师和副教授的教师信息。

4.3.3 BETWEEN…AND…运算符

BETWEEN…AND…运算符的语法格式如下。

```
WHERE expr [NOT] BETWEEN min AND max;
```

BETWEEN…AND…运算符需要指定范围的开始值 min 和结束值 max，如果表达式 expr 的值位于指定的范围之内，则返回满足条件的记录。上述语法等价于如下语句。

```
WHERE (expr>=min) AND (expr<=max);
```

【例 4-10】 查询 1997 年出生的学生信息。代码如下。

```
SELECT student_id,student_name,birthday FROM student
WHERE birthday BETWEEN '1997-1-1' AND '1997-12-31';
```

查询结果如图 4-9 所示，与【例 4-6】的查询结果完全一致。

【例 4-11】 查询第 1 学期开课而且学分为 3～5 分的课程信息。代码如下。

```
SELECT course_name,term,credit FROM course
WHERE (term='第1学期') AND (credit BETWEEN 3 AND 5);
```

查询结果如图 4-13 所示。

该例中，学期判断使用了比较运算符等于（=），学分判断使用了 BETWEEN…AND…运算符，学期判断和学分判断之间是且的关系，使用了逻辑与运算符（AND）。

BETWEEN…AND…运算符前面加上 NOT，表示指定范围之外的值，等价于如下语句。

```
+-------------+---------+--------+
| course_name | term    | credit |
+-------------+---------+--------+
| 化学        | 第1学期 |      5 |
| 计算机基础  | 第1学期 |      4 |
| 数据库应用  | 第1学期 |      4 |
| 会计学      | 第1学期 |      4 |
| 艺术概论    | 第1学期 |      5 |
| 视频制作    | 第1学期 |      5 |
| 大学英语(一)| 第1学期 |      5 |
+-------------+---------+--------+
```

图 4-13 【例 4-11】查询结果

```
WHERE (expr<min) OR (expr>max);
```

4.3.4 LIKE 运算符

前面介绍的条件查询都是基于明确、具体的条件的，如果只想按字段值的部分内容进行匹配，实现"模糊查询"，则需要使用 LIKE 运算符结合匹配符 "%" 和 "_" 来实现。百分号（%）用于匹配任意长度的字符串，下划线（_）用于匹配任意一个字符，如果要匹配多个字符，则需要使用与字符数量相同的 "_"。意义与 LIKE 相反的运算符为 NOT LIKE。

【例 4-12】 查询"王"姓男学生的信息。代码如下。

```
SELECT student_id,student_name,gender FROM student
WHERE (gender='男') AND (student_name LIKE '王%');
```

查询结果如图 4-14 所示。

该例的性别判断使用了比较运算符等于（＝）；姓
名判断条件为"LIKE '王%'"，表示学生姓名的第一个
字符是"王"、其余是任意字符的匹配条件。姓名和性
别之间是且的关系，使用了逻辑与运算符（AND）。

```
+--------------+--------------+--------+
| student_id   | student_name | gender |
+--------------+--------------+--------+
| 193820201116 | 王希季        | 男      |
| 201810101104 | 王飞松        | 男      |
| 201810101205 | 王琛瑞        | 男      |
+--------------+--------------+--------+
```

图 4-14 【例 4-12】查询结果

【例 4-13】 查询姓名中第二个字为"娜"的学生的信息。代码如下。

```
SELECT student_id,student_name FROM student
WHERE student_name LIKE '_娜%';
```

查询结果如图 4-15 所示。

该例的姓名判断条件"LIKE '_娜%'"，表示姓名的第
一个字符任意、第二个字符必须是"娜"、其余是任意字
符的匹配条件。

```
+--------------+--------------+
| student_id   | student_name |
+--------------+--------------+
| 201710201102 | 龚娜          |
| 201810201104 | 吴娜文        |
+--------------+--------------+
```

图 4-15 【例 4-13】查询结果

⚠ 注意："%"不能匹配空值 NULL。有一些字段值的首尾可能会出现空格，为了避
免影响匹配结果，可以用 MySQL 的 LTRIM()、RTRIM()、TRIM()函数去掉首尾的
空格。

4.3.5 IS NULL 运算符

空值（NULL）表示数据未知、不确定或将在以后添加，空值不同于 0，也不同于空字
符串。使用 IS NULL 运算符可查询列字段值为空值的记录，意义与之相反的运算符为 IS
NOT NULL。语法格式如下。

```
WHERE expr IS [NOT] NULL
```

【例 4-14】 从 choose 表查询哪些同学还没有成绩。代码如下。

```
SELECT student_id,course_id,choose_time,score FROM choose
WHERE score IS NULL;
```

查询结果如图 4-16 所示。

```
+--------------+-----------+---------------------+-------+
| student_id   | course_id | choose_time         | score |
+--------------+-----------+---------------------+-------+
| 193820201111 | 1006      | 1940-09-01 00:00:00 | NULL  |
| 193820201116 | 1007      | 1940-09-03 00:00:00 | NULL  |
+--------------+-----------+---------------------+-------+
```

图 4-16 【例 4-14】查询结果

该例的查询条件为"score IS NULL"，表示成绩字段 score 还没有具体的值。查询条
件不能写为"score＝0"或者"score＝NULL"，因为 0 可能是参加了考试，但成绩为 0 分；
或者是缺考，成绩以 0 分计。

此外，我们可以使用安全等于运算符（<=>）做空值比较，如该例的查询条件可以改
为如下语句。

```
WHERE score <=> NULL;
```

【例 4-15】 从 course 表查询第 4 学期选课时间已经确定的课程信息。代码如下。

```
SELECT course_name,term,begin_choose_time FROM course
WHERE (begin_choose_time IS NOT NULL) AND (term='第 4 学期');
```

查询结果如图 4-17 所示。

```
+---------------+-----------+---------------------+
| course_name   | term      | begin_choose_time   |
+---------------+-----------+---------------------+
| 大学英语(四)   | 第4学期   | 2019-01-15 08:00:00 |
| 高级会计实务   | 第4学期   | 2019-01-15 08:00:00 |
| 播音技巧       | 第4学期   | 2019-01-15 08:00:00 |
| Linux应用基础  | 第4学期   | 2019-01-15 08:00:00 |
+---------------+-----------+---------------------+
```

图 4-17 【例 4-15】查询结果

选课时间已经确定，即开始选课时间字段 begin_choose_time 已经有了确定的值，所以条件为"begin_choose_time IS NOT NULL"。学期判断使用等于运算符（=）。二者之间是且的关系，使用逻辑与运算符（AND）连接。

4.4 连接查询

从多个表中获取所需数据，就需要使用连接查询。

MySQL 支持多种方式的连接查询，语法格式如下。

```
SELECT select_expr FROM table_ref;
```

其中 table_ref 具体如下所示。

```
table_ref {[INNER|CROSS] JOIN|STRAIGHT_JOIN} table_ref [join_spec]
|table_ref {LEFT|RIGHT} [OUTER] JOIN table_ref join_spec
|table_ref NATURAL [INNER|{LEFT|RIGHT} [OUTER]] JOIN table_ref
```

join_spec 为如下内容。

```
    ON search_condition|USING (join_column_list)
```

各部分的含义如下。

（1）select_expr：要查询的字段名称或表达式。进行连接查询时，一般在字段名前加上表名称或表的别名作为前缀。

（2）table_ref：查询引用的表或视图名称。

（3）{[INNER|CROSS] JOIN|STRAIGHT_JOIN}：实现内连接查询，如果其后未指定 join_spec，则查询结果为两个表的笛卡儿积。

（4）{LEFT|RIGHT} [OUTER] JOIN：实现外连接查询，LEFT [OUTER] JOIN 表示左连接，RIGHT [OUTER] JOIN 表示右连接，其后必须指定 join_spec。

（5）NATURAL [INNER|{LEFT|RIGHT} [OUTER]] JOIN：实现内连接、外连接查询。不需要指定 join_spec，两个表通过字段名和数据类型都相同的字段进行连接，由于是自动匹配两个表的同名字段，所以两个表同名的字段不能超过 1 个。

（6）join_spec：指定两个表的连接字段。使用 ON 时，两个表的连接字段名称可以不同；使用 USING 时，两个表的连接字段名称必须相同。

⚠ 注意：在 MySQL 中，INNER JOIN、CROSS JOIN 和 JOIN 等效，可以相互替换。但在标准 SQL 中，则不等效。

4.4.1　内连接查询

内连接查询（Inner Join）使用等于（＝）运算符判断表之间的连接字段值，查询结果为两个表的连接字段值相等的记录。从数学的角度看，内连接查询的结果为两个表的交集，从笛卡儿积的角度看，结果为从笛卡儿积中挑选出的满足条件的记录。

例如教师表（teacher）和学院表（department）通过连接字段 department_id 进行内连接查询，结果为两个表中 department_id 值相等的记录。

1．两个表的内连接查询

假设 tableA、tableB 的连接字段为 keyA、keyB，则两个表内连接查询的语法格式如下。

```
SELECT select_expr FROM tableA
       INNER JOIN tableB ON tableA.keyA=tableB.keyB;
```

具体说明如下。

（1）语句中的 INNER JOIN 可改为 CROSS JOIN、JOIN。

（2）语句中使用 ON 来指定连接条件，如果两个表的连接字段 keyA、keyB 名称相同（如 key），则可以使用 USING 来简化 ON 条件，格式为：USING(key)。

（3）USING 的功能相当于 ON，区别在于 USING 指定一个字段用于连接两个表，而 ON 指定一个条件。另外，使用 SELECT *进行内连接查询时，USING 会去除 USING 指定的列，而 ON 不会。

【例 4-16】　查询教师所在学院。

教师信息和学院信息分别存储在 teacher 表和 department 表中，两个表之间的连接字段为 department_id，联系如图 4-18 所示。通过内连接查询可获得两个表中连接字段值相等的记录。

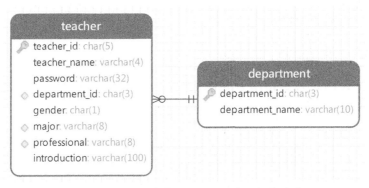

图 4-18　teacher 表和 department 表之间的联系

该例的查询结果应包括教师的编号、姓名和所在学院的名称。为便于对比，查询结果增加了两个表的 department_id 列，teacher 表的 department_id 列的别名为 t_dept_id， department 表的 department_id 列的别名为 dept_id。

假设 teacher 表的别名为 A，department 表的别名为 B，查询代码如下。

```
SELECT A.teacher_id,A.teacher_name,A.department_id AS t_dept_id,
       B.department_id AS dept_id,B.department_name
FROM teacher A INNER JOIN department B ON A.department_id=B.department_id
ORDER BY A.teacher_id;
```

运行结果如图 4-19 所示（部分记录）。

```
+-----------+--------------+-----------+----------+-----------------+
| teacher_id | teacher_name | t_dept_id | dept_id | department_name |
+-----------+--------------+-----------+----------+-----------------+
| 10101     | 潘多拉       | 101       | 101      | 信息学院        |
| 10102     | 吉米         | 101       | 101      | 信息学院        |
| 10103     | 郝本         | 101       | 101      | 信息学院        |
| 10104     | 李廉洁       | 101       | 101      | 信息学院        |
| 10105     | 江泽涵       | 101       | 101      | 信息学院        |
| 10201     | 田野         | 102       | 102      | 基础部          |
| 10202     | 赵瑾         | 102       | 102      | 基础部          |
+-----------+--------------+-----------+----------+-----------------+
```

图 4-19　【例 4-16】查询结果

从图 4-19 看出，查询结果只包含了两个表的连接字段值相等的记录。没有教师的学院对应的 department_id 值在 techer 表中找不到相应的记录，所以不会包含在查询结果中。

该例中，两个表的连接字段名称相同，可以使用 USING 简化 ON 条件，代码如下。

```
SELECT A.teacher_id,A.teacher_name,A.department_id AS t_dept_id,
       B.department_id AS dept_id,B.department_name
FROM teacher A INNER JOIN department B USING(department_id)
ORDER BY A.teacher_id;
```

在使用内连接查询时，需要明确下面 3 个要点。

（1）查询结果包含哪些列。

（2）这些列来源于哪些表。连接查询涉及两个以上的表，查询的结果列来源于哪个表，就在列的前面加上该表的名称作为前缀。如果是多个表都有的列，则根据需要确定该列源于哪个表并加前缀，可以使用表的别名简化书写。

（3）表之间的连接字段是哪一个。

2. 3 个表的内连接查询

假设 tableA 和 tableB 之间的连接字段为 key1，tableB 和 tableC 之间的连接字段为 key2，则 tableA、tableB 和 tableC 3 个表的内连接查询语句如下。

```
SELECT select_expr FROM tableA
       INNER JOIN tableB ON tableA.key1=tableB.key1
       INNER JOIN tableC ON tableB.key2=tableC.key2;
```

【例 4-17】　查询学生的年级、所在班级和学院，结果包含学号、姓名、班级、年级和学院。

查询结果包含 5 列数据。学号、姓名来自学生表 student，班级、年级来自班级表 classes，学院来自学院表 department。3 个表之间的联系如图 4-20 所示。

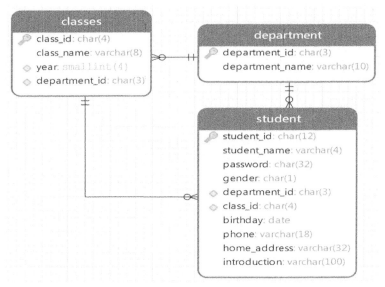

图 4-20 student、classes、department 3 个表之间的联系

假设 student、classes、department 3 个表的别名分别为 A、B、C，由图 4-20 可知 3 个表的内连接方式如下。

```
FROM student A
  INNER JOIN classes B ON A.class_id=B.class_id
  INNER JOIN department C ON A.department_id=C.department_id;
FROM student A
  INNER JOIN classes B ON A.class_id=B.class_id
  INNER JOIN department C ON B.department_id=C.department_id;
```

第一种内连接查询方式的完整查询代码如下。

```
SELECT A.student_id,A.student_name,B.class_name,B.year,C.department_name
FROM student A INNER JOIN classes B ON A.class_id=B.class_id
INNER JOIN department C ON A.department_id=C.department_id
ORDER BY A.student_id;
```

查询结果如图 4-21 所示（部分记录）。

```
+--------------+--------------+-----------------+------+-----------------+
| student_id   | student_name | class_name      | year | department_name |
+--------------+--------------+-----------------+------+-----------------+
| 193310101102 | 吴征镒       | 西南联合大学班  | 1937 | 西南联合大学    |
| 193520101106 | 叶笃正       | 西南联合大学班  | 1937 | 西南联合大学    |
| 193820201111 | 刘东生       | 西南联合大学班  | 1937 | 西南联合大学    |
| 193820201116 | 王希季       | 西南联合大学班  | 1937 | 西南联合大学    |
| 193910101101 | 汪曾祺       | 西南联合大学班  | 1937 | 西南联合大学    |
| 194110201103 | 邓稼先       | 西南联合大学班  | 1937 | 西南联合大学    |
| 194210201104 | 朱光亚       | 西南联合大学班  | 1937 | 西南联合大学    |
| 194220201105 | 黄昆         | 西南联合大学班  | 1937 | 西南联合大学    |
| 201710201101 | 胡鹏         | 数学            | 2017 | 基础部          |
| 201710201102 | 龚娜         | 数学            | 2017 | 基础部          |
| 201710201103 | 万青辰       | 数学            | 2017 | 基础部          |
+--------------+--------------+-----------------+------+-----------------+
```

图 4-21 【例 4-17】查询结果

☺ 思考：请读者把代码修改为第二种内连接查询方式，对比结果。

【例 4-18】 查询第 2 学期"多媒体技术基础"课程的成绩在 90 分及以上的学生，结果包含学号、姓名、开课学期、课程名称和成绩。

学号、姓名来自学生表 student，课程名称、开课学期来自课程表 course，成绩来自选课表 choose。3 个表之间的联系如图 4-22 所示。

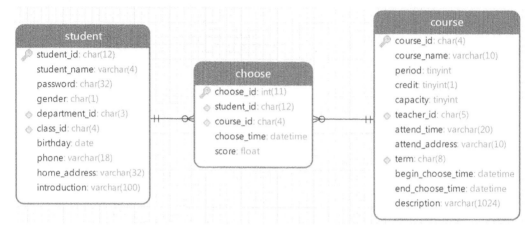

图 4-22　student、choose、course 3 个表之间的联系

假设 student、choose、course 3 个表的别名分别为 A、B、C，则代码如下。

```
SELECT A.student_id,A.student_name,C.course_name,C.term, B.score
FROM student A INNER JOIN choose B ON A.student_id=B.student_id
INNER JOIN course C ON B.course_id=C.course_id
WHERE C.term='第2学期' AND C.course_name='多媒体技术基础' AND B.score>=90
ORDER BY A.student_id;
```

查询结果如图 4-23 所示。

```
+--------------+--------------+-----------------+---------+-------+
| student_id   | student_name | course_name     | term    | score |
+--------------+--------------+-----------------+---------+-------+
| 201710201102 | 龚娜         | 多媒体技术基础   | 第2学期 |    94 |
| 201710201103 | 万青辰       | 多媒体技术基础   | 第2学期 |    90 |
| 201710201104 | 冯瑶瑶       | 多媒体技术基础   | 第2学期 |    93 |
+--------------+--------------+-----------------+---------+-------+
```

图 4-23　【例 4-18】查询结果

4.4.2　外连接查询

内连接查询的结果为符合连接条件的记录，即连接字段值相等的记录。如果需要让查询结果不仅包含符合连接条件的行，还包括左表、右表或两个连接表中的所有数据行，则应该使用外连接查询（Outer Join）。

MySQL 支持的外连接有两种类型：左外连接（Left Outer Join）和右外连接（Right Outer Join），简称为左连接（Left Join）、右连接（Right Join）。MYSQL 要实现完全连接（Full Join），可使用 LEFT JOIN UNION RIGHT JOIN 的方式。

1．左连接查询

左连接查询的结果包括左表（tableA）中的所有记录和右表（tableB）中连接字段值相

等的记录。如果左表的某行在右表中没有匹配行，则在相关联的结果行中，右表的所有选择列均为空值（NULL）。两个表的左连接查询语法格式如下。

```
SELECT select_expr
    FROM tableA LEFT JOIN tableB ON tableA.keyA = tableB.keyB;
```

2. 右连接查询

右连接是左连接的反向连接，查询结果包括右表（tableB）中的所有记录和左表（tableA）中连接字段值相等的记录。如果右表的某行在左表中没有匹配行，左表将返回空值（NULL）。两个表的右连接查询语法格式如下。

```
SELECT select_expr
    FROM tableA RIGHT JOIN tableB ON tableA.keyA=tableB.keyB;
```

【例 4-19】 通过外连接查询来查看哪些学院还没有教师。代码如下。

```
SELECT A.department_id,A.department_name,B.teacher_id
FROM department A LEFT JOIN teacher B ON A.department_id=B.department_id
WHERE B.teacher_id IS NULL;
```

查询结果如图 4-24 所示。

该例使用左连接查询结合空值条件实现，左表为 department，查询结果显示其所有记录，右表为 teacher。如果学院没有教师，则该学院的编号值不会出现在 teacher 表中，所以对应的 teacher_id 列返回 NULL，再使用过滤条件实现只显示 teacher_id 为 NULL 的行即可。

```
+---------------+-----------------+------------+
| department_id | department_name | teacher_id |
+---------------+-----------------+------------+
| 103           | 理学院          | NULL       |
| 104           | 电力学院        | NULL       |
| 190           | 西南联合大学    | NULL       |
| 301           | 化学工程学院    | NULL       |
| 302           | 机械工程学院    | NULL       |
+---------------+-----------------+------------+
```

图 4-24 【例 4-19】查询结果

☺ 思考：请读者把【例 4-19】改为用右连接查询实现。

4.4.3 联合查询

联合查询是将多个 SELECT 语句的查询结果合并到一起作为最后的查询结果。联合查询可查询同一个表，但是需求不同，如查询学生信息，男生按生日升序排列，女生按生日降序排列。也可多表查询，但多个表的结构要求一样。联合查询的基本语法格式如下。

```
SELECT statement_1
    UNION [option]
SELECT statement_2
    UNION [option]
SELECT statement_n;
```

其中 option 选项的取值可以是 ALL 或 DISTINCT，分别表示联合查询结果输出全部、去掉重复值之后再输出（默认值）。

【例 4-20】 查询学生信息，男生按生日升序、女生按生日降序显示。男、女各显示 3 个学生。代码如下。

```
(SELECT student_id,student_name,gender,birthday
FROM student WHERE gender='男' ORDER BY birthday LIMIT 3)
UNION
(SELECT student_id,student_name,gender,birthday
FROM student WHERE gender='女' ORDER BY birthday DESC LIMIT 3);
```

查询结果如图 4-25 所示。

该例使用两个 SELECT 语句分别处理男
生、女生的信息,由于两个查询都需要排序,
所以加了括号。最后再使用 UNION 子句组合
男生、女生的查询结果。

```
+------------+--------------+--------+------------+
| student_id | student_name | gender | birthday   |
+------------+--------------+--------+------------+
| 193520101106 | 叶笃正     | 男     | 1916-02-21 |
| 193310101102 | 吴征镒     | 男     | 1916-06-13 |
| 193820201111 | 刘东生     | 男     | 1917-11-22 |
| 201810201104 | 吴娜文     | 女     | 2000-06-10 |
| 201810101102 | 林慧       | 女     | 2000-01-15 |
| 201810101204 | 张丽泽     | 女     | 1999-12-10 |
+------------+--------------+--------+------------+
```

图 4-25　【例 4-20】查询结果

4.4.4　自然连接

自然连接(Natural Join)会自动找出两个表中名称和类型相同的字段作为连接条件进
行连接,所以无须指定连接条件。自然连接有普通自然连接、左自然连接和右自然连接,
可分别理解为简化版的内连接、左连接和右连接。

假设 tableA 和 tableB 的连接字段名称和类型相同,则两个表的自然连接语法格式如下。

```
SELECT select_expr
       FROM tableA NATURAL [INNER|{LEFT|RIGHT} [OUTER]] JOIN tableB;
```

在【例 4-16】中,department 表和 teacher 表的连接字段 department_id 在两个表中的名
称和类型都相同,所以该查询可通过普通自然连接实现。代码如下。

```
SELECT A.teacher_id,A.teacher_name,A.department_id AS t_dept_id,
       B.department_id AS dept_id,B.department_name
FROM teacher A NATURAL INNER JOIN department B
ORDER BY A.teacher_id;
```

同理,【例 4-19】可以通过左自然连接实现,代码如下。

```
SELECT A.department_id,A.department_name,B.teacher_id
FROM department A NATURAL LEFT JOIN teacher B
WHERE B.teacher_id IS NULL;
```

4.5　MySQL 系统函数

MySQL 内置了许多功能丰富的函数,即系统函数,使用这些函数可以大大提高数据库
管理及数据查询和操作的效率。系统函数是一组编译好的 SQL 语句,并且定义了一系列的
操作,用户可以直接使用。MySQL 系统函数包括聚合函数、数学函数、日期和时间函数、
字符串函数等。

4.5.1　聚合函数

使用 SELECT 语句不仅能从数据库服务器中查询数据,还可以对数据进行统计、汇总,
方便用户分析数据,总结规律、发现趋势或生成报表。例如销售经理需要统计每个月的产
品销售量,而不必关心每个销售单的情况。MySQL 聚合函数能对一组值执行计算并返回单

一的值，实现数据的汇总、统计操作，如统计数据表中的记录总数、计算某个字段值的总和等。MySQL 聚合函数包括 AVG()、COUNT()、MAX()、MIN()、SUM()。

聚合函数有以下特点：除 COUNT(*)外，COUNT()的其他用法和其他函数会忽略空值（NULL）；聚合函数经常与 GROUP BY 子句一同使用，GROUP BY 子句将结果集划分为组，聚合函数为每个组返回单个值。

1．AVG () 函数

AVG()函数返回集合的平均值。集合是指某个列（字段）的值的集合，如所有学生的成绩、某个班某门课的成绩等。计算平均值时，字段名称作为函数的参数。

【例 4-21】 求 choose 表中所有学生的平均成绩。代码如下。

```
SELECT AVG(score) avg_score FROM choose;
```

运行结果如图 4-26 所示。

avg_score
76.77358490566037

图 4-26 【例 4-21】运行结果

成绩字段 score 的所有值是一个集合，字段名称作为函数的参数，所以函数的计算结果为所有学生的平均成绩，结果列的别名为 avg_score。

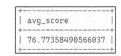

【例 4-22】 求 choose 表中学号为“201720201102”的学生的平均成绩。代码如下。

```
SELECT AVG(score) avg_score FROM choose WHERE student_id='201720201102';
```

运行结果如图 4-27 所示。

avg_score
68.84615384615384

图 4-27 【例 4-22】运行结果

该例用 WHERE 子句添加了过滤条件“student_id = '201720201102'”，即 choose 表中满足条件的所有记录为一个集合，所以 AVG()函数的计算结果为该学生的平均成绩。平均成绩显示位数较多，可用 ROUND()函数处理小数位数。

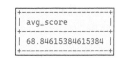

【例 4-23】 查询学号为“201720201102”的学生的所有课程的平均成绩，显示学号、姓名和平均成绩，平均成绩保留两位小数。代码如下。

```
SELECT A.student_id,A.student_name,ROUND(AVG(B.score),2) avg_score
FROM student A INNER JOIN choose B ON A.student_id=B.student_id
WHERE A.student_id='201720201102';
```

运行结果如图 4-28 所示。

student_id	student_name	avg_score
201720201102	宋东东	68.85

图 4-28 【例 4-23】运行结果

2．COUNT () 函数

COUNT()函数返回集合的记录数量，常见的使用方法有以下 3 种。

（1）COUNT(*)：返回集合的记录数量，包括空值和重复项。

（2）COUNT(column)：对指定字段中具有值的记录进行计数，忽略字段值为空值的记录。

（3）COUNT(DISTINCT column)：对指定字段中具有值的记录进行计数，忽略字段值为空值及字段值相同的记录。

【例 4-24】 统计教师人数。代码如下。

```
SELECT COUNT(*) cnt_teacher FROM teacher;
```

查询结果为"30"。

该例使用 COUNT(*)统计 teacher 表的记录数量，表的所有记录为一个集合，记录数量即为教师人数。上述代码等价于如下代码。

```
SELECT COUNT(teacher_id) cnt_teacher FROM teacher;
```

即统计教师编号字段（teacher_id）中值的个数，教师编号值的个数等于教师人数。

【例 4-25】 统计学院编号为"101"的教师人数。代码如下。

```
SELECT department_id,COUNT(*) cnt_teacher FROM teacher WHERE department_id='101';
```

运行结果如图 4-29 所示。

该例使用 WHERE 子句添加了过滤条件"department_id = '101'"。

```
+---------------+-------------+
| department_id | cnt_teacher |
+---------------+-------------+
| 101           |           5 |
+---------------+-------------+
```

图 4-29 【例 4-25】运行结果

3．MAX()、MIN()函数

MAX()函数返回集合中指定字段的最大值，MIN()函数返回集合中指定字段的最小值。

【例 4-26】 查询年龄最小的学生的生日。代码如下。

```
SELECT MAX(birthday) FROM student;
```

查询结果为"2000-06-10"。

该例使用 MAX()函数获得 birthday 字段的最大值，生日最大即年龄最小。

【例 4-27】 查询课程号为"1001"的课程的最低分。代码如下。

```
SELECT MIN(score) FROM choose WHERE course_id='1001';
```

查询结果为"54"。

该例使用 WHERE 子句限定课程，再用 MIN()函数获得该课程所有成绩的最小值。

4．SUM()函数

SUM()函数返回指定字段的所有值求和的结果。

【例 4-28】 统计学号为"201810101101"的学生的学分。代码如下。

```
SELECT A.student_id,SUM(B.credit) sum_credit
FROM choose A INNER JOIN course B ON A.course_id=B.course_id
WHERE A.student_id='201810101101' AND A.score>=60;
```

运行结果如图 4-30 所示。

按学分制要求，只有成绩（score）在 60 分以上的课程才能获得学分（credit）。该例中使用学号字段 student_id 和成绩字段 score 过滤数据，再使用内连接查询获得课程学分并求和。

```
+--------------+------------+
| student_id   | sum_credit |
+--------------+------------+
| 201810101101 |         15 |
+--------------+------------+
```

图 4-30 【例 4-28】运行结果

4.5.2 数学函数

数学函数主要对数值类型的数据进行处理，以实现比较复杂的数学计算。MySQL 的数学函数如表 4-1 所示。当有错误产生时，数学函数会返回空值 NULL。

表 4-1 MySQL 数学函数

函数	功能
PI()	返回圆周率 π 的值，函数没有参数
ABS(x)	返回 x 的绝对值
SIGN(x)	返回 x 的符号，x 的值为负数、0、正数时，返回结果分别为-1、0、1
MOD(n,m)	返回 n 除以 m 的余数。等价于表达式 n%m、n MOD m
SQRT(x)	返回 x 的平方根，要求 x 为非负数。如果 x 为负数，函数返回 NULL
POWER(x,y)	返回 x 的 y 次方，同 POW(x,y)
EXP(x)	返回自然常数 e 的 x 次方
RAND()	返回一个 [0,1)内的随机数
RAND(x)	返回一个 [0,1)内的随机数，x 为随机函数的种子，用来产生重复序列，即当 x 值相同时，产生的随机数也相同
ROUND(x)	对 x 值进行四舍五入，小数位数为 0，即不保留小数
ROUND(x, d)	对 x 值进行四舍五入，d 为保留的小数位数。如果 d 取 0，则等价于 ROUND(x)
TRUNCATE(x, d)	与 ROUND(x, d)功能类似，但不进行四舍五入，只进行截取
CEIL(x)	返回大于或等于 x 的最小整数，返回值转为 BIGINT 类型，同 CEILLING(x)
FLOOR(x)	返回小于或等于 x 的最大整数，返回值转为 BIGINT 类型
GREATEST(x1,x2,…)	返回集合中的最大值
LEAST(x1, x2, …)	返回集合中的最小值
RADIANS(x)	返回角度 x 对应的弧度
DEGREES(x)	返回弧度 x 对应的角度
LOG(x)	x 必须为正数，返回 x 的自然对数
LOG10(x)	x 必须为正数，返回 x 的以 10 为基数的对数
SIN(x)	正弦函数，x 为弧度值
ASIN(x)	反正弦函数 x 必须在-1 到 1 之间
COS(x)	余弦函数，x 为弧度值
ACOS(x)	反余弦函数，x 必须在-1 到 1 之间
TAN(x)	正切函数，x 为弧度值
ATAN(x)	反正切函数，ATAN(x)与 TAN(x)互为反函数
COT(x)	余切函数，x 为弧度值，函数 COT()和 TAN()互为倒函数
CRC32(expr)	计算参数的循环冗余值。如果参数为 NULL，则返回 NULL

数学函数的使用比较直观，这里介绍几个函数的用法。

1. 随机函数 RAND([N])

RAND()函数的返回值 value 为 0 到 1 之间的随机浮点数，0≤value<1。不带参数时，每次调用函数得到的都是随机浮点数。如果指定了随机数种子 N，则只要 N 值相同，无论调用多少次，得到的都是相同的随机浮点数。

（1）得到指定范围的随机整数，函数如下。

```
RAND()*(b-a)+a                    /* 得到[a,b]范围内的随机浮点数 */
FLOOR(RAND()*(b-a+1)+a)           /* 得到[a,b]范围内的随机整数 */
```

（2）在查询数据时得到随机顺序的记录，代码如下。

```
SELECT * FROM department ORDER BY RAND() LIMIT 5;
```

运行上面的代码，每次得到的结果均不相同。

2．CRC32(expr)函数

CRC 的全称是循环冗余校验（Cyclic Redundancy Check），CRC32 是 CRC 算法的一种，常用于校验数据的完整性。参数 expr 为要校验的字符串，CRC32(expr)返回字符串的循环冗余校验值，校验值为 32 位无符号整数，如果参数为 NULL，则返回 NULL。示例如下。

```
SELECT CRC32('Beautiful'),CRC32('China');
```

运行结果如图 4-31 所示。

```
+--------------------+-----------------+
| CRC32('Beautiful') | CRC32('China')  |
+--------------------+-----------------+
|         3894584071 |      2704207136 |
+--------------------+-----------------+
```

图 4-31　字符串的循环冗余校验值

4.5.3　日期和时间函数

日期和时间函数主要用来处理日期和时间值。日期函数的参数一般为 date 类型，也可以使用 datetime、timestamp 类型的参数，但这些值的时间部分将被忽略。类似地，以 time 类型值为参数的函数，可以接收 timestamp 类型的参数，但日期部分会被忽略。

1．获取当前日期和时间

函数 NOW()、CURRENT_TIMESTAMP()、CURRENT_TIMESTAMP、LOCALTIME()、LOCALTIME、LOCALTIMESTAMP()、LOCALTIMESTAMP 返回当前日期和时间，格式为'YYYY-MM-DD HH:MM:SS'。

2．获取当前日期

函数 CURDATE()、CURRENT_DATE()、CURRENT_DATE 返回当前日期，格式为'YYYY-MM-DD'或'YYYYMMDD'。

3．获取当前时间

函数 CURTIME()、CURRENT_TIME()、CURRENT_TIME 返回当前时间，格式为'HH:MM:SS'或'HHMMSS'。

4．获取月份、工作日的名称

MONTHNAME(date)函数返回参数 date 对应的月份的英文全名，如 January、November等。DAYNAME(date)函数返回参数 date 对应的星期几的英文名称，例如 Sunday、Monday等。如果 date 无效或为 NULL，则函数返回 NULL。

默认情况下，MySQL 返回由系统变量 lc_time_names 控制的语言中的月份、工作日的名称，使用如下的代码可以查看 lc_time_names 变量的当前值。

```
SELECT @@lc_time_names;
```

或者

```
SHOW VARIABLES LIKE 'lc_time_names';
```

lc_time_names 的默认值为“en_US”，所以返回的月份、工作日名称都为英文，修改该变量的值为“zh_CN”后，函数的返回值为中文名称。

```
SET @@lc_time_names='zh_CN';
SET @dt='2020-10-01';
SELECT MONTHNAME(@dt),DAYNAME(@dt);
```

运行结果如图 4-32 所示。

【例 4-29】 将 1998 年出生的学生按照星期一到星期日分组，统计每天出生的学生人数，代码如下。

```
SELECT DAYNAME(birthday) weekday,COUNT(*) numbers FROM student
WHERE YEAR(birthday)=1998
GROUP BY weekday ORDER BY numbers DESC;
```

运行结果如图 4-33 所示。

运行结果的第一列使用 DAYNAME(birthday)函数返回学生生日对应的星期几名称，表示该学生是星期几出生的，别名为 weekday。然后用 GROUP BY 子句按星期几名称对所有学生进行分组，即星期一出生的分为一组，星期二出生的分为一组，以此类推。最后用 COUNT()函数统计每组学生的人数。

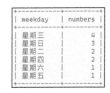

MONTHNAME(@dt)	DAYNAME(@dt)
十月	星期四

图 4-32 获取月份和星期名称

weekday	numbers
星期三	4
星期日	3
星期二	2
星期四	2
星期六	1
星期五	1

图 4-33 人数分布情况统计

5．周函数 WEEKOFYEAR ()

WEEKOFYEAR()函数以 1～53 的数字形式返回指定日期是一年中的第几周，等价于 WEEK(date,3)。

4.5.4 字符串函数

字符串函数主要用来处理字符串类型的数据。

1．ASCII (str)

该函数返回字符串 str 最左边第一个字符的 ASCII 值（十进制表示），如果 str 是空字符串，返回 0；如果 str 是 NULL，则返回 NULL。代码如下。

```
SELECT ASCII('China'),ASCII('MySQL'),ASCII(NULL);
```

运行结果如图 4-34 左图所示，第一个函数返回“China”最左边的字符——大写字母“C”的 ASCII 值 67，第二个函数返回字符“M”的 ASCII 值 77，第三个返回 NULL。

2．BIN (n)

该函数返回长整型整数 n 的二进制值，如果 n 为 NULL，则返回 NULL。代码如下。

```
SELECT BIN(67),BIN(NULL);
```

运行结果如图 4-34 右图所示，第一个函数返回 67 的二进制值——1000011，第二个函数返回 NULL。

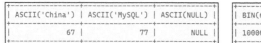 

图 4-34　ASCII()函数和 BIN()函数的使用

3．HEX(n)、HEX(str)

第一种格式返回长整型整数 n 的十六进制值，第二种格式返回字符串 str 中每个字符的十六进制编码的字符串表示，如果参数为 NULL，则返回 NULL。代码如下。

```
SELECT HEX(255),HEX('祖'),HEX('国');
```

运行结果如图 4-35 左图所示，第一个函数返回 255 的十六进制值——FF，第二个、第三个分别返回"祖""国"的 UTF-8 编码值的字符串表示——"E7A596"　"E59BBD"，如果是 GBK，则返回"D7E6""B9FA"。

4．CHAR(n, ⋯ [USING charset])

该函数将每个参数 n 理解为一个整数，返回每个 n 值对应的字符构成的字符串，返回的字符可以使用 USING 指定编码集。如果参数为 NULL，则被省略。代码如下。

```
SELECT CHAR(77,121,83,81.3,'76' USING Latin1) result_1,
       CHAR(0xD7E6 USING gbk) result_2,
       CHAR(0xE59BBD USING utf8) result_3;
```

运行结果如图 4-35 右图所示，第一个函数返回多个字符构成的字符串"MySQL"，第二个函数返回 GBK 编码值为"D7E6"的字符，为汉字"祖"，第三个函数返回 UTF-8 编码值为"E59BBD"的字符，为汉字"国"。

```
+----------+----------+----------+        +----------+----------+----------+
| HEX(255) | HEX('祖') | HEX('国') |        | result_1 | result_2 | result_3 |
+----------+----------+----------+        +----------+----------+----------+
| FF       | E7A596   | E59BBD   |        | MySQL    | 祖       | 国       |
+----------+----------+----------+        +----------+----------+----------+
```

图 4-35　HEX()函数和 CHAR()函数的使用

5．CHAR_LENGTH(str)、CHARACTER_LENGTH(str)

该函数返回字符串的字符个数，以字符为单位。英文字符为单字节字符，汉字为双字节字符（GBK）或三字节字符（UTF-8），Emoji 符号为四字节字符（utf8mb4），这些字符都算一个字符。

下面代码的运行结果如图 4-36 所示。

```
SELECT CHAR_LENGTH('MySQL'),CHARACTER_LENGTH('祖国');
```

```
+---------------------+--------------------------+
| CHAR_LENGTH('MySQL') | CHARACTER_LENGTH('祖国') |
+---------------------+--------------------------+
|                   5 |                        2 |
+---------------------+--------------------------+
```

图 4-36　获取以字符为单位的字符串长度

6. LENGTH(str)

该函数返回字符串 str 的长度，以字节为单位。

下面的代码运行结果如图 4-37 所示。

```
SELECT LENGTH('MySQL'),LENGTH('祖国');
```

可以看出，英文字符为单字节字符，所以 5 个字母以字节为单位，长度为 5；而汉字为三字节字符（UTF-8），所以两个汉字以字节为单位，长度为 6。

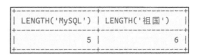

图 4-37　获取以字节为单位的字符串长度

7. CONCAT(str1, str2, …)

该函数把一个或多个字符串连接为一个新的字符串，并作为函数值返回，如果有一个参数为 NULL，则返回 NULL。

下面的代码运行结果如图 4-38 所示。

图 4-38　字符串连接

```
SELECT CONCAT('"一带一路"','是','伟大构想！') result_concat;
```

可以看出，concat()函数把 3 个字符串连接成了一个字符串。

8. CONCAT_WS(separator, str1, str2, …)

该函数把一个或多个字符串以指定的分隔符连接为一个新的字符串，并作为函数值返回，如果有参数为 NULL，则忽略该参数；如果分隔符为 NULL，则返回 NULL。

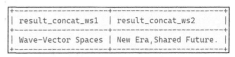

图 4-39　指定分隔符的字符串连接

下面代码的运行结果如图 4-39 所示。

```
SELECT CONCAT_WS('-','Wave','Vector Spaces') result_concat_ws1,
CONCAT_WS(',','New Era','Shared Future.') result_concat_ws2;
```

可以看出，第一个函数用"-"连接两个字符串，而第二个函数用","连接两个字符串。

9. GROUP_CONCAT(expr)

该函数将 SELECT 语句查询结果中属于同一分组的值进行连接，然后按分组返回结果字符串。默认的分组连接符是逗号","，也可以指定分隔符。

【例 4-30】　统计某同学已选修的课程，课程名用","分隔。代码如下。

```
SELECT A.student_id,B.student_name,GROUP_CONCAT(C.course_name)
FROM (choose A INNER JOIN student B ON A.student_id=B.student_id)
INNER JOIN course C ON A.course_id=C.course_id
WHERE A.student_id='201810101104'
GROUP BY A.student_id;
```

运行结果如图 4-40 所示。

student_id	student_name	GROUP_CONCAT(C.course_name)
201810101104	王飞松	高等数学(一),计算机基础,数据库应用

图 4-40　分组字符串连接

该例运行结果为学号为"201810101104"的学生选修的课程，课程名 course_name 作为函数 GROUP_CONCAT()的参数，使用学号 student_id 分组，所以返回结果为该同学选修的课程名，多门课程用","连接。

10．SPACE(n)

该函数返回由 n 个空格组成的字符串。示例如下。

```
SELECT CONCAT('Empty string',SPACE(1),'is\'t',SPACE(1),'NULL');
```

运行结果为：Empty string is't NULL。

11．LEFT(str, len)、RIGHT(str, len)

LEFT(str,len)函数返回字符串 str 左边 len 个字符组成的字符串，RIGHT(str,len)函数返回字符串 str 右边 len 个字符组成的字符串。

下面代码的运行结果如图 4-41 所示。

```
| LEFT(@str_en,14) | RIGHT(@str_cn,5) |
| core socialist   | 核心价值观        |
```

图 4-41　从字符串的左边或右边取子串

```
SET @str_en='core socialistvalue';
SET @str_cn='社会主义核心价值观';
SELECT LEFT(@str_en,14),RIGHT(@str_cn,5);
```

从结果可以看出，LEFT()函数返回字符串左边的 14 个字符，RIGHT()函数返回字符串右边的 5 个字符。

12．SUBSTR(str, pos, len)、SUBSTRING(str, pos, len)、MID(str, pos, len)

从字符串 str 中取子串，pos 指定子串字符的起始位置，len 为子串字符长度。pos 为正数，则起始位置从 str 的左边算起；pos 为负数，则从右边算起；省略 len，则从字符串的起始位置截取到最后。

下面代码的运行结果如图 4-42 所示。

```
SET @str='core socialist value';
SELECT SUBSTR(@str,1,4),SUBSTRING(@str,6,9),MID(@str,-5,5);
```

```
| SUBSTR(@str,1,4) | SUBSTRING(@str,6,9) | MID(@str,-5,5) |
| core             | socialist           | value          |
```

图 4-42　从字符串的指定位置取子串

13．LOWER(str)、LCASE(str)、UPPER(str)、UCASE(str)

LOWER(str)、LCASE(str)函数将字符串 str 中的大写字母转换为小写，而 UPPER(str)、UCASE(str)函数将字符串 str 中的小写字母转换为大写，str 中的非字母字符保持不变。

下面代码的运行结果如图 4-43 所示。

```
set @str='the 21st-Century Maritime Silk Road';
set @str2='the Belt and Road';
SELECT LOWER(@str),UPPER(@str2);
```

```
| LOWER(@str)                         | UPPER(@str2)        |
| the 21st-century maritime silk road | THE BELT AND ROAD   |
```

图 4-43　大小写转换

14. LTRIM(str)、RTRIM(str)

LTRIM(str)函数用于删除字符串 str 左端的空格，而 RTRIM(str)函数用于删除字符串 str 右端的空格。例如，下面的代码运行后，两函数的返回结果均为"MySQL"。

```
SELECT LTRIM(' MySQL'), RTRIM('MySQL ');
```

15. TRIM([{BOTH|LEADING|TRAILING} [remstr] FROM] str)

从字符串 str 中删除左端（LEADING）、右端（TRAILING）或两端（BOTH）指定的字符串，如果不指定删除的字符串，则删除 str 两端的空格。

（1）删除" MySQL "前后的空格，代码如下，运行结果为"MySQL"。

```
SELECT TRIM(' MySQL ');
```

（2）删除"xxxMySQLxxx"左端的"x"，代码如下，运行结果为"MySQLxxx"。

```
SELECT TRIM(LEADING 'x' FROM 'xxxMySQLxxx');
```

（3）删除"MySQLxxyz"右端的"xyz"，代码如下，运行结果为"MySQLx"。

```
SELECT TRIM(TRAILING 'xyz' FROM 'MySQLxxyz');
```

（4）删除"xxxMySQLxxx"两端的"x"，代码如下，运行结果为"MySQL"。

```
SELECT TRIM(BOTH 'x' FROM 'xxxMySQLxxx');
```

16. POSITION(substr IN str)

该函数返回子串 substr 在字符串 str 中第一次出现的位置，不区分大小写。如果在 str 中找不到 substr，则函数返回 0。LOCATE()函数与该函数功能相同，具体内容读者可参考函数手册。

```
| student_id    | student_name |
| 201710201102  | 龚娜          |
| 201810201104  | 吴娜文        |
```

下面的代码可查询姓名中含有"娜"字的学生信息，运行结果如图 4-44 所示。

图 4-44　运行结果

```
SELECT student_id,student_name FROM student
WHERE POSITION('娜' IN student_name)>=1;
```

17. STRCMP(expr1, expr2)

STRCMP()函数用于比较两个字符串，比较结果与当前使用的字符序有关，如果两个字符串相等则返回 0，如果第一个参数大于第二个参数，则返回1，否则返回−1。

```
| result_1 |  | result_2 |  | result_3 |
|    0     |  |    1     |  |   -1     |
```

当前字符序为 utf8mb4_unicode_ci，不区分大小写，下面的代码运行后，结果如图 4-45 所示。

图 4-45　字符串比较结果

```
SELECT STRCMP('MySQL','mysql') result_1;
SELECT STRCMP('MySQL 8.0','mysql') result_2;
SELECT STRCMP('MySQL','mysql 8.0') result_3;
```

4.6 分组查询

在 SELECT 语句中，可以根据指定的列或表达式对数据进行分组，将指定列或表达式的值相等的记录分为一组,然后再对每个组做相关的统计工作。对数据分组使用 GROUP BY 子句。例如，按学院统计选课表 choose 中学生的平均分就需要使用分组功能。分组查询的语法格式如下。

```
SELECT select_expr FROM table_name
    GROUP BY col_name|expr HAVING conditions;
```

相关说明如下。

（1）col_name 或 expr 为分组的列名称或表达式，HAVING conditions 用于过滤分组数据。

（2）使用多列进行分组时，先按第 1 列分组，在第 1 列值相同的记录中，再根据第 2 列的值进行分组，以此类推。

（3）GROUP BY 子句通常与 AVG()、COUNT()、MAX()、MIN()、SUM()聚合函数一起使用。

【例 4-31】 按学院汇总教师人数，显示学院编号、名称和教师人数。代码如下。

```
SELECT A.department_id,A.department_name,COUNT(B.teacher_id) cnt_teacher
FROM department A INNER JOIN teacher B ON A.department_id=B.department_id
GROUP BY A.department_id;
```

运行结果如图 4-46 所示。

该例使用内连接查询，从 department 表和 teacher 表获得学院编号、名称和教师编号，再把教师按学院编号 department_id 进行分组，即将学院编号相同的教师分为一组，然后使用聚合函数 COUNT()统计每组的 teacher_id 个数，teacher_id 个数即为教师人数，列名称为 cnt_teacher。

☺ 思考：尝试把该例中的内连接查询改为左连接查询，并分析结果。

【例 4-32】 按学院汇总教师人数，只显示人数在 8 人及以上的学院信息。代码如下。

```
SELECT A.department_id,A.department_name,COUNT(B.teacher_id) cnt_teacher
FROM department A INNER JOIN teacher B ON A.department_id=B.department_id
GROUP BY A.department_id HAVING cnt_teacher>=8;
```

运行结果如图 4-47 所示。

该例对每个组的统计结果使用 HAVING 添加了限制条件，只有当 cnt_teacher>＝8 时，学院才会包含在运行结果中。

```
+---------------+-----------------+-------------+
| department_id | department_name | cnt_teacher |
+---------------+-----------------+-------------+
| 101           | 信息学院         |           5 |
| 102           | 基础部           |           9 |
| 201           | 艺术传媒学院      |           8 |
| 202           | 管理经济学院      |           8 |
+---------------+-----------------+-------------+
```

图 4-46 【例 4-31】运行结果

```
+---------------+-----------------+-------------+
| department_id | department_name | cnt_teacher |
+---------------+-----------------+-------------+
| 102           | 基础部           |           9 |
| 201           | 艺术传媒学院      |           8 |
| 202           | 管理经济学院      |           8 |
+---------------+-----------------+-------------+
```

图 4-47 【例 4-32】运行结果

【例 4-33】　按学院和班级汇总学生人数，显示学院名称、班级名称、年级和学生人数。代码如下。

```
SELECT A.department_name,B.class_name,B.year,COUNT(C.student_id) cnt_student
FROM department A INNER JOIN classes B ON A.department_id=B.department_id
INNER JOIN student C ON B.class_id=C.class_id
GROUP BY A.department_name,B.class_name,B.year;
```

运行结果如图 4-48 所示。

该例使用内连接查询，从 department、classes、student 3 个表中获得学院名称、班级名称、年级和学生学号，然后把学生先按学院名称 department_name 分组，学院名称相同的再按班级名称 class_name 分组，班级名称相同的，按年级分组，即将同一学院、同一班级、同一年级的学生分为一组。最后使用聚合函数 COUNT()统计每组的 student_id 个数，student_id 个数即为学生人数，列名称为 cnt_student。

【例 4-34】　统计 2017 级学生成绩的最低分，只显示成绩低于 60 分的学生的学号、姓名和成绩。代码如下。

```
SELECT A.student_id,A.student_name,MIN(B.score) min_score
FROM student A INNER JOIN choose B ON A.student_id=B.student_id
WHERE LEFT(A.student_id,4)='2017'
GROUP BY A.student_id HAVING min_score<60;
```

运行结果如图 4-49 所示。

department_name	class_name	year	cnt_student
信息学院	软件工程1班	2018	5
信息学院	软件工程2班	2018	5
基础部	数学	2017	5
基础部	数学	2018	5
管理经济学院	会计学	2017	5
管理经济学院	会计学	2018	5
艺术传媒学院	广告学	2017	5
艺术传媒学院	广告学	2018	6
西南联合大学	西南联合大学班	1937	8

图 4-48　【例 4-33】运行结果

student_id	student_name	min_score
201710201105	何声明	43
201720101101	朱小香	48
201720101102	史泽凯	55
201720101103	张英楠	55
201720101104	王念烟	55
201720101105	赵心远	55
201720201102	宋东东	43
201720201104	范怡雷	43
201720201105	马初瑶	32

图 4-49　【例 4-34】运行结果

该例使用 WHERE 子句过滤 2017 级的学生，查询结果按学号 student_id 分组，再使用 MIN()函数获得每个组成绩列 score 的最小值，HAVING 子句限制只显示低于 60 分的学生。

【例 4-35】　统计 2017 级学生的学分，显示学号、姓名和总学分。代码如下。

```
SELECT A.student_id,A.student_name,SUM(C.credit) sum_credit
FROM student A INNER JOIN choose B ON A.student_id=B.student_id
INNER JOIN course C ON B.course_id=C.course_id
WHERE LEFT(A.student_id,4)='2017' AND B.score>=60
GROUP BY A.student_id;
```

分组查询

运行结果如图 4-50 所示。

该例涉及学分字段 credit 的求和及年级和课程成绩 score 的条件判断，结果还要包含姓名 student_name，所以需要使用内连接查询。查询结果先按学号分组，再对每个组课程成绩在 60 分及以上的课程学分字段进行求和。

student_id	student_name	sum_credit
201710201101	胡鹏	41
201710201102	龚娜	41
201710201103	万青辰	41
201710201104	冯瑶瑶	41
201710201105	何声明	33
201720101101	朱小香	26
201720101102	史泽凯	33
201720101103	张英楠	31
201720101104	王念烟	31
201720101105	赵心远	31
201720201101	臧庆生	47
201720201102	宋东东	38
201720201103	彭胡亮	47
201720201104	范怡雷	34
201720201105	马初瑶	43

图 4-50　【例 4-35】运行结果

4.7　查询结果排序

默认情况下，SELECT 语句的查询结果按记录在数据表中的顺序来显示，如果希望查询结果按指定的一列或多列进行排序，应使用 ORDER BY 子句。查询结果排序的语法格式如下。

```
SELECT select_expr FROM table_name
    ORDER BY col_name|expr [ASC|DESC];
```

相关说明如下。

（1）col_name 或 expr 为排序关键字，可以是列名称或表达式，ASC 表示升序排列，可省略；DESC 表示降序排列。默认为升序排列。

（2）多列排序时，先按第 1 列的值排序，若第 1 列的值相同，则按第 2 列的值排序；如果第 1 列的所有值都是唯一的，将不再对第 2 列进行排序。

△注意：ORDER BY 子句只改变查询结果记录显示的顺序，不会改变查询结果，所以 ORDER BY 子句应出现在影响查询结果的子句之后。

【例 4-36】 查询指定教师的所有教学任务，并按学期升序排列。代码如下。

```
SELECT A.teacher_id,A.teacher_name,B.term,B.course_name
FROM teacher A INNER JOIN course B ON A.teacher_id=B.teacher_id
WHERE A.teacher_id='10101'    /* 潘多拉 */
ORDER BY B.term;
```

运行结果如图 4-51 所示。

该例使用内连接查询从 teacher 表获得教师编号、姓名。从 course 表获得开课学期、课程名称，使用 WHERE 子句指定教师为"潘

teacher_id	teacher_name	term	course_name
10101	潘多拉	第1学期	计算机基础
10101	潘多拉	第1学期	数据库应用

图 4-51 【例 4-36】运行结果

多拉"，查询结果使用 ORDER BY 子句进行排序，排序列为学期 term，默认为升序排列。

【例 4-37】 查询指定学生的所有课程成绩。代码如下。

```
SELECT A.student_id,A.student_name,B.course_name,B.term, C.score
FROM student A INNER JOIN choose C ON A.student_id = C.student_id
INNER JOIN course B ON C.course_id=B.course_id
WHERE A.student_id='201720201103'    /* 彭胡亮 */
ORDER BY B.term,C.score DESC;
```

运行结果如图 4-52 所示。

student_id	student_name	course_name	term	score
201720201103	彭胡亮	视频制作	第1学期	95
201720201103	彭胡亮	艺术概论	第1学期	69
201720201103	彭胡亮	审计学	第2学期	95
201720201103	彭胡亮	资产评估	第2学期	90
201720201103	彭胡亮	高等数学(二)	第2学期	87
201720201103	彭胡亮	数理统计	第2学期	69
201720201103	彭胡亮	大学英语(二)	第2学期	63
201720201103	彭胡亮	中级财务会计	第3学期	95
201720201103	彭胡亮	成本会计	第3学期	90
201720201103	彭胡亮	Web开发	第3学期	88
201720201103	彭胡亮	大学英语(三)	第3学期	69
201720201103	彭胡亮	财务管理学	第3学期	69

图 4-52 【例 4-37】运行结果

该例使用内连接查询，从 student 表获得学号、姓名，从 course 表获得课程名称、开课学期，从 choose 表获得成绩。使用 WHERE 子句指定学生为"彭胡亮"，查询结果使

用 ORDER BY 子句进行排序，先按学期 term 升序排列，学期相同的再按成绩 score 降序排列。

【例 4-38】 查询指定班级的所有同学信息，并按学号升序排列。代码如下。

```sql
SELECT A.student_id,A.student_name,A.gender,B.class_name,B.year,C.department_name
FROM student A INNER JOIN classes B ON A.class_id=B.class_id
INNER JOIN department C ON B.department_id=C.department_id
WHERE B.class_id='1'          /* 软件工程 1 班 */
ORDER BY A.student_id;
```

运行结果如图 4-53 所示。

```
+--------------+--------------+--------+----------+------+-----------------+
| student_id   | student_name | gender | class_name | year | department_name |
+--------------+--------------+--------+----------+------+-----------------+
| 201810101101 | 刘晓东       | 男     | 软件工程1班 | 2018 | 信息学院        |
| 201810101102 | 林慧         | 女     | 软件工程1班 | 2018 | 信息学院        |
| 201810101103 | 李健康       | 男     | 软件工程1班 | 2018 | 信息学院        |
| 201810101104 | 王飞松       | 男     | 软件工程1班 | 2018 | 信息学院        |
| 201810101105 | 潘红蝶       | 女     | 软件工程1班 | 2018 | 信息学院        |
+--------------+--------------+--------+----------+------+-----------------+
```

图 4-53　【例 4-38】运行结果

该例使用内连接查询，从 student 表获得学号、姓名、性别，从 course 表获得班级名称、年级，从 department 表获得学院名称。使用 WHERE 子句指定班级为"软件工程 1 班"，查询结果使用 ORDER BY 子句按学号 student_id 升序排列。

4.8　限制查询结果的记录数量

LIMIT 子句用来限制查询结果的记录数量，可设置 1 个或 2 个参数。其语法格式如下。

```
LIMIT [offset,]row_count|row_count OFFSET offset
```

相关说明如下。

（1）offset 参数是位置偏移量，为可选参数，第 1 条记录的 offset 为 0，第 2 条记录的为 1，以此类推。如果没有指定该参数，默认从 0 开始。

（2）row_count 参数为要返回的记录数量。

在指定 offset、row_count 参数时，有两种不同的格式。在第一种格式中，如果省略 offset，相当于返回从第 1 条记录开始到指定数量的记录，如 LIMIT 5 等价于 LIMIT 0,5。第二种格式中两个参数都不能省略，如 LIMIT 5 OFFSET 0，第 2 个参数值 0 不能省略。

LIMIT 子句示意图如图 4-54 所示。

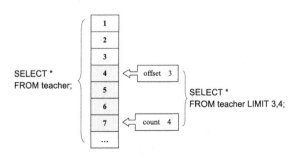

图 4-54　LIMIT 子句示意图

【例 4-39】 查询 2017 级每个学生的平均成绩，显示学号、姓名和平均成绩，平均成绩保留 2 位小数，按平均成绩降序显示前 5 名。代码如下。

```
SELECT A.student_id,A.student_name,ROUND(AVG(B.score),2) avg_score
FROM student A INNER JOIN choose B ON A.student_id=B.student_id
WHERE LEFT(A.student_id,4)='2017'
GROUP BY A.student_id
ORDER BY avg_score DESC
LIMIT 5;
```

运行结果如图 4-55 所示。

该例使用 student 表和 choose 表的内连接查询得到每个学生的学号、姓名和成绩，使用 WHERE 子句添加过滤条件——限制为 2017 级的学生，使用 GROUP BY 子句按学号进行分组，学号相同的学生分为一个组，对应的成绩列 score 为一个集合。所以 AVG()函数计算的是每个组的平均成绩。最后使用 ORDER BY 子句让成绩降序排列，再用 LIMIT 子句获得平均成绩最高的 5 名学生的信息。

【例 4-40】 查询学号为"201720201103"的学生成绩最好的 5 门课程的信息，显示学号、姓名、课程名称、开课学期和成绩 5 个字段。代码如下。

```
SELECT A.student_id,A.student_name,C.course_name,C.term,B.score
FROM student A INNER JOIN choose B ON A.student_id=B.student_id
INNER JOIN course C ON B.course_id=C.course_id
WHERE A.student_id='201720201103'
ORDER BY B.score DESC
LIMIT 5;
```

运行结果如图 4-56 所示。

该例使用内连接查询获得学号、姓名、课程名称、开课学期和成绩 5 个字段，使用 WHERE 子句添加过滤条件来查询指定学生，查询结果按成绩降序排列，最后使用 LIMIT 子句限制结果为最前面的 5 条记录，即成绩最好的 5 门课程。

```
+--------------+--------------+-----------+
| student_id   | student_name | avg_score |
+--------------+--------------+-----------+
| 201710201102 | 龚娜         |     89.40 |
| 201720101105 | 赵心远       |     87.36 |
| 201720101104 | 冯瑶瑶       |     85.80 |
| 201710201103 | 万青辰       |     81.90 |
| 201720201103 | 彭胡亮       |     81.58 |
+--------------+--------------+-----------+
```

图 4-55 【例 4-39】运行结果

```
+--------------+--------------+-------------+----------+-------+
| student_id   | student_name | course_name | term     | score |
+--------------+--------------+-------------+----------+-------+
| 201720201103 | 彭胡亮       | 视频制作    | 第1学期  |    95 |
| 201720201103 | 彭胡亮       | 审计学      | 第2学期  |    95 |
| 201720201103 | 彭胡亮       | 中级财务会计| 第3学期  |    95 |
| 201720201103 | 彭胡亮       | 资产评估    | 第2学期  |    90 |
| 201720201103 | 彭胡亮       | 成本会计    | 第3学期  |    90 |
+--------------+--------------+-------------+----------+-------+
```

图 4-56 【例 4-40】运行结果

当查询结果记录数量较多时，使用 LIMIT 子句可实现简单的分页查询，即以分页的方式依次显示查询结果。例如，从 choose 表查询 100 条记录，每次（页）显示 10 条，共显示 10 页，代码如下。

```
SELECT * FROM choose LIMIT 0,10;
SELECT * FROM choose LIMIT 10,10;
...
SELECT * FROM choose LIMIT 90,10;
```

查询结果分页

这种分页查询方式的效率会随 offset 值的增加而降低。offset 值越大，查询效率就越低，原因是 MySQL 需要扫描全部 offset+row_count 条记录。使用子查询，可实现分页查询功能的优化。

4.9 子查询

子查询（Subquery）是出现在其他语句中的 SELECT 语句，也称为内查询或嵌套查询。其外部的查询语句称为主查询或外查询。子查询可以嵌套在外查询的多个位置。

按返回结果集的不同，子查询分为以下 4 种。

（1）标量子查询：返回的结果为单行单列数据，即单一值。

（2）列子查询：返回的结果集为多行单列数据。

（3）行子查询：返回的结果集为单行多列数据。

（4）表子查询：返回的结果集为多行多列数据。

从定义看，每个标量子查询也是一个行子查询和一个列子查询，反之不成立；每个行子查询和列子查询也是一个表子查询，反之则不成立。

4.9.1 使用标量子查询

标量子查询的返回值为单行单列数据，即单一值。能够使用常数或者列名的地方，无论是 SELECT、FROM、WHERE、GROUP BY、HAVING 后，还是 ORDER BY 后，都可以使用标量子查询。

在 WHERE 子句中使用标量子查询，就是在外查询的 WHERE 子句中用标量子查询的返回值构造查询条件。语法格式如下。

```
SELECT select_expr FROM table_ref
WHERE non_subquery_operand comparison_operator (subquery);
```

相关说明如下。

（1）non_subquery_operand：非子查询操作数，可以是一个列名称、表达式或常量。

（2）comparison_operator：比较运算符，可以是 =、>、<、>=、<=、<>、!=、<=>之一。

子查询

【例 4-41】 查询和潘多拉老师在同一学院的老师的信息。代码如下。

```
SELECT teacher_id,teacher_name FROM teacher
WHERE department_id=
    (SELECT department_id FROM teacher WHERE teacher_name='潘多拉');
```

查询结果如图 4-57 所示。

该例的子查询从教师表 teacher 中获得潘多拉老师所在学院的编号。外查询中其他老师所在学院的编号如果与子查询的结果相等，则说明对应老师和潘多拉老师在同一学院。潘多拉老师的学院编号只有一个，所以查询中使用 "=" 运算符。

```
+------------+--------------+
| teacher_id | teacher_name |
+------------+--------------+
| 10101      | 潘多拉        |
| 10102      | 吉米          |
| 10103      | 郝本          |
| 10104      | 李廉洁        |
| 10105      | 江泽涵        |
+------------+--------------+
```

图 4-57 【例 4-41】查询结果

潘多拉老师所在学院的编号为 101，所以也可以用如下比较直观的查询条件。

```
WHERE department_id='101'
```

试想一下，如果潘多拉老师调到了其他学院，那么学院编号就不是 101 了，直观查询的结果也不再正确。所以用直观的查询条件不利于后期维护数据，而子查询则能解决此问题。

4.9.2　使用 IN、ANY/SOME、ALL 的子查询

如果子查询是列子查询，则其返回的结果集为多行单列数据。

使用 IN 运算符的子查询的语法格式如下。

```
SELECT select_expr FROM table_ref WHERE operand IN (subquery);
```

使用 ANY/SOME 运算符的子查询的语法格式如下。

```
SELECT select_expr FROM table_ref
WHERE operand comparison_operator ANY|SOME (subquery);
```

使用 ALL 运算符的子查询的语法格式如下。

```
SELECT select_expr FROM table_ref
WHERE operand comparison_operator ALL (subquery);
```

相关说明如下。

（1）operand：操作数，可以是列名称、表达式或常量。

（2）comparison_operator：比较运算符，可以是 =、>、<、>=、<=、<>、!= 之一。

（3）使用 IN 运算符时，只要 operand 与子查询结果中的任何一个值相等，外查询条件就为 TRUE；如果 operand 与子查询结果中的所有值都不相等，则外查询条件为 FALSE。

（4）使用 ANY 运算符时，operand 使用指定的比较运算符与子查询结果中的值进行比较，只要与其中一个值比较的结果为 TRUE，外查询条件就为 TRUE；如果与结果中的所有值比较都为 FALSE，则外查询条件为 FALSE。SOME 与 ANY 同义。

（5）使用 ALL 运算符时，operand 使用指定的比较运算符与子查询结果中的值进行比较，只有与其中所有值比较的结果都为 TRUE，外查询条件才为 TRUE；如果与结果中的任何一个值比较都为 FALSE，外查询条件就为 FALSE。

【例 4-42】　查询至少有一门课程的成绩为 95 分的学生信息。代码如下。

```
SELECT student_id,student_name FROM student
WHERE student_id IN (SELECT DISTINCT student_id FROM choose WHERE score=95);
```

查询结果如图 4-58 所示。

本例先使用子查询从 choose 表中获得成绩为 95 分的学生的学号，如果有学生几门课程的成绩都是 95 分，则用 DISTINCT 去掉重复的学号。外查询结果为学号和姓名，子查询的查询结果作为外查询的条件，成绩为 95 分的学号可能有多个，所以这里使用 IN 运算符。如果外查询的学号与子查询的学号中的任何一个值相等，则对应学生包含在查询结果中。

⚠ 提示：本例也可以使用内连接查询实现，请读者尝试。

【例 4-43】　查询所有课程的成绩都在 85 分及以上的学生信息。代码如下。

```
SELECT student_id,student_name FROM student
WHERE student_id NOT IN (SELECT DISTINCT student_id FROM choose WHERE score<85)
AND student_id IN (SELECT DISTINCT student_id FROM choose);
```

查询结果如图 4-59 所示。

本例的难点是不容易获得所有成绩都在 85 分及以上的学生学号，因为每个学生的课程数量不一样，成绩个数也就不一样。但可以换位思考：所有成绩都在 85 分及以上，也就是没有一门成绩在 85 分以下。所以，只要有一门课的成绩在 85 分以下，就不满足条件。

本例用第 1 个子查询获得存在某门课程成绩在 85 分以下的学生的学号，在外查询中使用 NOT IN 进行判断，这些学号会被排除。此外，外查询的学号来自学生表 student，如果学生没有成绩，则其学号不会出现在 choose 表中，而这些学生也满足外查询的条件，所以会包含在查询结果中。所以还需要进一步限制外查询的学号出现在 choose 表中，即添加第 2 个子查询，说明该生有成绩。

student_id	student_name
193910101101	汪曾祺
194110201103	邓稼先
194220101105	黄昆
201720101105	赵心远
201720201103	彭胡亮
201820101105	刘智

图 4-58 【例 4-42】查询结果

student_id	student_name
193520101106	叶笃正
193820201111	刘东生
193820201116	王希季
194110201103	邓稼先
201710201102	龚娜

图 4-59 【例 4-43】查询结果

【例 4-44】 查询有成绩大于或等于学号为"201710201102"的学生的所有成绩的学生信息。代码如下。

```
SELECT DISTINCT A.student_id,A.student_name
FROM student A INNER JOIN choose B ON A.student_id=B.student_id
WHERE B.score>=ALL(SELECT score FROM choose WHERE student_id='201710201102');
```

查询结果如图 4-60 所示。

本例的难点是学号为"201710201102"的学生（龚娜）有多门课程，且每门课程的成绩不一定相同。其他学生与龚娜一样有多门课程、多个成绩。其他学生的成绩怎么与龚娜的成绩做比较呢？本例中，只要其他学生有一门成绩大于或等于龚娜的所有成绩，就算满足条件。

用子查询返回龚娜的所有成绩，再用其他学生的成绩与子查询的所有成绩做比较。所以不仅要使用大于或等于（>=）运算符，还要使用 ALL 运算符。此外，如果其他学生有不止一门课的成绩大于或等于龚娜的所有成绩，则查询结果的学号会出现重复值，所以外查询中要使用 DISTINCT 去掉重复的学号值。

student_id	student_name
193310101102	吴征镒
193820201111	刘东生
193820201116	王希季
193910101101	汪曾祺
194110201103	邓稼先
194210201104	朱光亚
194220101105	黄昆
201710201102	龚娜
201720101105	赵心远
201720201103	彭胡亮
201810101203	李恬美
201820101105	刘智

图 4-60 【例 4-44】查询结果

本例也可以简化理解：要大于或等于龚娜的所有成绩，只需要大于或等于龚娜的最高成绩即可。在子查询中使用聚合函数 MAX() 获得龚娜的最高成绩，再用外查询的成绩与子查询结果做比较，条件成立则该学生包含在查询结果中，相当于简化为标量子查询。代码如下。

```
SELECT DISTINCT A.student_id,A.student_name
FROM student A INNER JOIN choose B ON A.student_id=B.student_id
WHERE B.score>=
    (SELECT MAX(score) FROM choose WHERE student_id='201710201102');
```

4.9.3 使用 EXISTS 的子查询

使用 EXISTS 的子查询只判断子查询是否有结果返回。执行时，首先执行一次外查询，并缓存结果集，接着遍历外查询结果集的每一条记录，并将其代入子查询中作为条件进行查询。如果子查询有返回结果，则 EXISTS 结果为 TRUE，这一条记录可作为外部查询的结果行，否则不能作为结果行。

使用 EXISTS 的子查询的语法格式如下。

```
SELECT select_expr FROM table_ref WHERE [EXISTS|NOT EXISTS] (subquery);
```

【例 4-45】 查询还没有教师的学院信息。代码如下。

```
SELECT * FROM department A WHERE NOT EXISTS
  (SELECT department_id FROM teacher WHERE department_id=A.department_id);
```

查询结果如图 4-61 所示。

该例的外查询从 department 表获得学院信息，并将 department_id 值传入内查询，与内查询 teacher 表的 department_id 值做比较，如果相等，说明该 department_id 出现在了 teacher 表中，内查询返回该 department_id 值。内查询有结果返回，所以外查询结果为真，说明该学院有教师。经 NOT EXISTS 判断，该学院不包含在查询结果中。

```
+---------------+-----------------+
| department_id | department_name |
+---------------+-----------------+
| 103           | 理学院          |
| 104           | 电力学院        |
| 190           | 西南联合大学    |
| 301           | 化学工程学院    |
| 302           | 机械工程学院    |
+---------------+-----------------+
```

图 4-61 【例 4-45】查询结果

4.9.4 在数据操作语句中使用子查询

第 3 章介绍了在 CREATE TABLE 命令中使用 SELECT 语句复制现有表的结构和数据的方法，这里仅介绍数据操作语句中的子查询。

在 INSERT、DELETE 和 UPDATE 语句中使用 SELECT 查询，可实现数据的添加、更新和删除。

1．在 INSERT 语句中使用子查询

假设 tableA 已经存在，且 tableA 与 tableB 的结构相同，则可以使用如下语法格式把 tableB 的数据插入 tableA 中。

```
INSERT INTO tableA
    SELECT * FROM tableB WHERE where_condition; /* tableB 的全部字段 */
INSERT INTO tableA(column_list)
    SELECT column_list FROM tableB WHERE where_condition; /* tableB 的部分字段 */
```

【例 4-46】 把职称为教授的教师信息存储到新表 pro_teacher 中。代码如下。

```
DROP TABLE IF EXISTS pro_teacher;
CREATE TABLE pro_teacher AS SELECT * FROM teacher LIMIT 0;  /* 创建与 teacher 表结构
相同的 pro_teacher 表 */
-- 查询结果添加到新表 pro_teacher
INSERT INTO pro_teacher
SELECT * FROM teacher WHERE professional='教授';
```

语句依次执行后，在当前数据库中创建新表 pro_teacher，并把 teacher 表中职称为教授的教师信息全部添加到了新表 pro_teacher 中。

【例 4-47】 把职称为教授的教师信息存储到新表 pro_teacher2，只需要教师编号、姓名和职称 3 个字段。代码如下。

```
DROP TABLE IF EXISTS pro_teacher2;
CREATE TABLE pro_teacher2 AS
SELECT teacher_id,teacher_name,professional FROM teacher LIMIT 0;
-- 查询结果添加到新表 pro_teacher2
INSERT INTO pro_teacher2(teacher_id,teacher_name,professional)
SELECT teacher_id,teacher_name,professional FROM teacher
WHERE professional='教授';
```

2．在 UPDATE 语句中使用子查询

在 UPDATE 语句的更新列表及 WHERE 子句中可以使用子查询。

（1）在更新列表中使用子查询的语法格式如下。

```
UPDATE table SET column=(subquery) WHERE where_conditions;
```

（2）在 WHERE 子句中使用子查询的语法格式如下。

```
UPDATE table SET column=value WHERE (subquery);
```

【例 4-48】 把信息学院所有学生的密码改为"Abcd-1234"。代码如下。

```
UPDATE student SET password='Abcd-1234'
WHERE department_id=
  (SELECT department_id FROM department WHERE department_name='信息学院');
```

该例使用子查询动态获得信息学院的编号，把子查询作为 UPDATE 语句更新数据的条件，更新的就是信息学院学生的密码。

该例通过查询 department 表获得了信息学院的编号为 101，请思考上面的 UPDATE 语句能否改为如下的代码。

```
UPDATE student SET password='Abcd-1234' WHERE department_id='101';
```

【例 4-49】 把学号为"201710201101"的学生的所有课程的成绩改为其平均成绩。

为了不破坏 choose 表中的原始数据，本例创建一个新表 temp_choose。代码如下。

```
/* 如果 temp_choose 表存在，则先将其删除 */
DROP TABLE IF EXISTS temp_choose;
/* 复制 choose 表的结构和数据，得到新表 temp_choose */
CREATE TABLE temp_choose AS SELECT * FROM choose;
/* 更新 temp_choose 表中该学生所有课程的成绩 */
UPDATE temp_choose SET score=
  (SELECT AVG(score) FROM choose WHERE student_id='201710201101')
WHERE student_id='201710201101';
```

该例在更新列表时使用了子查询，得到该学生所有课程成绩的平均值，再把该平均值更新到 temp_choose 表中，更新成功后，temp_choose 表中该学生所有课程的成绩均

为平均成绩。

3．在 DELETE 语句中使用子查询

在 DELETE 语句中，使用 SELECT 查询的唯一方式是借助 WHERE 子句，使用 SELECT 查询可以完成复杂的数据删除操作。DELETE 语句中使用子查询的语法格式如下。

```
DELETE FROM table WHERE (select_statement);
```

【例 4-50】 删除没有学生和教师的学院。

为防止破坏 department 表的原始数据，该例创建一个新表 temp_dept。代码如下。

```
/* 如果 temp_dept 表存在，则先将其删除 */
DROP TABLE IF EXISTS temp_dept;
/* 复制 department 表的结构和数据，得到新表 temp_dept */
CREATE TABLE temp_dept AS SELECT * FROM department;
/* 删除 temp_dept 表中没有学生和教师的学院 */
DELETE FROM temp_dept
WHERE department_id NOT IN (SELECT DISTINCT department_id FROM student) AND
    department_id NOT IN (SELECT DISTINCT department_id FROM teacher);
```

该例使用子查询判断没有学生和教师的学院，把子查询作为 DELETE 语句的条件，则删除的就是没有学生和教师的学院。

4.10 查询结果的去向

在 SELECT 语句中指定 into_option 选项，可以指定查询结果的去向。

4.10.1 将查询结果输出到变量

将查询结果输出到变量的语法格式如下。

```
SELECT select_list INTO var_list;
```

这种用法要求查询结果只有一行，而且结果列的数量与变量个数必须匹配。

【例 4-51】 把基础部的编号、名称输出到变量。代码如下。

```
SELECT department_id,department_name
FROM department WHERE department_name='基础部'
INTO @dept_id,@dept_name;
SELECT @dept_id,@dept_name;
```

本例的查询结果为基础部的编号和名称，使用 INTO 选项把编号和名称输出到变量 @dept_id、@dept_name，然后使用 SELECT 语句查看变量的值。在当前用户的整个会话期内，这些变量一直有效。

可以使用变量为下一条语句传递数据，例如在【例 4-51】代码的基础上，查询基础部所有教师的信息，如下所示。

```
SELECT A.*, B.teacher_id,B.teacher_name
FROM department A INNER JOIN teacher B USING(department_id)
WHERE A.department_id=@dept_id;
```

4.10.2 将查询结果输出到文件

使用 INTO DUMPFILE、INTO OUTFILE 选项可以把查询结果输出到文件，但该文件不能是一个已经存在的文件。

系统变量 secure_file_priv 的值会影响导出文件的权限，其默认值为 NULL，此时如果使用 INTO OUTFILE 选项将查询结果导出到文件，会因为权限问题而报错，而且该系统变量是只读变量，不能直接使用 SET 设置变量的值。解决办法是在 my.ini 文件的[mysqld]部分添加一行语句，指定导出文件保存的目录，例如保存在 "D:\outfile" 目录下，可使用 "secure-file-priv = "D:/outfile"" 语句，然后重启 MySQL 服务使新的设置生效。

1．使用 INTO DUMPFILE

使用 INTO DUMPFILE 选项要求查询结果只能有一行。语法格式如下。

```
SELECT select_expr INTO DUMPFILE 'filename';
```

【例 4-52】 把基础部的信息输出到文件。代码如下。

```
SELECT * FROM department WHERE department_name='基础部'
INTO DUMPFILE 'D:/outfile/dept.txt';
```

基础部的信息包括编号和名称，而且只有一行。输出成功后，可使用记事本打开文件查看。

⚠ 注意：如果查询结果有多行，使用 INTO DUMPFILE 选项会报错。

2．使用 INTO OUTFILE

使用 INTO OUTFILE 选项可以把查询结果转换为指定的字符集，并按照导出选项的要求，把数据输出到文件。用 INTO OUTFILE 导出的数据，将来可以使用 LOAD DATA…INTO TABLE 命令把文件中的数据添加到指定的表，但要特别注意 export_options 选项的设置。

使用 INTO OUTFILE 选项的语法格式如下。

```
SELECT select_expr INTO OUTFILE 'filename' export_options;
```

其中，export_options 可以是下面的选项。

```
[CHARACTER SET charset_name]
[{FIELDS|COLUMNS}
    [TERMINATED BY 'string']
    [[OPTIONALLY] ENCLOSED BY 'char']
    [ESCAPED BY 'char']
]
[LINES
    [STARTING BY 'string']
    [TERMINATED BY 'string']
]
```

相关说明如下。

（1）CHARACTER SET：指定字符集，如 CHARACTER SET gbk。

（2）列选项。

TERMINATED BY：设置每个字段的字段值分隔符，默认为制表符"\t"。

[OPTIONALLY] ENCLOSED BY：设置字符型字段值的文本限定符，即字符型字段值用什么符号括起来，默认是空字符。

ESCAPED BY：设置如何写入或读取特殊字符，即设置转义字符，默认为"\"。

（3）行选项。

STARTING BY：设置每行开头的字符串，默认情况下不使用任何字符。

TERMINATED BY：设置每行结尾的字符串，默认为"\n"。

3．使用 LOAD DATA

使用 LOAD DATA…INTO TABLE 命令可以从 INTO OUTFILE 导出的文件中获取数据，并导入指定的表。语法格式如下。

```
LOAD DATA INFILE 'filename' INTO TABLE tbl_name import_options;
```

其中，import_options 选项与前面介绍的 export_options 选项含义相同。

【例 4-53】 把所有学院的信息导出到文件 dept.txt，并创建一个表 tmp_dept，表的数据从 dept.txt 文件导入。代码如下。

```
-- 学院信息导出到文件 dept.txt
SET @@character_set_filesystem=utf8;
SELECT * FROM department INTO OUTFILE 'D:/outfile/dept.txt'
CHARACTER SET utf8
FIELDS TERMINATED BY ',' OPTIONALLY ENCLOSED BY '"'
LINES TERMINATED BY '\n';
-- 创建表 tmp_dept
CREATE TABLE tmp_dept SELECT * FROM department LIMIT 0;
-- 从 dept.txt 文件导入数据
LOAD DATA INFILE 'D:/outfile/dept.txt' INTO TABLE tmp_dept
CHARACTER SET utf8
FIELDS TERMINATED BY ',' OPTIONALLY ENCLOSED BY '"'
LINES TERMINATED BY '\n';
```

上述代码依次执行后，可使用 SELECT 语句查看 tmp_dept 表的数据。

4.11 视图

数据库中的视图是一个虚拟表，本身并不保存数据，但通过视图可以从数据库的数据表中获取数据，也可以把对视图数据的修改更新到数据表中。实际中，用户仅关心某个表或某些表的部分数据，用户使用视图不仅可以获取这些数据，而且操作方便，同时，在一定程度上能够保障数据库系统的安全。

4.11.1 视图概述

1．视图的含义

视图是在数据表或者其他视图的基础上定义的一个虚拟表。视图本身并不保存数据，视图的数据来自定义视图时所引用的表（基本表），并且在使用视图时动态生成。数据库中只保存视图的定义。

对视图的操作与实际表一样，可以使用 SELECT 语句查询视图的数据，可以使用 INSERT、UPDATE 和 DELETE 语句修改视图的数据。视图数据的变化会自动反映到与之对应的基本表中；反之，基本表数据的变化，也会自动反映到与之对应的视图中。

2．视图的作用

与直接从数据表中读取数据相比，使用视图有以下优势。

（1）数据简化

使用视图可以极大地简化操作。用户经常使用的查询可以被定义为视图，通过视图获取所需数据，以后每次访问数据就不用再编写复杂的 SELECT 语句。对用户来说，视图所呈现的数据已经是过滤好的查询结果集，看到的就是自己需要的。

（2）数据安全

使用视图的用户只能查询和修改被授权的数据，其他未授权的数据不能访问。

（3）数据独立

视图可对外屏蔽实际的表结构，以及真实表结构变化带来的影响，使应用程序和数据表在一定程度上独立。如果没有视图，程序一定是建立在表上的。有了视图之后，程序可以建立在视图之上。

4.11.2　创建和操作视图

1．创建视图

创建视图使用 CREATE VIEW 语句，语法格式如下。

```
CREATE [OR REPLACE]
    [ALGORITHM={UNDEFINED|MERGE|TEMPTABLE}]
    VIEW view_name [(column_list)]
    AS select_statement
    [WITH [CASCADED|LOCAL] CHECK OPTION];
```

相关说明如下。

（1）CREATE：创建新的视图，如果数据库中已存在同名的视图，则出错。

（2）CREATE OR REPLACE：如果视图不存在，则创建；如果同名视图已经存在，则先删除，再创建视图。

（3）ALGORITHM：可选项，指定视图使用的算法，取值为 UNDEFINED、MERGE 或 TEMPTABLE，默认值为 UNDEFINED，表示由 MySQL 自动选择算法。

（4）view_name：视图名称，不能与同一数据库中的表或其他视图同名。

（5）column_list：可选项，指定视图的属性列。如果省略，SELECT 语句检索的列名将作为视图的列名。

（6）select_statement：定义视图的 SELECT 语句。在 SELECT 语句中可以引用基本表或其他视图，也可以不引用任何表。

（7）WITH [CASCADED | LOCAL] CHECK OPTION：设置通过视图更改数据（如插入、更新、删除）时，保证视图数据符合视图的定义。如果定义视图的 SELECT 语句中包含

WHERE 子句，指定 WITH CHECK OPTION 选项，可以限制只能对 WHERE 子句为 TRUE 的数据进行操作。LOCAL 和 CASCADED 关键字指定该限制检查的范围，LOCAL 只检查其所在的视图，即使该视图是在其他视图的基础上定义的；而 CASCADED 除检查其所在的视图外，如果该视图是在其他视图的基础上定义的，还会检查其引用的其他视图。该选项的默认值为 CASCADED。

【例 4-54】 学号为"194210201104"的学生登录选课系统，需要查看自己的学号、姓名、性别和家庭住址。创建一个视图 view_InfoOfStudent，通过视图返回其所需数据。

本例使用一个带 WHERE 子句的条件查询定义视图，返回的数据是 student 表中满足指定条件的数据。代码如下。

```
CREATE OR REPLACE VIEW
    view_InfoOfStudent(stud_id,stud_name,stud_gender,stud_address)
AS
SELECT student_id, student_name, gender,home_address FROM student
WHERE student_id='194210201104';
```

视图 view_InfoOfStudent 的属性列不是用 SELECT 语句从 student 表检索的列名称，而是指定了新的名称，这样可对外屏蔽 student 表的真实结构。

视图创建成功后，使用如下的查询语句返回数据，结果如图 4-62 所示。

stud_id	stud_name	stud_gender	stud_address
194210201104	朱光亚	男	武汉

图 4-62 视图 view_InfoOfStudent 返回的结果

```
SELECT * FROM view_InfoOfStudent;
```

尽管从视图返回的结果与单独使用定义视图的 SELECT 语句返回的结果相同，但使用视图使操作更为简单，而且对用户屏蔽了 student 表的结构，数据库也相对安全。

【例 4-55】 编号为"10209"的教师登录选课系统，想查看第 1 学期的课表。创建一个视图 view_CourseTableOfTeacher，通过视图返回其所需数据。

该例使用内连接查询，从 teacher 表和 course 表获取教师和课程的信息。代码如下。

```
CREATE OR REPLACE VIEW
    view_CourseTableOfTeacher(
        teac_id, teac_name,cour_name,cour_term,cour_time,cour_address)
AS
SELECT
    A.teacher_id,A.teacher_name,
    B.course_name,B.term,B.attend_time,B.attend_address
FROM teacher A INNER JOIN course B ON A.teacher_id=B.teacher_id
WHERE A.teacher_id='10209' AND B.term='第 1 学期';
```

视图创建成功后，使用如下的查询语句返回数据，结果如图 4-63 所示。

```
SELECT * FROM view_CourseTableOfTeacher;
```

teac_id	teac_name	cour_name	cour_term	cour_time	cour_address
10209	杨石先	化学	第1学期	星期二第1~2节	西北B201

图 4-63 视图 view_CourseTableOfTeacher 返回的结果

2．查看视图

视图是数据库中的表对象，第 3 章介绍的查看表及其信息的命令 SHOW TABLES、DESC、SHOW TABLE STATUS 对视图同样有效。

（1）查看视图的详细定义，语法格式如下。

```
SHOW CREATE VIEW view_name;
```

例如，查看视图 view_InfoOfStudent 的详细信息，代码如下。

```
SHOW CREATE VIEW view_InfoOfStudent;
```

（2）在系统数据库 information_schema 的 views 表中存储了所有视图的定义，通过查询 views 表，可以查看视图的详细信息，语法格式如下。

```
SELECT * FROM information_schema.views
WHERE TABLE_NAME='view_name';
```

如果只查看视图的部分信息，使用命令 DESC information_schema.views 查看 views 表的结构后，在 SELECT 后指定相应的列名称即可。

例如，查看视图 view_InfoOfStudent 的名称、数据更新校验选项和是否为可更新视图 3 列信息，代码如下。

```
SELECT
    TABLE_NAME,CHECK_OPTION,IS_UPDATABLE
FROM information_schema.views
WHERE TABLE_NAME='view_InfoOfStudent';
```

结果如图 4-64 所示。

从图 4-64 可以看出，视图 view_InfoOfStudent 未设置 WITH CHECK OPTION 选项，而且为可更新视图。

TABLE_NAME	CHECK_OPTION	IS_UPDATABLE
view_infoofstudent	NONE	YES

图 4-64　查询 views 表获取视图的详细信息

3．修改视图

修改视图就是修改视图的定义。例如基本表新增或删除了字段，而视图引用了该字段，此时就必须修改视图使之与基本表保持一致。或者要调整视图的算法、权限等，这种情况下都需要修改视图。MySQL 中使用 CREATE OR REPLACE VIEW 或 ALTER VIEW 语句修改视图。

（1）使用 CREATE OR REPLACE VIEW 语句修改视图

使用 CREATE OR REPLACE VIEW 语句修改视图的语法和创建视图的一致，执行时先删除数据库中已存在的同名视图，再用新的视图定义语句创建视图。

（2）使用 ALTER VIEW 语句修改视图

使用 ALTER VIEW 语句修改视图的语法格式如下。

```
ALTER
[ALGORITHM={UNDEFINED|MERGE|TEMPTABLE}]
VIEW view_name [(column_list)]
AS select_statement
[WITH [CASCADED|LOCAL] CHECK OPTION]
```

上述语法中各选项的含义与 CREATE VIEW 中的相同。

【例 4-56】 修改视图 view_InfoOfStudent，将其属性列调整为学生的学号、姓名、性别和出生日期。代码如下。

```
ALTER VIEW
    view_InfoOfStudent(stud_id,stud_name,stud_gender,stud_birthday)
AS
SELECT student_id,student_name,gender,birthday FROM student
WHERE student_id='194210201104';
```

请读者查询视图数据，观察视图结构和数据的变化。

4.11.3 操作视图数据

操作视图数据是指通过视图对基本表中的数据进行添加（Insert）、修改（Update）和删除（Delete）。操作视图数据与操作实际表的数据比较类似，但操作视图数据有限制。

1．添加数据

【例 4-57】 学号为"194110201103"的学生登录选课系统选课，选择了课程编号为"1014"（数理统计）的课程。设计一个视图 view_courseOfStudent，使其能查询该学生已选择的课程，并能把新选的课程添加到 choose 表。

学生的选课数据存储在 choose 表中，所以基于 choose 表创建视图。视图只能操作指定学生的数据，为了避免通过该视图添加其他学生的选课数据，使用 WITH CHECK OPTION 选项。创建视图的代码如下。

```
CREATE OR REPLACE VIEW
    view_courseOfStudent(stud_id,cour_id,choo_time,cour_score)
AS
SELECT student_id,course_id,choose_time,score
FROM choose
WHERE student_id='194110201103'
WITH CHECK OPTION;
```

视图创建成功后，查询视图可获得该学生的已选课程数据，代码如下，结果如图 4-65 所示。

```
SELECT * FROM view_courseOfStudent;
```

使用 INSERT 语句向视图添加该学生新选的课程数据，代码如下。

```
INSERT INTO view_courseOfStudent
VALUES ('194110201103','1014','1938-08-25 9:30:00',NULL);
```

数据操作成功后，分别执行下面两个查询语句，会得到相同的查询结果。

```
-- 通过视图查询数据
SELECT * FROM view_courseOfStudent;
-- 通过实际表查询数据
SELECT student_id AS stud_id,course_id AS cour_id, choose_time AS choo_time, score
AS cour_score
FROM choose
WHERE student_id='194110201103';
```

结果如图 4-66 所示，图中最后一行即新添加的数据。

stud_id	cour_id	choo_time	cour_score
194110201103	1001	1942-09-02 00:00:00	90
194110201103	1004	1942-09-02 15:00:00	93
194110201103	2002	1938-08-23 09:00:00	92
194110201103	2001	1938-08-24 10:00:00	95

图 4-65　通过视图获取的已选课数据

stud_id	cour_id	choo_time	cour_score
194110201103	1001	1942-09-02 00:00:00	90
194110201103	1004	1942-09-02 15:00:00	93
194110201103	2002	1938-08-23 09:00:00	92
194110201103	2001	1938-08-24 10:00:00	95
194110201103	1014	1938-08-25 09:30:00	NULL

图 4-66　通过视图和实际表获取的数据

由此可知，通过视图添加的数据，实际上是添加到了其引用的基本表中。

由于 view_courseOfStudent 视图指定了检查选项 WITH CHECK OPTION，因此，只能插入学号为"194110201103"的学生信息。如果在视图中添加其他学生新选的课程数据，则会显示出错信息。请读者验证下面的语句。

```
INSERT INTO view_courseOfStudent VALUES ('193520101106','1014',NOW(),NULL);
```

2．修改数据

与实际表一样，使用 UPDATE 语句能够修改视图数据。通过视图修改的数据，将被更新回其引用的基本表中。

【例 4-58】　把视图 view_courseOfStudent 中新添加的选课数据由"1014"（数理统计）调整为"1017"（美学修养）。代码如下。

```
UPDATE view_courseOfStudent SET cour_id='1017' WHERE cour_id='1014';
```

查询视图，结果如图 4-67 所示。请读者查询基本表，观察数据变化。

```
mysql> SELECT * FROM view_courseOfStudent;
+--------------+---------+---------------------+------------+
| stud_id      | cour_id | choo_time           | cour_score |
+--------------+---------+---------------------+------------+
| 194110201103 | 1001    | 1942-09-02 00:00:00 |         90 |
| 194110201103 | 1004    | 1942-09-02 15:00:00 |         93 |
| 194110201103 | 2002    | 1938-08-23 09:00:00 |         92 |
| 194110201103 | 2001    | 1938-08-24 10:00:00 |         95 |
| 194110201103 | 1017    | 1938-08-25 09:30:00 |       NULL |
+--------------+---------+---------------------+------------+
```

图 4-67　视图 view_courseOfStudent 的
数据更新结果

3．删除数据

使用 DELETE 语句可以删除视图数据。删除数据实际上是删除视图引用的基本表中的数据。

【例 4-59】　删除视图 view_courseOfStudent 中课程号为"1017"（美学修养）的选课记录。代码如下。

```
DELETE FROM view_courseOfStudent WHERE cour_id='1017';
```

请读者查询视图或基本表，观察数据的变化。

4.11.4　删除视图

视图虽然能简化操作，但并不是越多越好。当视图不再需要时，可以使用 DROP VIEW 语句将其删除，语法格式如下。

```
DROP VIEW [IF EXISTS] view_name [, view_name] …
```

（1）view_name 是要删除的视图名称，可以指定多个视图名称，中间用逗号分隔。为避免删除不存在的视图引起错误，可加上 IF EXISTS 做判断。

（2）必须拥有要删除的每个视图的 DROP 权限才能删除视图。

【例 4-60】　删除视图 view_InfoOfStudent。代码如下。

```
DROP VIEW IF EXISTS view_InfoOfStudent;
```

成功执行后，使用"SHOW TABLES;"命令或视图查看命令查看视图是否被成功删除。

删除视图只是删除了视图的定义，不影响基本表中的数据。视图被删除后，基于被删除视图的其他视图或应用程序将无效。

本章小结

本章详细介绍了 MySQL 查询语句的使用、MySQL 的常用函数，以及视图的含义、作用、基本操作。

本章小结

（1）常规查询包括简单查询、条件查询、连接查询、分组查询、查询结果排序、限制查询结果的记录数量等，这些都是 SELECT 语句的应用基础。读者需掌握实现相应功能的子句及用法，掌握条件查询用到的运算符。

（2）出现在其他语句中的 SELECT 语句称为子查询，子查询可以嵌套在外层查询的多个位置，多数情况是出现在外查询的 WHERE 子句部分，为外查询条件提供数据。也可以使用子查询结合 LIMIT 实现分页查询。在 CREATE TABLE 语句中使用子查询能够把现有表的结构和数据复制到新表（参见第 3 章），在 INSERT、UPDATE、DELETE 语句中使用子查询可以实现数据的批量添加、更新和删除。

（3）使用输出选项可以把查询结果输出到变量、文件中，其中，使用 INTO OUTFILE 选项导出的文件，将来可使用 LOAD DATA…INTO TABLE 命令从文件导入数据到现有表。

（4）MySQL 的函数包括聚合函数、字符串函数、数学函数、日期时间函数等。其中聚合函数和查询语句配合使用，能实现计数、求和、求平均值等统计操作。其他类型的函数结合实际需要灵活使用。

（5）视图是在数据表的基础上定义的虚拟表，也可以在已有视图的基础上定义。视图本身不保存数据，视图数据来自视图定义所引用的基本表，并且在引用视图时动态生成。视图隐藏了实际的表结构，而且可以把用户权限与视图绑定，所以使用视图能够提高数据安全性和独立性。同时，面对实际中多样化的查询需求，视图也提供了灵活多样的方式。

本章习题

1．思考题

（1）什么是自连接查询？其特点是什么？

（2）MySQL 的连接查询有几种类型，每种类型的含义是什么？

（3）什么是视图，视图与基本表有什么关系？总结视图有哪些操作。

2．上机操作题

（1）查询西南联合大学教师的信息。

（2）查询第 2 学期成绩在 90 分及以上的学生、课程和成绩信息。

（3）查询与潘多拉老师在同一学院的教师的信息。

（4）创建一个视图 view_Info_Student，查看学生的学号、姓名、性别和家庭住址信息。

第 **5** 章

MySQL 编程基础

SQL 命令可实现数据的定义、处理和控制，但实现复杂业务时还缺少灵活性和整体掌控能力。MySQL 程序设计能够有效弥补 SQL 命令的不足，实现业务应用中的逻辑控制。本章介绍 MySQL 编程的基础知识，包括常量、变量、运算符、表达式、选择、循环和游标等知识，为存储过程、存储函数、触发器和事件等存储程序的编写奠定基础。

本章导学

本章学习目标

- ◇ 掌握常量和变量的定义及使用方法
- ◇ 掌握运算符的功能、表达式的求解方法及函数调用方法
- ◇ 掌握 MySQL 的选择和循环结构
- ◇ 理解游标知识

本章知识结构图

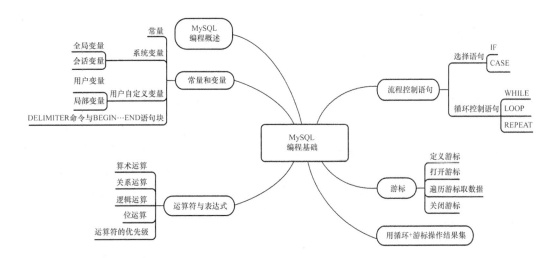

5.1 MySQL 编程概述

MySQL 编程能告诉计算机要把什么数据"材料"、按什么样的"需求"加工成"产品"。SQL 命令本身有强大的"加工处理"能力,但在描述复杂的"处理需求"时缺乏灵活性和整体控制能力。就像加工珍珠串,每条 SQL 命令都可以得到一颗颗光彩艳丽、熠熠生辉的"珍珠"。但未经设计和"编串",散放的"珍珠"一般不满足市场需求,至少还缺少连"珠"成"串"的纽带。对数据的处理需求,不仅要有正确有效的解决方法,还要按合理的步骤去组织实施。在实际操作中,一个完整的操作往往需要牵涉多个相关表、执行多条 SQL 语句、依据不同的"中间结果"做出不同的选择,甚至要进行多次循环迭代才能完成。

编程与人生规划

凡事预则立,不预则废。立足当下,判断想要达成的目标能不能实现,如果能,就好好规划一下——用什么方法?分哪些步骤?编程时,通常先用流程图把解决问题的方法和步骤描述出来,再写出源程序。这就好比人生规划,需要先认真规划自己的人生路线,再孜孜不倦地实施。

拓展知识

作为 MySQL 编程的基础知识,本章将介绍以下内容:常量和变量两种"原始材料",各种数据"加工标准"——运算符和函数,连"珠"成"串"的"纽带"——流程控制语句,以及辅助说明这些基础知识如何应用的 DELIMITER、BEGIN…END 和游标。这些扩展的 SQL 要用在存储程序中才能起作用。关于 MySQL 的编程应用——MySQL 存储程序的知识,详见第 6 章。

5.2 常量和变量及 DELIMITER 命令与 BEGIN…END 语句块

常量和变量这两种形式的数据在程序和 SQL 命令中处处可见。不同类型的数据,其作用和运算方法不尽相同。"3.2 MySQL 数据类型"一节中介绍了字段的常用数据类型。本节将介绍程序中常用的常量和变量,以及 DELIMITER 命令与 BEGIN…END 语句块。

5.2.1 常量

常量是一个固定数据值,也称为字面量、字面值、标量值,用来运算或给变量赋值。常量可分为字符串型、数值型、日期时间型、布尔型及 NULL 等类型。不同类型的常量,其表示方法不同。根据不同的表示方法,计算机能区分利用各类数据并进行优化运算。

1. 字符串型常量

字符串型常量是用成对的单引号或双引号引起来的一系列字符,简称字符串,如"It\'s

a 3.5"disk'" ""I'm from China."" "N'MySQL'"。

其中，形如"N'MySQL'"的是 Unicode 字符串，前缀是大写字母"N"，后面只能用单引号引起来。

虽然单引号和双引号都可以表示字符串，但 MySQL 推荐用单引号，这不仅符合 SQL 标准，还可以区别于其他高级编程语言中的字符串。

需要说明的是，某些有特殊功能的字符和非显示字符，在字符串中需要用转义字符表示，如单引号"\'"、双引号"\""、制表符"\t"等。

2. 数值型常量

数值型常量是可以进行科学计算的整数或实数。其中，整型常量又分为十进制型、二进制型和十六进制型。

（1）十进制型常量用得最多、最普遍，可直接书写。例如，−123.7E−2、3、−5、+3.14。十进制实数用指数方式表示时，要求 e 或 E 之前必须有尾数（尾数必须有小数点和整数或小数两个部分），e 或 E 之后必须是整数（正整数、负整数或 0）。

（2）二进制型的整数也称为位字段值，不常用，表示方法为"前缀 b 或 B + '二进制数'"，如 b'1011'、B'1011'；也可以表示为"前缀 0b + 二进制数"，如 0b101。

（3）十六进制型整数的表示方法为"前缀 x 或 X + '十六进制数'"，如 x'41'、X'41'；也可以简化为"前缀 0x + 十六进制数"，如 0x41。

十六进制数和字符串有对应关系，用 SELECT 可将十六进制数显示为对应的字符串，也可以使用 HEX( )函数将字符串转换为十六进制数。示例如下。

```
SELECT x'41',0x4D7953514C,HEX('MySQL');  #结果为A MySQL 4D7953514C
```

3. 日期时间型常量

日期时间型常量是按特定格式来表示日期和时间信息的一种特殊字符串，其格式为"年-月-日[时:分:秒[.微秒]]"。例如，'2019-1-24 10:20:30.3000'。

其中，"年-月-日"也可以用"/""@""%"等字符分隔（尽量不要用"\"分隔，因为转义字符用"\"开始）。各部分信息必须符合相应的日期、时间标准，如"2020-9-31"就不是日期时间型常量，因为 9 月没有 31 天。示例如下。

```
SELECT "2020@9/29"+INTERVAL 1 DAY;   #结果为2020-9-30
```

"2020@9/29"是一个日期时间型的常量。"SELECT "2020@9\29"+INTERVAL 1 DAY;"的结果为 NULL，年、月、日间不可以用"\"分隔。

4. 布尔型常量

布尔型常量用来表示成立与否等只包含两个可能取值的数据：TRUE（表示成立）和FALSE（表示不成立）。其中 FALSE 对应数值 0，TRUE 对应数值 1。

5. NULL

NULL 是无类型的常量，常作为变量和字段的默认初始值，表示"未知""待定""没有值""无数据"等"空值"含义。NULL 与数值 0、空字符串'和字符串'NULL'都不一样。

NULL 参加各种运算时结果一般为 NULL（IS [NOT] NULL、<=>、NULL AND FALSE、NULL OR TRUE 这类逻辑运算除外）。

5.2.2　系统变量

变量主要用于临时存放数据，变量中的数据随程序的运行而变化，变量有名字和数据类型两个属性。MySQL 中的变量可分为系统变量、用户变量和局部变量 3 种类型。用户变量和局部变量都需要由用户自行确定变量的名称、类型和值，故又称为用户自定义变量。变量按名称区分使用。如果变量名称与命令关键词或函数名相同，则需要用成对的反引号（"`"，也称反勾号）引起来。变量名中的字母不区分大小写。

系统变量由 MySQL 预定义，用以设置 MySQL 服务的全局属性和特征，或者设置各个会话连接的专有属性和控制信息。前者称为全局（GLOBAL）变量，或全局系统变量，在 MySQL 启动时由系统定义并初始化，其默认值可在系统配置文件 my.ini 或在命令行指定的选项中进行更改，有些全局变量也可以在系统运行时进行更改。更改全局变量需要 SUPER 权限。改变全局变量值将影响后续的整个系统运行。表示各个会话连接专有属性和控制参数的系统变量称为会话（SESSION）变量、LOCAL 变量（LOCAL 和 SESSION 是同义词）。用户与 MySQL 服务建立会话连接时，系统自动定义会话变量并初始化。会话变量的默认值为连接建立时相应全局变量的值。改变会话变量值仅影响当前会话连接这一 "LOCAL" 区域。不同会话连接的变量相互独立、互不影响，任何用户都不能看到和修改其他会话连接的会话变量。每次断开或结束会话连接时会释放相应的会话变量。

系统变量名称以 "@@" 开头，少数系统变量名（如 current_date、current_time、current_timestamp、current_user）要和其他 SQL 产品兼容，此时需省略 "@@"。会话变量与全局变量名称常常相同，是最常用的系统变量，因此，系统变量常常指的是会话变量。会话变量名之前也可加 "@@" "@@LOCAL." 或 "@@SESSION." 来明确引用会话变量，也可以用关键词 "LOCAL" "SESSION" 显式引用会话变量。引用全局变量则需要加前缀 "@@GLOBAL." 或用关键词 "GLOBAL" 特别指明。

系统变量无须用户定义就可以直接引用。用户自定义变量（包括用户变量和局部变量）要先定义才能使用。所有用户（包括 DBA 和各种应用程序）都经由会话连接来使用或管理 MySQL 数据库。变量的引用分为读取引用和赋值改写两种类型。用户变量和系统变量一般既可以读又可以写，但少数全局变量在系统运行期间不能改变。

1．系统变量的赋值改写

系统变量的赋值改写的语法格式如下。

```
SET [GLOBAL|SESSION|LOCAL|@@] 变量名1[:]=值1|DEFAULT
    [,变量名2[:]=值2|DEFAULT [,…]];
```

或

```
SET @@[GLOBAL.|SESSION.|LOCAL.]变量名1[:]=值1|DEFAULT
    [,变量名2[:]=值2|DEFAULT [,…]];
```

相关说明如下。

（1）SESSION 和 LOCAL 是同义词。

（2）若省略"GLOBAL"关键词或"@@GLOBAL."前缀，默认更改会话变量值。

（3）赋值运算符"：="也可以在 SET 语句和其他 SET 子句中代替"="进行赋值。

（4）可用 DEFAULT 代替"值"表达式来恢复系统变量的默认值设置。

例如，恢复全局变量 sql_select_limit 的默认值设置，更改相应会话变量的值为 30，代码如下。

```
SET @@GLOBAL.sql_select_limit=DEFAULT, @@LOCAL.sql_select_limit:=30;
```

2．系统变量的读取引用

系统变量的引用方式有以下两种。

（1）显示系统变量，语法格式如下。

```
SHOW [GLOBAL|SESSION|LOCAL]VARIABLES [LIKE 'pattern'];
```

（2）将读取到的系统变量值用于表达式的运算或查询显示，语法格式如下。

```
SELECT [@@GLOBAL.|@@SESSION.|@@LOCAL.|@@]变量名
        [,[@@ GLOBAL.|@@SESSION.|@@LOCAL.|@@]变量名[…]];
```

或把"[@@ GLOBAL.|@@SESSION.|@@LOCAL.|@@]变量名"作为表达式的一部分参与运算。

上述语法中，若省略 GLOBAL 关键词或"@@GLOBAL."前缀，则默认引用会话变量，只有不存在对应名称的会话变量时，才会引用全局变量。若既没有对应名称的会话变量，又没有对应名称的全局变量，这时 SELECT 命令会报错，SHOW 命令则不显示或显示为空集"Empty Set"。

例如，显示名称中包含"character"的所有全局变量，代码如下。

```
SHOW GLOBAL VARIABLES LIKE '%character%';
```

又如，显示全局变量 sql_warnings、会话变量 sql_select_limit 与 100 的差，代码如下。

```
SELECT @@GLOBAL.sql_warnings,@@SESSION.sql_select_limit-100;
```

5.2.3 用户自定义变量

用户自定义变量是建立会话连接之后由用户定义的变量，根据其有效范围可以分为用户变量和局部变量两种。用户变量也称会话用户变量。

用户变量要先定义后使用。定义变量就是确定变量的名称、类型和初始值。

用户变量定义以后，在本会话期间的存储程序的内部和外部都有效。和会话变量一样，用户变量仅局限于会话连接。一个用户不能看到和读取另一个会话连接中的任何会话变量和用户变量（包括局部变量）。会话断开或结束时自动释放会话变量和用户变量。

局部变量、BEGIN…END 和流程控制语句都只在存储程序中才能使用。局部变量在定义该局部变量的 BEGIN…END 语句块执行时才起作用，所属的 BEGIN…END 语句块执行结束就释放局部变量。

1．用户变量的定义

定义和设置用户变量有以下 3 种形式。

```
SET @v1=值1 [,@v2=值2 [,…]];                    #形式1
SELECT @v1:=值1[,@v2:=值2 [,…]];                 #形式2
SELECT 值1 [,值2[,…]] INTO @v1[,@v2 [,…]];       #形式3
```

注意

（1）用户变量的数据类型随其变量值变化，定义时不需要确定其数据类型。

（2）用户变量名必须以 1 个@开头，如@v1、@v2，可以由当前字符集的文字、数字及 "."、"_"、"$" 等字符组成，若包含特殊符号（如空格、#等），可以在@之后用 "`" 将变量名引起来，如@`SET`、@`S#`、@`student name`。

（3）":=" 是赋值运算符，可在 SET 命令或 SET 子句中代替 "=" 进行赋值。

（4）形式 2 相比于形式 1，关键词 SET 换成了 SELECT，赋值号必须为 ":="。该形式会产生结果集，不能用在存储函数和触发器中。

（5）值 1、值 2…可以是表达式、常量值或函数调用结果。

（6）调用存储程序时第一次写成 "@var" 形式的实际参数，也算定义用户变量。

例如，定义用户变量@x 和@grade，初值为 3 和 A，可用下面任意一条语句。

```
SET @x:=3,@grade='A';
SELECT 3,'A' INTO @x,@grade;
SELECT @x:=3,@grade:='A';        #会产生结果集, 在存储函数和触发器中不能用
```

又如，根据表 teacher 中第一个教师姓名定义并初始化用户变量@name，可用下面任意一条语句。

```
SELECT teacher_name INTO @name FROM teacher LIMIT 1;
SELECT @name:=teacher_name FROM teacher LIMIT 1;                #有结果集
SELECT @name:=(SELECT teacher_name FROM teacher LIMIT 1);       #有结果集
SET @name=(SELECT teacher_name FROM teacher LIMIT 1);
```

2．局部变量的定义

局部变量只能在存储过程、存储函数、事件和触发器等存储程序内定义和使用，其定义形式如下。

```
DECLARE 变量名 1[, 变量名 2…] 数据类型 [DEFAULT 默认值];
```

功能：定义 1 个或多个局部变量，并设置初始值。

注意

（1）局部变量的名称不能用 "@" 开头。

（2）定义局部变量时必须指明其数据类型。

（3）未对 "[DEFAULT 默认值]" 进行指定时，初始值为 NULL。

（4）[默认值]可以是表达式、常量或函数调用结果。

（5）DECLARE 只能用于在 BEGIN…END 的开头部分定义局部变量、错误触发条件、游标和错误处理程序，其作用范围只能在该 BEGIN…END 中。

（6）存储函数和存储过程的形式参数也属于局部变量，但形参不能用 DECLARE 定义。

（7）SQL 语句中局部变量与字段名称相同时，字段名前需要加 "表名." 进行区分。

例如，定义局部变量 x 和 name，其数据类型为 char(10)、初值为'ABC'，代码如下。

```
DECLARE x,name char(10) DEFAULT 'ABC';
```

关于局部变量的定义实例涉及 DELIMITER 命令、BEGIN…END 语句块，将在下一小节进行举例说明。

局部变量的赋值设置和用户变量相同，用以下 3 种形式都可设置。

```
SET v1=值1[,v2=值2,…];                      #形式1
SELECT v1:=值1[,v2:=值2,…];                 #形式2
SELECT 值1[,值2 [,…]] INTO v1[,v2 [,…]];    #形式3
```

例如，要设置局部变量 x 和 name，初值分别为字符 0 和 P，可用下面任意一条语句。

```
SET x='0',name:='P';
SELECT '0','P' INTO x,name;
SELECT x:='0',name:='P';      #会产生结果集，存储函数中不能用
```

又如，把表 teacher 中第一个教师姓名赋值给局部变量 name，可用下面任意一条语句。

```
SELECT teacher_name INTO name FROM teacher LIMIT 1;
SELECT name:=teacher_name FROM teacher LIMIT 1;              #有结果集
SELECT name:=(SELECT teacher_name FROM teacher LIMIT 1);     #有结果集
SET name=(SELECT teacher_name FROM teacher LIMIT 1);
```

5.2.4 DELIMITER 命令与 BEGIN…END 语句块

MySQL 语句结束标记默认为分号";"。一行或一段命令提交后，MySQL 把以";"结束的部分当成一个独立任务立即执行。在 BEGIN…END 语句块中的一组语句和存储程序中的一组语句都以分号";"结尾，但它们作为一个整体，不应被分割成多个独立任务再分别执行。这就需要用 DELIMITER 命令临时将语句的结束符改变为其他标记，MySQL 只有接收到该特定标记后，才把以其结尾的部分作为一个任务立即执行。利用 DELIMITER 并结合 BEGIN…END，可以将多条语句封装成一个语句块。

1．DELIMITER 命令

DELIMITER 命令的语法格式如下。

```
DELIMITER 新语句结束标记字符串
```

⚠ **注意**：本命令后面不能加分号";"，也不能加注释和其他字符；在 DELIMITER 和结束符之间需要用空格或 Tab 键分隔开。

例如，要更改语句结束标记为"////"，可用下面语句。

```
DELIMITER ////
```

2．BEGIN…END 语句块

BEGIN…END 语句块的语法格式如下。

```
BEGIN        #标志语句块的开始
    语句组;   #可包含1至多条有效的SQL语句，每条语句都以分号";"结尾
             #还可以包含其他BEGIN…END语句块
END          #标志语句块的结束
```

下面的例子在存储过程 sp_multi()中定义了 3 个整型的局部变量 x、y、z，并初始化为

2；将 x、y 与 5 的乘积赋给局部变量 z，把 z 变量值由初值 2 改成 20。通过此例说明 DELIMITER、BEGIN…END 和局部变量的具体用法。代码如下。

```
CREATE DATABASE IF NOT EXISTS test;
USE test;                              #在数据库 test 中创建存储过程
DROP PROCEDURE IF EXISTS sp_multi;     #存储过程不能同名
DELIMITER $$
#更改语句结束标志为 "$$"，注意 "$$" 之后不能再有别的符号，例如分号 ";"
CREATE PROCEDURE sp_multi()
#创建名为 sp_multi() 的存储过程
BEGIN          #标志复合语句块开始，开始封装多条以分号结尾的语句
    DECLARE x,y,z int DEFAULT 2;       #定义整型 x、y、z 共 3 个局部变量，默认值为 2
    SET z=5*x*y;                       #设置局部变量新值为 3 个值的乘积
    SELECT z;                          #查询显示局部变量 z 的值
END                                    #标志复合语句块结束，封装结束
$$
#提交执行封装任务
DELIMITER ;                            #恢复语句结束标志为分号 ";"
CALL sp_multi( );                      #调用 sp_multi() 存储过程，得到结果 20
```

5.3 运算符与表达式

运算符是区分操作功能的符号。表达式是用运算符把运算数据按一定规则连接形成的运算式，以说明如何加工处理数据。

MySQL 运算符按运算功能分为算术运算符、关系运算符、逻辑运算符和位运算符 4 类。表达式按运算功能分别称为算术表达式、关系表达式、逻辑表达式和位运算表达式。表达式处理的运算数据可以为常量、变量、函数等形式。当表达式中有多个运算符时，求解顺序由运算符的优先级决定。灵活构建表达式是数据查询、数据计算和变量赋值的基础，更是判断选择和循环迭代的关键。

5.3.1 算术运算

算术运算符用来进行数值计算，MySQL 有 8 种算术运算符，如表 5-1 所示。

表 5-1 算术运算符及表达式

符号	功能	表达式举例	
+	正号运算	+(−5)	#结果为−5
−	负号，取相反数	−(−5)	#结果为 5
*	乘法运算	3 * (−5)	#结果为−15
/	除法运算	15 / (−5)	#结果为−3
%、MOD	模运算，取整除后的余数	13%5	#结果为 3
DIV	整除，取商的整数部分	13 DIV 3	#结果为 4
+	加法运算	3+5	#结果为 8
−	减法运算	23−5	#结果为 18

相关说明如下。

（1）表达式中不能省略任何一个运算符。

（2）+和−还可以用来计算日期，示例如下。

```
'2019-06-19 22:55:02'+INTERVAL 22 DAY      #结果为'2019-07-11 22:55:02'
```

字符串会自动转换为数字进行算术运算。当字符串包含的字符和数字不能按数值形式理解时，则转换成 0 参与算术运算。例如，'42'+x'20'，字符串'42'会自动转换成整数 42 和十六进制数 20 相加，结果为 74。

5.3.2 关系运算

关系运算（又称比较运算）用于比较两个数字或字符串，结果为 TRUE（1）、FALSE（0）或 NULL（不能确定）。常见的关系运算符如表 5-2 所示。

表 5-2 常见的关系运算符及表达式

符号	功能	表达式举例
>	大于	1 > (−5) #结果为 TRUE（1）
<	小于	3 < (−5) #结果为 FALSE（0）
>=	大于或等于	5>=5 #结果为 TRUE（1）
<=	小于或等于	3<=5 #结果为 TRUE（1）
=	等于	5=3 #结果为 FALSE（0）
!=、<>	不等于	5 <> 5 #结果为 FALSE（0）
<=>	相等或都为 NULL	0<=>NULL #结果为 FALSE（0）
IS NULL	判断是否为空	IS NULL(3) #结果为 FALSE（0）
BETWEEN…AND…	判断一个值是否介于两个值之间	10 BETWEEN 0 AND 10 #结果为 TRUE（1）
LIKE	判断一个字符串是否匹配某个模式	'SOS' LIKE '_0%' #结果为 TRUE（1）
REGEXP/RLIKE	判断一个字符串是否正则匹配某个模式	'OS' RLIKE '^0.*' #结果为 TRUE（1）
IN	判断一个值是否出现在某个值列表中	5 IN（6, 5, 4） #结果为 TRUE（1）

相关说明如下。

（1）NULL 参加的比较运算，除了安全相等 "<=>"、IS NULL 外，返回结果几乎都是 NULL。换句话说，只能用 "<=>"、IS [NOT] NULL 对 NULL 进行比较。示例如下。

```
NULL=NULL,NULL<3        #结果都是 NULL
```

（2）字符串比较时（除非用 BINARY 关键字），默认不区分大小写，还会忽略字符串尾部的空格字符（不比较字符串尾部的空格字符）。

（3）[NOT] BETWEEN、[NOT] IN、[NOT] LIKE、[NOT] REGEXP、IS [NOT] NULL 同时也属于逻辑运算符。

5.3.3 逻辑运算

逻辑运算（又称布尔运算）用于测试复合的条件是否成立，其结果为 TRUE(1)、FALSE(0) 或 NULL（不能确定）。常见的逻辑运算符有 4 种，如表 5-3 所示。

表 5-3　常见的逻辑运算符及表达式

符号	功能	表达式举例	
NOT、!	非、否定，判断指定条件是否不成立	! (+0)	#结果为 TRUE（1）
AND、&&	逻辑与，判断是否两个条件都成立	3 AND FALSE	#结果为 FALSE（0）
OR、||	逻辑或，判断是否有 1 个条件成立	5 || FALSE	#结果为 TRUE（1）
XOR	逻辑异或，判断是否有且仅有 1 个条件成立	3 XOR 0	#结果为 TRUE（1）

说明：NULL 参与的逻辑运算，结果一般为 NULL（NULL AND FALSE、TRUE OR NULL 除外）。

5.3.4　位运算

位运算用于对数值的每一个二进制位进行逐位处理，结果为二进制数。用 SELECT 语句时按十进制数显示结果。常见的位运算符有 6 种，如表 5-4 所示。

表 5-4　常见的位运算符及表达式

符号	功能	表达式举例	
~	位非，逐位取反	~(b'1011')	#结果为 4（b'0100'）
&	按位与，相应位都为 1，结果位才为 1	b'1011'&b'1100'	#结果为 8（b'1000'）
|	按位或，相应位至少有 1 个为 1，结果位才为 1	b'1011'|b'1001'	#结果为 11（b'1011'）
^	按位异或，相应位只有 1 个为 1，结果位才为 1	b'1011'^b'1101'	#结果为 6（b'0110'）
>>	位右移	b'1011'>>2	#结果为 2（b'0010'）
<<	位左移	b'1011'<<2	#结果为 44（b'101100'）

说明：二进制数 1011 的位非运算，因 1 取反是 0，0 取反是 1，所以结果为 0100，也就是十进制的 4；二进制数 1011 与 1101 的位异或（也叫排斥或）运算，1 和 1 发生排斥，结果位为 0，0 和 1 不排斥，结果位为 1，所以结果为 0110，也就是十进制的 6。

5.3.5　运算符的优先级

求解含有多个运算符的表达式时，各运算符的优先级决定表达式的运算顺序，进而决定了计算结果。一般来说，优先级高的运算符先计算，如果优先级相同，则从左到右依次计算，如果有多层圆括号，则从里往外计算。在设计表达式时，如果无法确定优先级，可以加圆括号"（）"来明确指定计算顺序。

常见的运算符优先级如表 5-5 所示。

表 5-5　常见的运算符优先级

运算符	优先级	运算符	优先级
INTERVAL	1	|（按位或）	10
BINARY、COLLATE	2	=、>、<、>=、<=、<>、!=、<=>、IS、LIKE、REGEXP、IN	11
!（逻辑非）	3	BETWEEN、CASE、WHEN、THEN、ELSE	12
+（正）、-（负）、~（按位取反）	4	NOT（逻辑非）	13
^（按位异或）	5	AND、&&（逻辑与）	14
*（乘）、/（除）、DIV（整除）、%或 MOD（求余、模运算）	6	XOR（异或）	15
+（加）、-（减）	7	OR、||（逻辑或）	16
<<（位左移）、>>（位右移）	8	=（赋值）、:=（赋值）	17
&（按位与）	9		

相关说明如下。

（1）只需要 1 个数据就可以进行运算的运算符是一元运算符，也称单目运算符。需要两个数据才能运算的运算符称为二元运算符，也称双目运算符。大多数运算符都是二元运算符。

（2）一元运算符!、 +、−、～的优先级较高（如表中的 3、4 优先级）。

（3）赋值运算符 =、:= 的优先级最低。

一般来说，各类运算符的优先次序如下。

单目运算符>双目运算符。

算术运算>位运算>比较运算>逻辑运算。

例如，表达式 5*b'1011'^b'0111'>>2&3<=>3 中，按位异或^的优先级最高，其次是乘法运算*，第 3 是位右移 >>，第 4 是按位与 &，最低的是关系运算中的安全相等<=>，所以该表达式等同于(((5*(11^7))>>2)&3)<=>3、(((5*12)>>2)&3)<=>3、((60>>2)&3)<=>3、(15&3)<=>3、3<=>3，结果为 TRUE。

5.4 流程控制语句

流程控制语句是用来控制程序执行顺序的语句。通过对程序流程的组织和控制，可提高程序的处理速度，满足程序设计的需要。流程控制语句只在存储程序中使用。在 MySQL 中用 IF 和 CASE 实现选择控制，用 WHILE、LOOP、REPEAT 进行循环迭代，用 ITERATE 和 LEAVE 在循环中实现流程转移。

5.4.1 选择语句

人生无处不选择

人生由一个又一个的选择构成。每次面临选择时，要以正确的世界观、人生观、价值观指导自己做出选择。尽管每个人的人生目标不同，职业选择各异，但只有把自己的小我融入祖国的大我、人类的大我之中，与时代同步伐、与人类共命运，才能更好地实现人生价值、升华人生境界。

拓展知识

MySQL 选择语句分为单项选择、双项选择、多项选择 3 类，其执行流程如图 5-1 所示。

（1）"条件 1"和选项"S1"是必选项，其余条件和选项都是任选的。

（2）每一个选项都可以是一条或多条 SQL 语句。

（3）在所有条件都不满足时"Sn+1"才会执行。

（4）若缺省"Sn+1"，且所有条件"Si"都不成立，则放弃全部选项的选择。

MySQL 中也用 IF 和 CASE 语句根据条件选择值。

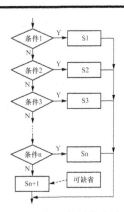

图 5-1　选择语句的执行流程

1. IF 语句

IF 语句的语法格式如下。

```
IF 条件1 THEN S1;
    [ELSEIF 条件2 THEN S2;]
    ...
    [ELSEIF 条件n THEN Sn;]
[ ELSE Sn+1;]
END IF;
```

功能：根据若干条件，从若干选项中至多选取一个来执行。

其中，方括号 "[ ]" 部分表示任选项，其余为必选项。去除全部任选项后就是单项选择；必选项+任选项 "ELSE Sn+1；" 可以实现双项选择。多项选择时需要灵活加上相应的 "ELSEIF 条件i THEN Si；" 并决定是否选用 "ELSE Sn + 1;"。

【例 5-1】 根据代表星期几的整数 n，设置局部字符型变量 wd 是 "工作日" "双休日" 或者 "参数错"。核心代码如下。

```
DECLARE wd char(3) CHARSET gbk;
    #定义字符型局部变量wd，默认值为 NULL
    #用IF语句根据参数n设置wd的合适结果
IF n>7 OR n<1 THEN
    SET wd='参数错';
ELSEIF n>5 THEN
    SET wd='双休日';
ELSE
    SET wd='工作日';
END IF;
```

2. CASE 语句

CASE 语句一般用于实现有两个及以上选项的选择，有两种形式。

最常用的 CASE 语句的语法格式如下。

```
CASE
    WHEN 条件1 THEN S1;
    [WHEN 条件2 THEN S2;]
        ...
    [WHEN 条件n THEN Sn;]
    [ELSE Sn+1;]
END CASE;
```

其中，只保留必选项和任选项 "ELSE Sn+1;" 可以实现双项选择。多项选择时需要加上相应的 "WHEN 条件i THEN Si;" 并决定是否省略 "ELSE Sn+1;"。

例如，【例 5-1】中的 IF 语句可以改成如下形式。

```
CASE
    WHEN n>7 OR n<1 THEN
        SET wd='参数错';
    WHEN n>5 THEN
        SET wd='双休日';
```

```
        ELSE
            SET wd='工作日';
    END CASE ;
```

若 CASE 语句是根据某个表达式值来进行选择的，不同的值就对应不同的选项，则 CASE 语句还可以用简化形式，如下所示。

```
CASE 表达式
WHEN 值1 THEN S1;
  [ WHEN 值2 THEN S2;]
        …
  [WHEN 值n THEN Sn;]
  [ELSE Sn+1;]
END CASE;
```

【例 5-2】 根据整数 *n* 输出"星期一""星期二"…或者"参数错"。核心代码如下。

```
#用简化 CASE 语句实现多项选择
DECLARE wd char(3) CHARSET gbk;
CASE n
    WHEN 7 THEN SET  wd='星期日';
    WHEN 6 THEN SET  wd='星期六';
    WHEN 5 THEN SET  wd='星期五';
    WHEN 4 THEN SET  wd='星期四';
    WHEN 3 THEN SET  wd='星期三';
    WHEN 2 THEN SET  wd='星期二';
    WHEN 1 THEN SET  wd='星期一';
    ELSE SET  wd='参数错';
END CASE;
```

⚠ 注意

（1）本实例中有 8 个选项，前 7 个选项的入选条件是表达式"n"的 7 个值，最适合用简化的 CASE 语句；最后的选项"SET wd='参数错';"，其入选条件是前 7 个值都不是表达式"n"的值。

（2）CASE 需要覆盖所有可能选项，若某个选择条件成立却无对应选项，则会出现"ERROR 1339 (20000): Case not found for CASE statement"。例如判断整数"x"的正负号需要提供全部 3 个可能选项。如果仅提供"x>0"和"x<0"时的两个选项，那么当出现"x=0"的"意外"时，就会因无"选项"可选而出错。

5.4.2 循环控制语句

循环结构也叫重复结构，用来表达有条件、有规律、周而复始的数据迭代或处理过程。其中，有规律的、需要重复执行的部分叫作循环体。决定循环体执行过程（是否执行、执行几遍、何时停止）的依据称为循环条件。循环条件一般是比较表达式或逻辑表达式。

循环不是障碍，是基本功

循环结构是在一定条件下反复执行某段程序的流程结构，循环是有条件、有规律、周而复始的数据迭代或处理过程。要用好循环，需要从解决问题的大局出发，找出需多次重复的部分，将其按循环的规律和框架落实到循环的每一个"小节"中。在辩证法中，循环恰恰是质量互变规律和否定之否定规律的体现，是一个无限循环、不断递进的过程。就像对待中国优秀传统文化，我们也应该在继承中发展，用现代语言形式表达其丰富内涵，使人们真正理解其意义。

MySQL 中，共有 WHILE、REPEAT 和 LOOP 3 种循环控制语句。这些循环还经常与流程转移控制语句 ITERATE 和 LEAVE 结合使用。

1．WHILE 语句

WHILE 语句的语法格式如下。

```
[WHILE 标签:]WHILE 循环条件 DO
    循环体语句;
    #可以包含 LEAVE [WHILE 标签]语句和 ITERATE 语句
END WHILE [WHILE 标签];
```

功能：当条件成立时，反复执行循环体，直到条件不成立时为止。

WHILE 语句的执行流程如图 5-2 所示。

WHILE 语句的执行分以下 3 步完成。

① 求解"循环条件"，若结果为 FALSE，转第③步；若为 TRUE，转第②步。

② 执行一遍循环体语句，转第①步。

③ 结束循环，执行"END WHILE [WHILE 标签];"的后续语句。

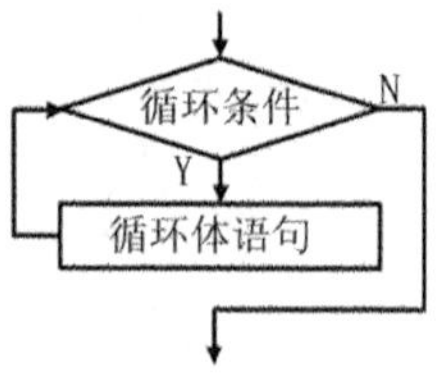

图 5-2　WHILE 语句执行流程

WHILE 语句的相关说明如下。

（1）若有可选项"[WHILE 标签]"，则本语句开头的、中间的和尾部的"WHILE 标签"应一致。

（2）END WHILE 后以"；"结束。

（3）"循环体语句;"可以是 1 条或多条 SQL 语句，可包含 ITERATE 和 LEAVE 语句。

ITERATE 和 LEAVE 语句的作用说明如下。

ITERATE 提前结束本次循环，跳过"ITERATE"与"END WHILE [WHILE 标签];"之间的循环体语句部分，进行循环条件的判断。此时还没有退出循环，若"循环条件"仍成立，则会再次从头执行循环体语句，直到循环条件不成立时才退出循环。ITERATE 语句只能在循环中使用，其他地方不能用 ITERATE 语句。

"LEAVE [语句标签];"离开由"语句标签"标记的语句或语句段。循环中"LEAVE [语句标签];"可以实现退出由"语句标签"标记的循环语句。退出 WHILE 语句相当于执行到了 WHILE 语句的第③步，转而执行"END WHILE [WHILE 标签];"的后续语句。LEAVE 语句也可以在循环外使用。

【例 5-3】　素数是只能被 1 和它自身整除的正整数。请设计存储函数 IsPrime()，判断

给定的正整数 n 是不是素数。

程序解析：若 n 是素数，则比 n 小的正整数 i（2,3,4,…,n-1）都不可能整除 n。反之，若发现其间有任意一个 i 能整除 n，则 n 一定不是素数。

根据程序解析，设计如下测试循环。

（1）循环条件：用于测试 n 的每一个正整数 i 要大于或等于 2，而且要小于 n。

（2）循环体：实现对 n 的一次测试。

第 1 步：若 i 能整除 n，则提前断定 n 不是素数，因为不必再做别的测试，用 LEAVE 终结本循环；若 i 不能整除 n，还需要用别的数来测试 n，转到第 2 步。

第 2 步：改 i 为下一个正整数，以备下一次循环时用来测试 n。

代码如下。

```
DELIMITER $$
CREATE FUNCTION IsPrime(n int) RETURNS int
BEGIN
    DECLARE i int DEFAULT 2;              #i 代表从 2 开始直到 n-1 中的一个正整数
    DECLARE yn int DEFAULT 1;             #先假定 yn 为 1，代表 n 为素数
    testW:WHILE i<n DO                    #用 testW 作为本 WHILE 循环的语句标签
            IF n%i=0 THEN                 #i 能整除 n，反证 n 不是素数
                SET yn=0;                 #改 yn 为 0，表示 n 不是素数
                LEAVE testW;              #结论已定，离开 testW 标记的 WHILE 循环
            END IF;                       #不再测试小于 n 的其他数
            SET i=i+1;                    #准备下一个用来测试 n 的正整数
    END WHILE testW;
    RETURN yn;
END $$
DELIMITER:
SELECT IsPrime(2),IsPrime(3),IsPrime(9);
```

运行结果：1 1 0。

2．LOOP 语句

LOOP 语句的语法格式如下。

```
[LOOP 标签:]LOOP
    循环体语句;          #可包含 ITERATE 和 LEAVE 语句
END LOOP [LOOP 标签];
```

功能：无条件反复执行循环体语句。若循环体语句中没有 LEAVE 语句，将导致本循环语句永远重复执行，变成死循环。

LOOP 语句的执行流程如图 5-3 所示。

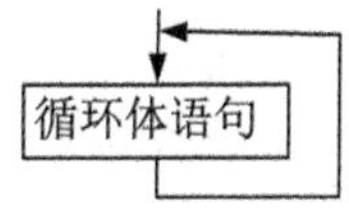

LOOP 语句的执行分两步完成：

① 执行一遍循环语句；

② 转第①步。

图 5-3 LOOP 语句执行流程

LOOP 语句的相关说明如下。

（1）若有可选项"[LOOP 标签]"，则本语句开头的"LOOP 标签"和尾部的"LOOP 标签"应一致。

（2）END LOOP 后以 ";" 结束。

（3）"循环体语句;"可以是一条或多条 SQL 语句，可包含 LEAVE 和 ITERATE 语句。

（4）LOOP 语句本身没有结束机制，必须使用 LEAVE 语句才能离开 "END LOOP [LOOP 标签];"，从而终止循环，而 LEAVE 语句一般配合 IF 语句使用。

【例 5-4】 利用 LOOP 语句设计函数 IsPrime2()，判断给定的正整数 n 是不是素数。由于 LOOP 语句无条件执行循环体，因此对素数 2 不做测试处理。

代码如下。

```
DELIMITER $$
CREATE FUNCTION IsPrime2(n int) RETURNS int
BEGIN
    DECLARE i int DEFAULT 2;          #i 代表从 2 开始直到 n-1 中的一个正整数
    DECLARE yn int DEFAULT 1;         #先假定 yn 为 1，代表 n 是素数
    IF n=2 THEN                       #2 是素数，没有大于 1 但小于 2 的整数
        RETURN yn;
    END IF;
    testL:LOOP                        #用 testL 标记本 LOOP 循环
        IF n%i=0 THEN                 #i 能整除 n，反证 n 不是素数
            SET yn=0;                 #改 yn 为 0，表示 n 不是素数
            LEAVE testL;              #离开 testL 标记的 LOOP 循环语句
        END IF;
        SET i=i+1;                    #准备下一个用来测试 n 的正整数
        IF i>=n THEN                  #所有能测试的数都测试完毕，n 是素数
            LEAVE testL;              #离开 testL 标记的 LOOP 循环语句
        END IF;
    END LOOP testL;
    RETURN yn;
END $$
DELIMITER;
SELECT IsPrime2(2),IsPrime2(3),IsPrime2(9),IsPrime2(47);
```

执行结果： 1 1 0 1。

3．REPEAT 语句

REPEAT 语句的语法格式如下。

```
[REPEAT 标签:]REPEAT
    循环体语句;      #可以包含 ITERATE 和 LEAVE 语句
    UNTIL 结束条件
END REPEAT [REPEAT 标签];
```

功能：当"结束条件"不成立时，反复执行循环体语句，直到"结束条件"成立为止。

REPEAT 语句的执行流程如图 5-4 所示。

REPEAT 语句的执行分 3 步完成：

① 执行一遍循环体语句；

② 求解"结束条件"，若结果为 FALSE，转第①步，若为 TRUE，则转第③步；

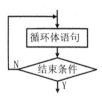

图 5-4　REPEAT 语句执行流程

③ 结束循环，执行"END REPEAT [REPEAT 标签];"的后续语句。

REPEAT 语句的相关说明如下。

（1）若有可选项"[REPEAT 标签]"，则本语句开头的"REPEAT 标签"和尾部的"REPEAT 标签"应一致。

（2）END REPEAT 后以 "；" 结束。

（3） "循环体语句；"可以是一条或多条 SQL 语句，可包含 LEAVE 和 ITERATE 语句。

【例 5-5】 请用 REPEAT 语句设计函数 IsPrime3()，判断给定的正整数 *n* 是不是素数。

本例用 REPEAT 改写测试循环，因为 REPEAT 语句是先执行循环体，再判断条件的，所以对特殊的素数 2 不做测试处理。

代码如下。

```
DELIMITER $$
CREATE FUNCTION IsPrime3(n int) RETURNS int
BEGIN
    DECLARE i int DEFAULT 2;              #i 代表从 2 开始直到 n-1 中的一个正整数
    DECLARE yn int DEFAULT 1;             #先假定 yn 为 1，代表 n 是素数
    IF n=2 THEN                           # 2 是素数，没有大于 1 但小于 2 的整数
        RETURN yn;
    END IF;
    testR:REPEAT                          #将 testR 作为 REPEAT 循环语句标签
        IF n%i=0 THEN                     #i 能整除 n，反证 n 不是素数
            SET yn=0;                      #改 yn 为 0，表示 n 不是素数
            LEAVE testR;                  #结论已提前锁定，不再测试小于 n 的其他数
        END IF;
        SET i=i+1;                        #准备下一个用来测试 n 的正整数
        UNTIL i>=n                        #测试完毕，结束循环
    END REPEAT testR;
    RETURN yn;
END $$
DELIMITER;
SELECT IsPrime3(2), IsPrime3(3),IsPrime3(9),IsPrime3(47);
```

执行结果：1　1　0　1。

4．循环控制语句小结

WHILE、LOOP 和 REPEAT 是 MySQL 循环结构家族仅有的三大循环，WHILE 循环是特别注重条件的"当型循环"，只有条件成立才重复；LOOP 循环是无条件重复；REPEAT 循环是典型的"直到型循环"，先执行循环体，再判断条件，条件不成立时才重复。相比 WHILE 循环的先计算条件和 REPEAT 循环的后计算条件，LOOP 循环可以在循环体中任意位置，用 IF 控制的 LEAVE 语句来结束循环。

5.4.3　循环与游标

SQL 数据查询结果往往有多条记录。使用 MySQL 的游标对象结合循环可以在存储程序中逐一读取和处理多条查询记录，其实现思路如下。

（1）明确单条记录要如何检查和处理，将其作为循环体依次重复要完成的任务。

（2）把"所有记录都处理完毕"作为重复的先决条件。

（3）选用合适的循环语句实现。

为了能够逐一地处理查询结果集的每一条记录，需要使用游标对象。

1. 游标的使用

游标（Cursor）又称为光标，用于逐条读取查询结果。其使用需要经过定义、打开、取数据和关闭 4 个步骤。

（1）游标的定义

游标定义也叫游标声明，用以明确需要查询的数据和"查询要求"，定义格式如下。

```
DECLARE 游标名称 CURSOR FOR SELECT 查询语句;
```

（2）游标的打开

打开游标就是按其"查询要求"执行"SELECT 查询语句"，把查询结果放到服务器内存中，并用游标名称来区分，同时把记录读取位置放在首行之前。打开游标的语法格式如下。

```
OPEN 游标名称;
```

（3）从游标中取数据

从游标中取数据的语法格式如下。

```
FETCH 游标名称 INTO 变量1[,变量2,…];
```

FETCH 命令执行一次就将记录读取位置前移一行，并读取所指向的记录，将读取的各列值依次存入 INTO 后的 1 至多个变量中。所以，变量的数量与位置都需要与游标查询的列值一一对应。若记录已经读取完毕，再执行 FETCH 命令会导致程序发生"Not Found"错误而意外停止执行。

（4）关闭游标

关闭游标的语法格式如下。

```
CLOSE 游标名称;
```

关闭游标可以释放查询结果占用的内存，节省服务器内存空间。若没有执行关闭游标的语句，在定义游标的 BEGIN…END 语句块执行结束时也会自动关闭游标。

2. 逐条处理查询记录

用游标结合循环逐条处理记录，需要注意以下几点。

（1）执行一次 FETCH 命令只能取到 1 条记录。

（2）每次 SELECT 查询往往都有多条记录，要执行多次 FETCH 命令。

为了避免 FETCH 命令执行不当导致错误，从而引起程序停止执行，可用以下方法来控制 FETCH 命令的执行次数。

（1）根据结果集的记录数量确定 FETCH 命令的执行次数。

（2）捕获 FETCH 命令导致的错误并设置相应的错误处理程序。相关知识请参照存储程序章节或参照在线帮助文档。

这里采用第一种方法来控制循环的执行次数，也就是 FETCH 命令的执行次数：先统计出符合查询条件的记录总数 n，再用计数器 m 记下当前 FETCH 命令执行的次数。当 FETCH 命令执行的次数 m 超过记录总数时，说明查询结果刚刚处理完，停止循环。所以 $m \leq n$ 就是循环执行的先决条件。具体实现见【例 5-6】。

3．循环操作数据库实例

【例 5-6】 结合游标和循环，按学号统计指定学生的总学分。

程序解析：每名学生可以选修多门课程，体现在选课表中有多条相应的选课记录。每一条选课记录都包含了学生选修的课程成绩。如果该成绩不低于及格线，则可以获得相应课程的学分，否则即便选修了课程，也得不到对应学分。如果学生在选课表中无对应记录，则说明他还未选修任何课程，已获取的学分为 0。

本例用 WHILE 循环实现，程序执行流程如图 5-5 所示，代码如下。

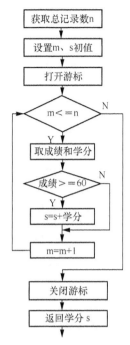

图 5-5　程序执行流程

```
USE course;
SET NAMES gbk;
DROP FUNCTION IF EXISTS getCredits;
DELIMITER $$
CREATE FUNCTION getCredits(no char(12) CHARSET gbk) RETURNS int
BEGIN
    DECLARE s,m,score,credit,n int;          #定义局部变量
    DECLARE rs CURSOR FOR                     #定义游标
    SELECT a.score,b.credit
      FROM choose a,course b
      WHERE a.course_id=b.course_id AND student_id=no;
    SELECT COUNT(*) INTO n                    #查询结果集总记录数
      FROM choose a,course b
      WHERE a.course_id=b.course_id AND student_id=no;
    SET s=0,m=1;                             #设置变量初值
    OPEN rs;                                 #打开游标
    WHILE m<=n DO                            #未取完记录时执行
        FETCH rs INTO score,credit;         #读1条记录,存入变量score、credit
        IF score>=60 THEN                    #及格以上才能获取学分
            SET s=s+credit;
        END IF;
        SET m=m+1;                          #FETCH次数m加1
    END WHILE;
    CLOSE rs;                               #关闭游标
    RETURN s;                               #返回统计结果
END $$
DELIMITER;
SELECT getCredits('1941110201103'),getCredits('193310101102');
```

运行结果：14　15。

可用如下代码查询验证，结果如图 5-6 所示。

```
SELECT c.student_id,student_name,b.course_name,a.score,b.credit
FROM choose a,course b,student c
WHERE a.course_id=b.course_id AND c.student_id=a.student_id AND
c.student_id IN ('194110201103','193310101102');
```

```
+--------------+--------------+---------------+-------+--------+
| student_id   | student_name | course_name   | score | credit |
+--------------+--------------+---------------+-------+--------+
| 193310101102 | 吴征镒       | 高等数学(一)  |    60 |      6 |
| 193310101102 | 吴征镒       | 化学          |    65 |      5 |
| 193310101102 | 吴征镒       | 体育          |    99 |      2 |
| 193310101102 | 吴征镒       | 法律基础      |    98 |      2 |
| 194110201103 | 邓稼先       | 高等数学(一)  |    90 |      6 |
| 194110201103 | 邓稼先       | 数据库应用    |    93 |      4 |
| 194110201103 | 邓稼先       | 体育          |    92 |      2 |
| 194110201103 | 邓稼先       | 高等数学      |    95 |      2 |
+--------------+--------------+---------------+-------+--------+
8 rows in set (0.02 sec)
```

图 5-6　按学号验证总学分

实例讲解

本章小结

本章介绍了 MySQL 编程的基础知识，包括：常量、变量、运算符、表达式，增强存储程序灵活性和扩展性的两个选择语句 IF 和 CASE，3 种循环控制语句 WHILE、LOOP 和 REPEAT，配合循环使用的两个转移控制语句 LEAVE 和 ITERATE，逐条读取查询记录的游标对象。本章的学习可为进一步学习存储程序奠定坚实的基础。

本章小结

本章习题

1．思考题

（1）NULL 值参与算术运算、比较运算、逻辑运算、位运算时，运算结果会有哪些情况出现？

（2）LOOP 语句本身没有退出机制，如果没有 LEAVE 或相似功能的语句存在，LOOP 循环会出现怎样的结果？

（3）MySQL 编程可以方便代码的维护和重用，而实际应用开发中常见的是大量的 PHP 等脚本代码，分析使用 MySQL 代码和 PHP 等脚本代码的异同。

（4）运算符"="和": = "有何异同？

（5）REPEAT 语句、LOOP 语句、WHILE 语句用于流程控制时，它们有什么相同之处和区别？

2．上机练习题

（1）求解表达式((6%(7-5))+8)*9-2+(5%2)的运算结果并上机验证。

（2）用命令显示常量 2.1E5、b'101'、0b101、NULL、0x123abc、x'123abc'、TRUE 的值。

（3）分别用 WHILE、LOOP 和 REPEAT 语句设计存储过程，计算 100 以内的奇数之和。

（4）用游标设计并调用存储过程，列出院系名称为"西南联合大学"的学生名单。

第6章 存储程序

存储程序是存放在 MySQL 服务器端，供其他应用程序重复使用的数据库对象。存储程序包括存储例程（包括存储过程和存储函数）、触发器和事件等。存储例程封装了一些可执行的语句，可供后续调用；触发器是对传统 SQL 语句的有益补充，当表发生更新类操作时，触发器被触发自动执行；事件能够按时刻和周期等时间要素自动调度任务，是 MySQL 特有的功能。本章在第 5 章所讲解知识的基础上，全面介绍 MySQL 中的存储程序。

本章导学

本章学习目标

- ◇ 理解存储程序的概念、分类和作用
- ◇ 掌握存储例程的创建和管理方法
- ◇ 掌握存储过程中游标和事务的使用方法
- ◇ 理解和掌握触发器与事件的使用方法

本章知识结构图

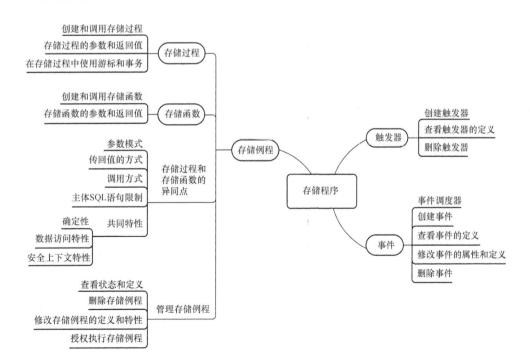

6.1 存储程序介绍

6.1.1 存储程序的概念

作为开源的数据库产品，MySQL 数据库的早期版本缺少一些商业数据库产品的重要功能。在 MySQL 5.0 和 MySQL 5.1 版本中，MySQL 提供了对存储程序的支持，使 MySQL 的功能更加丰富和全面。

MySQL 编程基础中介绍的变量声明和流程控制语句等，体现了过程化语言的特点，展示出通用编程语言的编程能力。这些扩展了的 SQL 语句要用在存储程序中才能起作用。

存储程序也称为存储模块，是在数据库服务器中存储和执行的计算机程序，与数据库中的视图一样，存储程序也作为数据库中被命名的对象而存在。存储程序中的元数据被保存在数据库的系统表中，特别重要的是，系统表记录了定义存储程序对象时指定的源代码。出于对执行效率的考虑，这些源代码的编译版本有时也被保存在系统表中。

为了了解存储程序的概念和功能，这里用图 6-1 对 MySQL 客户端和 MySQL 服务器的交互方式做简单说明。

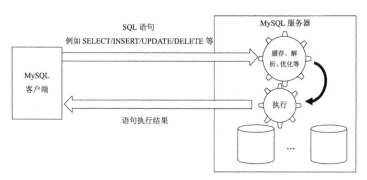

图 6-1　MySQL 客户端和 MySQL 服务器的交互过程

MySQL 客户端（通常是一个基于 DBMS 的信息系统）根据系统功能的需要，构造一定的 SQL 语句，并通过计算机网络通信的手段，将 SQL 语句发送给 MySQL 服务器。MySQL 服务器在收到 SQL 语句后，即时编译或解释执行 SQL 语句，并将 SQL 语句的执行结果通过网络回复给 MySQL 客户端。在这个工作过程中，"程序"由 MySQL 客户端"送入"MySQL 服务器。假如 MySQL 服务器完全没有内部缓存等优化考虑，那么 MySQL 服务器每一次都将面对一条"新的"SQL 语句。MySQL 服务器编译/解释 SQL 语句需要付出校验、解析等成本，这些成本有时会高于实际执行（存取数据）的成本。

一般来说，实际应用中的查询很复杂，应用程序所形成的 SQL 语句会很长，如为了支持应用程序中的一个功能，MySQL 客户端可能会先发送一条或多条 SQL 查询语句，应用程序再根据查询结果进一步形成更多的 SQL 查询或更新语句，这样就在 MySQL 客户端和 MySQL 服务器间出现一系列的请求-回复动作。如果频繁执行这种复杂的语句，就会增加网络通信的成本。

可以通过类似视图技术的手段解决这种问题。也就是说，给复杂的 SQL 语句，甚至是包含了一定业务逻辑（大都会包括变量声明和流程控制语句）的 SQL 语句"取个名字"，存储在

MySQL 服务器中,当应用程序在使用特定功能时,可以"直呼其名"地使用这些 SQL 语句。

6.1.2 存储程序的分类

MySQL 提供了存储例程、触发器和事件等不同类型的存储程序。不同类型的存储程序使用方式不尽相同。本章结合一些例子适当扩展和补充与存储程序相关的 MySQL 语法(例如条件处理等),更多相关的语法请读者自行查阅 MySQL 参考手册等资料进行补充学习。

1.存储例程

存储例程是存储在 MySQL 服务器中的、能够被复用的一系列 SQL 语句。存储例程的主要特点是可以按名称调用。在 MySQL 中,存储过程和存储函数统称为存储例程,其中,存储过程的重要性非常突出,应用最广泛。6.2~6.4 节将重点介绍在 MySQL 中创建和管理存储过程、存储函数的细节。

存储例程有以下几个特点。

(1)有助于提高应用程序的性能。使用存储例程能够减少 MySQL 客户端和 MySQL 服务器之间的数据传输,因为应用程序不必发送多条冗长的 SQL 语句,而只需发送存储过程的名称和参数,从而提升整体性能。此外,存储例程用名称代替例程代码,体现了封装的思想,使数据库的安全性、可维护性等得到很大程度的提高。

(2)安全性高。前面章节介绍了数据库程序设计中最常用的方式,即基于现有表(基本表和虚拟表)对数据的存取需要构造适当的 DML 语句。而采用存储例程,可以把针对表的操作以存储例程的方式提供给数据库用户,结合一定的授权管理,甚至可以让用户不直接访问表,而仅通过调用存储例程实施数据存取操作。

(3)可维护性高。可维护性反映了数据库设计的"应变能力"。如果数据库结构发生变化,存储例程能够以更小的代价做出快速调整,如果存储例程的对外接口(例程的参数和返回值等特征)不发生变化,那么应用系统不用做出任何调整。当数据库被多个不同的应用系统共同使用时,可维护性高的优势更加突出。如果将存储例程作为数据库用户实施数据操作的统一途径,存储例程就会成为一个绝佳的形成数据存取日志的位置,从而更好地支持审计等数据安全相关的管理需要。

存储例程虽然有这么多的优点,但过度使用也会造成内存占用大、CPU 负载重的情况。另外,当今的信息系统越来越多地采用分布式架构和分布式数据库技术,由架构带来的收益,使存储过程不再具备优势。

2.触发器

触发器是一种被命名的数据库对象,和一个基本表关联,并且在基本表上特定事件出现时被触发。触发器依附于一个基本表存在并在对应表上发挥作用。

(1)触发器的工作机制。创建触发器时,除了要指定触发器的名称及其所关联的基本表,还要指明触发事件(例如 DELETE 事件表示基本表上的记录被删除)、触发时机(BEFORE 或 AFTER,例如我们希望记录被删除以前就触发),以及要触发的动作。MySQL 服务器会在对应的基本表发生相应的事件时,适时触发相应的触发器,从而执行触发器所定义的触发动作(SQL 语句)。

(2)触发器的应用场合。鉴于触发器的工作机制,其非常适用于下面的场合。

① 最为突出的是可以用于实现自定义完整性约束。触发器可以在触发动作中对表或者

记录进行检查，根据自定义约束条件的要求，判断触发该触发器的事件（基本表上的某种更新操作）是否合理，对于不合理的情况，以纠正数据甚至是拒绝更改等方式做出响应。

② 除了判断触发事件所产生的影响是否合理外，对于被认为合理的事件，触发器也可以根据需要，以某种形式来记录或体现这种触发事件的影响。例如，在有冗余字段的设计下，用订单明细表虽然足以计算出订单金额，但为了避免重复计算，用户可以在订单表中设置订单金额字段。此时，触发器就可以关联订单明细表，在订单明细表记录发生变化时，由触发器自动地计算订单金额，从而保证数据一致性。

③ 触发器对于跟踪记录变化的其他管理需求也有很大帮助。例如在每次记录变化时，都使用触发器动作产生被影响记录的副本，这样就可以记录"全面"的"时变"数据，让数据库不遗漏任何数据存取的"蛛丝马迹"。

3．事件

事件是 MySQL 中比较有特色的一种存储程序，因为 SQL 标准中并没有提出对事件的要求（请注意：这里所说的事件和触发器的触发事件不同）。MySQL 中的事件也称为调度事件，是指在 MySQL 事件调度器的调度下，在特定的时刻所执行的任务。也就是说，MySQL中的事件就是定时的任务。

事件和触发器有一定的相似性，因为都是被"事件"触发的（如果我们把某时刻到达看成一种特殊的事件的话），被触发就是得到执行想要执行的动作（SQL 语句）的机会。二者相似之处还在于都不能使用名称调用，都是被"事件"驱动的。

定时的任务包括"定时"和"任务"两方面要素。任务就是要执行的 SQL 语句。关于定时，MySQL 的事件调度器支持一次性调度的事件，也支持周期性调度的事件。一次性调度的事件在指定的时刻被调度，从而执行指定的任务。对于周期性调度的事件，MySQL 会按照创建事件时指定的间隔时间多次调度。创建事件能够指定的"定时"细节，将在 6.7 节中详细介绍。

事件的工作机制决定了事件非常适合执行一些无人值守的系统管理任务。例如，可以周期性地生成一些汇总报告和报表数据，如企业信息系统可以每周、每月、每年形成周报、月报、年报报表数据。利用事件还可以实现周期性地清理过期失效的数据，例如每隔一段时间清理保存验证码记录的表。此外，OLTP 数据库通常应该考虑将不再活跃的历史数据及时归档，以控制表中记录数，从而提高 SQL 语句的执行效率。这时，就可以考虑定义事件，在特定的时刻，例如凌晨时间段，由事件处理归档这样的任务。

MySQL 存储
程序

6.2 存储过程

6.2.1 创建和调用存储过程

1．创建存储过程

如果要使用存储过程，首先必须在一个指定的数据库中创建存储过程对象。存储过程使用 CREATE PROCEDURE 语句创建，语法格式如下。

```
CREATE PROCEDURE sp_name ([parameter_name datatype [,…]])
    routine_body
```

该语句的使用说明如下。

（1）sp_name 是符合 MySQL 对象命名规范的存储过程名。指定了名称的存储过程会创建在默认数据库中。也可以使用 db_name.sp_name 的形式直接在指定的数据库中创建指定名称的存储过程。存储过程名建议按照见名知意的原则选取。同时，为了避免潜在的问题，指定的存储过程名不要和 MySQL 系统函数的名称相同。

（2）存储过程名称后跟一对圆括号，在其中可以指定零个或多个参数。每个参数需要指定参数名称并说明参数的数据类型。设计存储过程时，应该根据向存储过程传入或传出信息的需要确定存储过程的参数，为每个参数指定能够准确表达意义的参数名称，指定适当的数据类型。默认情况下，参数是传入参数。传入传出等参数模式将在 6.2.2 小节说明。即使不指定参数，存储过程名称后的圆括号也不能省略。参数名不区分大小写。

（3）routine_body 是一条有效的 SQL 语句，它构成存储过程的主体。一些比较简单的存储过程，例如，连接多个表并将指定的参数作为查询条件查询数据，或者向一个表中插入适当的记录，存储过程的主体可以仅包含一条 SELECT 或 INSERT 语句。如果存储过程的主体需要多条 SQL 语句，或者需要使用选择或循环等流程控制语句，就应该使用 BEGIN…END 复合语句。另外，值得注意的是，虽然上面提到存储过程的主体是一条有效的 SQL 语句，但是并不是所有的有效 SQL 语句都能够作为存储过程的主体或者出现在存储过程主体中，这一点在创建存储函数时也是类似的。如果需要了解更加详细的内容，读者可以参阅 MySQL 参考手册。

2．调用存储过程

存储过程使用 CALL 语句调用，语法格式如下。

```
CALL sp_name([parameter[,…]]);
CALL sp_name[()];
```

调用存储过程时，在 CALL 关键字后跟存储过程名，并在括号内提供具体的参数值。调用存储过程应该按照存储过程定义提供与之匹配的参数。如果存储过程没有参数，调用时，可以写括号，也可以不写。CALL 语句也可以出现在存储过程主体中，也就是说，在存储过程中可以调用另一个存储过程。

【例 6-1】 创建并调用存储过程。用存储过程实现学生信息的查询，根据给定的学号查询指定学生的学号、姓名、性别、所在院系和班级信息。

创建存储过程的代码如下。

```
CREATE PROCEDURE get_stu_info(StuNo char(12))
SELECT s.student_id,s.student_name,s.gender,d.department_name,
       c.class_name
FROM student s
JOIN department d ON s.department_id=d.department_id
JOIN classes c on s.class_id=c.class_id
WHERE s.student_id=StuNo;
```

调用存储过程的代码如下。

```
CALL get_stu_info('194110201103');
```

查询结果如图 6-2 所示。

```
+---------------+--------------+--------+-------------------+----------------------+
| student_id    | student_name | gender | department_name   | class_name           |
+---------------+--------------+--------+-------------------+----------------------+
| 194110201103  | 邓稼先        | 男      | 西南联合大学        | 西南联合大学班         |
+---------------+--------------+--------+-------------------+----------------------+
```

图 6-2　【例 6-1】查询结果

6.2.2　存储过程的参数模式

对于存储过程参数列表中指定的参数，还可以说明参数模式。参数模式指明了参数在存储过程的调用者和存储过程之间的传递方向。存储过程的参数模式，语法格式如下。

```
[{IN|OUT|INOUT}] parameter_name datatype;
```

在参数前可以指定可选的 IN、OUT 或 INOUT 参数模式说明符。

IN 模式指参数值由存储过程的调用者传递到存储过程。IN 模式是默认的模式。如前所述，存储过程的参数默认就是传入的参数，因此，对于传入参数的情况，一般不书写 IN 说明符。另外，请注意 IN 模式是一个单向传递模式。也就是说，如果在存储过程体中修改了 IN 参数的值，存储过程调用者是无法看到这种修改的。从提供和使用的角度来看，IN 参数值是由存储过程调用者提供，由存储过程使用的值。局部变量和常量值都可以作为 IN 参数值。

OUT 模式和 IN 模式刚好相反。OUT 模式用于存储过程把值传给存储过程的调用者，OUT 参数值由存储过程赋值，由存储过程调用者使用被"返回"的值。这一特点，有效地打破了 MySQL 对存储过程不允许用 RETURN 语句返回值的限制。从存储过程调用者的视角来看，由于 OUT 参数要"接收"值，因此，局部变量可以作为 OUT 参数，而常量则不可以。OUT 参数可以用于"返回"有业务领域意义的值。例如查询一个指定学号的学生的平均成绩时，该平均成绩就可以考虑用 OUT 参数传给存储过程调用者。另外，在实践中也经常用 OUT 参数返回一个状态值，来表明存储过程执行的状态（如正常、出错，甚至更多的不同状态）。

从用词容易看出，INOUT 模式兼有 IN 模式和 OUT 模式的特点。INOUT 参数由存储过程调用者提供值，在存储过程主体中可以读取这个由调用者提供的值。在存储过程主体中对该参数的值的修改，也将被存储过程的调用者看到。从传递的方向来看，INOUT 模式有明显的"双向"传递特点。

【例 6-2】　创建并调用带 OUT 参数的存储过程，按照指定学号查询对应学生所学课程的平均成绩。

创建存储过程的代码如下。

```
CREATE PROCEDURE get_stu_avg_score(StuNo char(12),OUT Score float)
SELECT avg(choose.score) INTO Score FROM choose WHERE student_id=StuNo;
```

⚠️ **注意**：存储过程的参数名 Score 和所查询的 choose 表中的 score 字段是同名的，因此，在表达式 avg(choose.score) 中使用了表名.列名的限定形式，否则将会被视作对存储过程参数的引用，而不是对表中字段的引用。当然，也可以通过为存储过程参数指定一个不同的名称，来避免这种同名情况可能带来的问题。

调用存储过程的代码如下。

```
SET @avg_score=0;
CALL get_stu_avg_score('1941110201103',@avg_score);
SELECT @avg_score  AS '平均分';
```

查询结果如图 6-3 所示。

存储过程 get_stu_avg_score 的第二个参数 Score 被指定为 OUT 类型
的参数，因此，在调用时，需要传递一个能够接收值的变量。本例使用
SET 语句定义了一个用户会话变量，以接收由被调用的存储过程传回的
结果。另外，用这种方式传回的值保存在用户会话变量中，为了让读者
看到它的值，在 CALL 语句之后的一条 SELECT 语句查询该变量的值。

图 6-3 【例 6-2】
查询结果

【例 6-3】 创建并调用带有更新操作的存储过程。用存储过程实现学生账户密码的修
改，要求提供学号、原密码和新密码，当学号和原密码匹配时，将密码修改为新密码，否
则不予以修改。

创建存储过程的代码如下。

```
CREATE PROCEDURE change_password(StuNo char(12),
    OldPassword char(32),NewPassword char(32))
UPDATE student SET `password`=NewPassword
WHERE student_id = StuNo AND `password`=OldPassword;
```

调用存储过程的代码如下。

```
CALL change_password('193310101102','123456','654321');
```

因为字段名和关键字 PASSWORD 重名，所以用`password`的形式将字段名 password 用`
`包引起来。本例中执行调用存储过程 change_password 的 CALL 语句后，没有任何输出，未
能说明密码是否被修改。如果在调用存储过程后需要了解密码是否被修改，可以在存储过程
的主体中使用 SELECT 语句给出提示性文字，或者使用 OUT 参数传回不同的值以表明状态。

6.2.3　存储过程返回结果集

存储过程虽然不允许使用 RETURN 语句返回值，但是可以使用 OUT 参数由存储过
程向存储过程的调用者传回值。这是存储过程和存储函数的一个显著差异，即存储过程
提供了更为灵活的“返回”值的能力。此外，存储过程还可以使用 SELECT 等语句返回
结果集。

要从存储过程中返回结果集，只要将 SELECT 语句（或者其他能够返回结果集的语句）
作为存储过程的主体即可，或者把 SELECT 语句作为存储过程主体复合语句中的一部分。
【例 6-1】便有这样的特点。

这个语法特点使存储过程也适合用于封装数据存取操作。直接把查询语句作为存储过
程的主体，使用存储过程访问数据，对外（存储过程的调用者）不仅起到简化访问的作用，
也有利于避免数据库用户直接操作表。

6.2.4　存储过程的安全上下文

学习数据库的初学者通常不太需要关心数据库的安全问题，或者说至少到目前为止还

不太需要。实际上，数据库的安全性是 DBMS 中非常重要的一点。本小节主要针对存储过程执行时的安全上下文进行说明。

所谓的安全上下文就是存储过程执行时的一种环境，通俗地说，它关系到数据安全性检查的一些方面。存储过程的执行实际上就是对存储过程主体 SQL 语句的执行，而这些语句的执行也要接受权限的检查。通过在创建存储过程时接受默认的选项或者做出指定，可以决定存储过程的安全上下文中，到底是按照定义者还是按照调用者的权限来检查。定义者和调用者又是谁呢？下面是包含两个可选项的 CREATE PROCEDURE 语句。

```
CREATE
    [DEFINER={user|CURRENT_USER}]
    PROCEDURE sp_name ([proc_parameter[,…]])
    [SQL SECURITY {DEFINER|INVOKER}] routine_body
```

该语句中可以包含 DEFINER 子句，用以说明存储过程的定义者；也可以包含 SQL SECURITY 子句，用以说明 SQL 安全设置。

在不包含 DEFINER 子句时，相当于使用了 DEFINER=CURRENT_USER 的默认取值。也就是说，定义者默认值就是执行 CREATE PROCEDURE 语句的当前数据库用户。如果希望指定一个不是当前数据库用户的其他用户作为存储过程的定义者，则可以包括 DEFINER = user 这样的子句，其中 user 表示数据库用户，使用'user_name'@'host_name'的格式，例如'root'@'localhost'。

下面创建的存储过程 account_count()指定了定义者为'admin'@'localhost'，代码如下。

```
CREATE DEFINER='admin'@'localhost' PROCEDURE account_count()
SELECT 'Number of accounts:',COUNT(*) FROM mysql.user;
```

另外，DEFINER 子句中允许使用的值要视当前登录的数据库用户而定，如果指定了一个不存在的用户，执行 CREATE PROCEDURE 语句时会得到警告，存储过程仍然能够成功创建。

调用者就是执行 CALL 语句调用存储过程的用户。

在未包含 SQL SECURITY 子句的 CREATE PROCEDURE 语句中，相当于使用了默认的 SQL SECURITY DEFINER。其意义是，当执行存储过程主体中的语句时，若要进行权限检查，就按存储过程的定义者的权限进行检查。或者说，在执行存储过程主体时，当前用户是存储过程的定义者。例如，A 用户创建的存储过程，B 用户在调用这个存储过程时，执行存储过程时，MySQL 会认为当前用户是 A 用户。如果希望在存储过程执行过程中的当前用户是当前登录的用户，或者说是真实的调用存储过程的用户，可以使用 SQL SECURITY INVOKER 子句说明。

例如，以下 CREATE PROCEDURE 语句创建的存储过程在执行时，会要求调用者具备对 mysql.user 表的 SELECT 权限。

```
CREATE DEFINER='root'@'localhost' PROCEDURE account_count()
SQL SECURITY INVOKER
SELECT 'Number of accounts:',COUNT(*) FROM mysql.user;
```

本小节所提到的安全上下文，不仅适用于存储过程，存储例程，甚至存储程序，都支持一定的安全上下文选项。实际上，视图也是一种存储对象，也有和存储过程类似的上下文安全选项。

6.3 存储函数

6.3.1 创建和调用存储函数

MySQL 支持的另一种存储例程是存储函数。存储函数使用 CREATE FUNCTION 语句创建。CREATE FUNCTION 语句的语法格式如下。

```
CREATE FUNCTION function_name ([parameter_name datatype [,…]])
    RETURNS datatype
    routine_body
```

该语句的使用说明如下。

（1）function_name 是符合 MySQL 对象命名规范的存储函数名。指定了名称的存储函数会创建在默认数据库中。也可以使用 db_name.function_name 的形式直接在指定的数据库中创建指定名称的存储函数。存储函数名建议按照见名知意的原则选取，并且不要使用 MySQL 已有系统函数的名称。

（2）存储函数的参数列表和存储过程的参数列表的定义形式和规则基本类似，但不能像存储过程那样指定参数的模式。换句话说，存储函数的参数都是 IN 类型的参数，参数值由存储函数的调用者单向传递给存储函数。

（3）RETURNS 子句是必需的，用于说明存储函数返回值的数据类型。存储过程不允许使用 RETURN 语句返回值，而存储函数则要求必须用 RETURN 语句返回值。

⚠️ 注意：不要混淆 RETURNS 和 RETURN。

（4）routine_body 是一条有效的 SQL 语句，构成存储函数的主体。RETURN 语句一定要出现在存储函数的主体中。如果存储函数的主体只有一条语句，那么必然是 RETURN 语句。存储函数的主体一般是复合语句，其中包含 RETURN 语句。如果 RETURN 语句中的值类型和 RETURNS 子句声明的类型不同，则返回值会转换为 RETURNS 子句声明的类型。此外，要调用已经创建的存储函数，不需要像调用存储过程那样使用 CALL 语句，直接在表达式中使用存储函数名带参数的形式即可，就如同调用 MySQL 系统函数一样。存储函数的求值结果就是存储函数的返回值。

【例 6-4】 创建并调用存储函数，按照指定学号查询对应学生所学课程的平均成绩。
创建存储函数的代码如下。

```
CREATE FUNCTION get_stu_avg_score(StuNo char(12))
RETURNS float
RETURN (SELECT avg(choose.score) FROM choose WHERE student_id=StuNo);
```

调用存储过程的代码如下。

```
SELECT get_stu_avg_score('194110201103') AS '平均分';
```

查询结果如图 6-4 所示。
该存储函数实现了和【例 6-2】的存储过程相同的功能，区别在于此例使用的是存储函数的返回值，而不是存储过程的 OUT 型参数。存储函数的主体仅有一个 RETURN 语句，RETURN 后的括号内包含子查询，用于将这个查询结果以函数的返回值形式返回。另外，本例中的存储函数名称 get_stu_avg_score 和【例 6-2】中的存储过程名完全相同。MySQL 允许存储过程和存储函数使用相同的名称，但是这容易让使用者将两者混淆。为了更加清楚地表明

图 6-4　【例 6-4】查询结果

一个数据库对象是存储过程还是存储函数，可以考虑使用一定的命名习惯加以区分。例如可以用 fn_ 前缀标识存储函数，用 sp_ 前缀标识存储过程。命名习惯不具备语法意义，但数据库管理员通常会遵循一定的命名习惯，例如，本书中对列名的命名使用下画线分隔单词的形式，这也属于一种典型和常用的命名习惯。

6.3.2　存储过程和存储函数的差异

存储过程和存储函数有以下 3 个方面的差异。

1．向调用程序传回数据的方式不同

存储过程不能用 RETURN 返回值，存储函数必须用 RETURN 返回值，这是 MySQL 对两种存储例程的要求。存储过程如果想要传回数据到调用程序，可以指定 OUT 或 INOUT 参数模式，在存储过程主体内设置相应的参数值，该值对存储过程调用者可见。存储过程还可以通过包含 SELECT 等语句，来返回结果集给调用程序。

2．调用方式不同

调用存储过程必须使用专用的 CALL 语句，对于空参数（即没有参数）的存储过程，调用时可以写存储过程名后的括号，也可以不写。这是因为 CALL 语句专用于存储过程，在没有参数时不加圆括号，MySQL 也能够理解该名称指代的一定是存储过程。

调用存储函数则更为简单，只要在表达式中使用存储函数名带上参数的形式即可，就像使用 MySQL 系统函数一样。对没有参数的存储函数而言，调用时的圆括号不可省略。

3．主体内允许的 SQL 语句不同

存储过程和存储函数主体内允许使用的 SQL 语句是不太一样的。概括地说，存储过程的主体允许使用的 SQL 语句要多于存储函数主体允许使用的 SQL 语句。两者同属的存储例程大类也会有一些限制。例如，ALTER VIEW 语句不允许出现在存储例程的主体中。

对存储过程主体的 SQL 语句限制，最主要的是不允许使用 RETURN 语句。如果不小心在存储过程中使用了 RETURN 语句，在创建存储过程时，系统会报告错误号为 1313 的错误，错误消息为 "RETURN is only allowed in a FUNCTION"。至于更多的限制，可以查阅 MySQL 参考手册。如果在存储过程主体中使用了不被允许的其他 SQL 语句，MySQL 会报告错误号为 1314 的错误，例如尝试创建一个包含 ALTER VIEW 语句的存储过程时，会得到 "ALTER VIEW is not allowed in stored procedures" 的错误消息。

MySQL 对存储函数主体中允许的 SQL 语句做出了更多的限制。最重要的一条就是存储函数主体中必须包含 RETURN 语句。否则，系统会报告错误号为 1320 的错误，错误消息形式为 "No RETURN found in FUNCTION 模式名.存储过程名"。存储函数中不允许出

现返回数据集的语句，例如，非 SELECT INTO 的 SELECT 语句。另外，事务控制语句也不允许出现在 MySQL 的存储函数主体中，如果存储函数的主体中使用了返回结果集的 SELECT 语句，在创建存储函数时，系统会报告错误号为 1415 的错误，错误消息为"Not allowed to return a result set from a function"。

6.3.3　存储过程和存储函数的共同特性

存储例程一般有 3 个方面的特性：确定性、数据访问特性，以及安全上下文特性。安全上下文不仅适用于存储过程，也适用于存储函数。可以在存储例程的主体前使用一个或多个特性的说明，形式如下。

```
[characteristic …] routine_body
```

其中特性的指定值如下。

```
characteristic:
 [NOT] DETERMINISTIC
|{NO SQL|CONTAINS SQL|READS SQL DATA|MODIFIES SQL DATA}
|SQL SECURITY {DEFINER|INVOKER}
```

安全上下文特性已经在 6.2.4 小节中介绍，本小节介绍确定性和数据访问特性。

1．存储例程的确定性

确定性是指给定同样的输入参数是否总得到相同的结果。[NOT] DETERMINISTIC 用于说明存储例程具有确定性或者不确定性。在没有指明确定性时，默认是 NOT DETERMINISTIC。

MySQL 系统函数 NOW()是一个典型的不确定函数，在不同的时间调用会返回不同的结果。而如下的 hello()函数具有确定性，在参数相同时，返回的结果总是相同的。

```
CREATE FUNCTION hello (name char(20)) RETURNS char(50)
RETURN CONCAT('Hello,',name,'!');
```

确定性可能会影响 MySQL 的优化。例如，一个具有确定性的存储过程首次执行的结果会被缓存起来，以后调用时将直接使用该结果。

另外需要提醒的是，确定性声明是存储例程创建者的"一面之词"，MySQL 不会去检查，也没有手段去检查存储例程确定性声明的正确性。因此，建议在指定该特性时，结合存储例程的处理逻辑如实指定该特性，或者直接接受默认的选项。

2．存储例程的数据访问特性

存储例程的数据访问特性用于说明存储例程在执行时，是否执行 SQL 语句、是否访问 SQL 数据，以及如何访问 SQL 语句。有 NO SQL、CONTAINS SQL、READS SQL DATA 和 MODIFIES SQL DATA 4 个选项可供使用。如果未指定，默认是 CONTAINS SQL。

CONTAINS SQL 指示该存储例程包含 SQL 语句，但不包含读或写数据的 SQL 语句。目前 MySQL 存储例程只能使用 SQL 语句定义存储例程的主体，因此必含有 SQL 语句。CONTAINS SQL 和 NO SQL 的意义类似。

READS SQL DATA 和 MODIFIES SQL DATA 则分别指示包含读数据的语句与写数据

的语句。对于只读取数据的情况，使用 READS SQL DATA；对于只写数据或者读写数据的情况，使用 MODIFIES SQL DATA。

另外，MySQL 也不会因为数据访问特性去限制存储例程主体中的语句。例如，指明 NO SQL 的情况下，存储例程主体中仍然可以使用 SELECT 或者 INSERT 等读写 SQL 数据的语句。当然，还是建议根据存储例程的实际访问数据特性如实指定。

【例 6-5】 创建指定了特性的存储函数，按照指定学号查询对应学生所学课程的平均成绩。

创建存储函数的代码如下。

```
CREATE DEFINER='root'@'localhost'
FUNCTION get_stu_avg_score(StuNo char(12)) RETURNS float
NOT DETERMINISTIC READS SQL DATA SQL SECURITY DEFINER
RETURN (SELECT avg(choose.score) FROM choose WHERE student_id=StuNo);
```

本例指定了存储函数具有不确定性的特点，这是因为随着时间的推移和学生选课等实际情况的发展，指定学生的选课记录和课程取得的成绩可能发生变化。同时，本例还指定了主体包含读数据的 SQL 语句及调用时按照定义者的权限检查安全上下文等特性。本例的存储函数和【例 6-4】的存储函数同名，如果已经创建了【例 6-4】中示例的存储函数，要创建本例存储函数，则需要先删除现有存储函数。

6.4 管理存储例程

6.4.1 查看存储例程的状态和定义

用户可以使用数据库管理语句——SHOW 语句来了解存储例程的状态和定义。查看 MySQL 服务器中存储例程状态的语句的语法格式如下。

```
SHOW {PROCEDURE|FUNCTION} STATUS [LIKE pattern];
```

示例如下。

```
SHOW PROCEDURE STATUS LIKE 'get_stu_avg_score';
```

用该语句可查看服务器上各个数据库中名称为 get_stu_avg_score 的存储过程的状态信息。结果会显示相应的存储例程属于哪个数据库、具体的名称、存储例程的类型、存储例程的定义者、安全上下文类型、创建时间、修改时间等信息。

用户也可以查询 INFORMATION_SCHEMA.ROUTINES 视图，了解更多的信息。例如，除了通过 SHOW 语句了解上述信息，用户还可以获取存储函数的返回值类型、存储例程的主体定义、存储例程是否具有确定性、存储例程的数据访问特性等更为全面的信息。

要查看存储例程的定义，可以使用 SHOW 语句，语法格式如下。

```
SHOW CREATE {PROCEDURE|FUNCTION} routine_name;
```

执行该语句，可以查看创建指定名称存储例程的 SQL 语句。

6.4.2 删除存储例程

不再使用的存储例程可以使用 DROP 语句删除。具体的语法格式如下。

```
DROP {PROCEDURE|FUNCTION} [IF EXISTS] sp_name;
```

该语句和删除表的语句类似，不再详述。存储例程一经删除，不可恢复。因此，建议在删除存储例程之前先查看定义并复制创建存储例程的 SQL 语句，以便恢复或者查阅使用。

6.4.3 修改存储例程的定义

虽然 MySQL 提供了 ALTER PROCEDURE 语句和 ALTER FUNCTION 语句，但它们不是用于修改存储例程主体的。要修改存储例程的主体，应该先删除存储例程，再使用 CREATE 语句创建存储例程。

6.4.4 修改存储例程的特性

MySQL 提供 ALTER 语句修改存储例程的特性。语法格式如下。

```
ALTER {PROCEDURE|FUNCTION} sp_name [characteristic…];
```

其中，特性部分可以指定数据访问选择性和安全上下文等。语法格式如下。

```
characteristic:
 {CONTAINS SQL|NO SQL|READS SQL DATA|MODIFIES SQL DATA}
|SQL SECURITY {DEFINER|INVOKER}
```

这些特性的意义在前文已经说明，这里不再细述。

6.4.5 授权执行存储例程

存储例程有助于创建更为安全的数据库。安全的核心在于权限。MySQL 中允许用 GRANT 语句授权特定的数据库账户来执行特定的存储例程。具体的语法格式如下。

```
GRANT EXECUTE ON [{PROCEDURE|FUNCTION}]
     {*.*|db_name.*|db_name.routine_name}
     TO user;
```

语句中的 user 是执行存储例程的权限将要被授予的数据库用户。语句中授权执行的存储例程可以有灵活的表达，用以泛指多个存储例程或者特指一个具体的存储例程。*.*形式和 db_name.*形式中的"*"是通配符，可以泛指所有数据库或者一个数据库下的所有存储例程。这两种形式适合快速地授权服务器上的所有存储例程或者某个数据库中的所有存储例程给用户使用。db_name.routine_name 形式则授权用户执行特定名称数据库下的特定名称的存储例程。需要注意的是，由于存储过程和存储函数可以使用相同的名称，所以使用 db_name.routine_name 形式时，不能省略 PROCEDURE 或 FUNCTION 关键字。使用带有通配符的形式时，可以省略 PROCEDURE 和 FUNCTION 关键字。

示例如下。

```
GRANT EXECUTE ON course.* TO 'user1';
GRANT EXECUTE ON PROCEDURE course.get_stu_avg_score TO 'user2';
```

第一条语句授权user1用户执行course数据库中的所有存储例程,第二条语句授权user2用户执行course数据库中的get_stu_avg_score存储过程。

6.5 在存储程序中使用游标和事务

6.5.1 在存储程序中使用游标

在存储程序中,通常存储程序的主体有多条SQL语句。对于较为复杂的存储程序,经常还会涉及对结果集的处理。此时需要使用游标编程。

1. 使用游标对象的编程规范和SQL语句

在 MySQL 中使用游标,需要遵循一定的编程规范和要求。游标有定义、打开、取数据和关闭4个步骤,这里说明在游标编程中常用的声明条件处理器的方法。

声明条件处理器的语句,可以针对某种或某些条件(由语句中的 condition 给出)做出适当的处理(由语句中的 statement 给出,使用 SQL 语句),并指定在这样的处理后,是继续(Continue)执行存储程序还是退出(Exit)存储程序。具体的语法格式如下。

```
DECLARE {CONTINUE|EXIT} HANDLER FOR condition[,condition] …statement;
```

结合游标的使用,使用者通常关心游标指针未指向有效的下一条记录这种情况(也是受制于游标的语法),并且这种情况的出现通常不至于让存储程序退出。因此,可以设置一个局部变量用来记录游标处理是否结束,在 NOT FOUND 条件处理时,把该标志变量置为 TRUE。例如下面一条 SQL 语句,就是把局部变量 done 置为 TRUE。

```
DECLARE CONTINUE HANDLER FOR NOT FOUND SET done=TRUE;
```

此外还需要注意,声明条件处理器的语句必须位于声明游标的语句之后。也就是说,在存储过程中,必须遵循先声明局部变量,再声明游标,最后声明条件处理器的声明顺序。

2. 游标应用举例

【例 6-6】 使用游标,计算指定学号学生的平均学分绩点。

平均学分绩点常用于衡量和综合评价一个学生的学习质量。绩点是将学生修过的每一门课程的课程绩点乘以该门课程的学分,累加后再除以总学分得到的。课程绩点是对选修的一门课程所取得成绩(通常是百分制成绩)的一种折算,简单地说,就是把不同的成绩对应到一定数目的等级上,每个等级给予不同的绩点值。

假定成绩按五级制划分,把百分制的 100 分到 0 分按区间分段划分为 A、B、C、D、F 5 个等级,并给每个等级分别赋予绩点值 4、3、2、1、0。绩点计算公式如图 6-5 所示。

$$\text{Rank} = \begin{cases} A, \text{for} [90,100] \\ B, \text{for} [80,90) \\ C, \text{for} [70,80) \\ D, \text{for} [60,70) \\ F, \text{for} [0,60) \end{cases} \quad \text{GP} = \begin{cases} 4, \text{for} A \\ 3, \text{for} B \\ 2, \text{for} C \\ 1, \text{for} D \\ 0, \text{for} F \end{cases}$$

按照图 6-5 所示公式计算某学生所修4门课程成绩对应的绩点,结果如表 6-1 所示。

图 6-5 绩点计算公式

表 6-1　某学生所修课程的绩点计算

Course_Name	Score	Grade	Credit	Grade_Points
高等数学	65	D	6	6
化学	88	B	5	15
计算机基础	50	F	4	0
数据库应用	76	C	4	8

表 6-1 给出了该学生所修的 4 门课程的成绩，每门课程的成绩转换为相应的等级和绩点后，和学分相乘并累加，累计值除以总学分即得平均学分绩点 1.53。

$$\frac{(6\times1+5\times3+4\times0+4\times2)}{6+5+4+4}=\frac{29}{19}\approx1.53$$

使用游标编程的思路和手动计算一样，在查询得到指定学号学生的选课记录基础上，逐条处理每门课的选课记录以求得总绩点和总学分，最后用除运算求得平均学分绩点。按照这样的计算特点，可以创建存储函数 gpa()，该函数接收一个学号参数，并返回指定学号学生的平均绩点。代码如下。

```
DELIMITER $$
CREATE FUNCTION gpa(stu_id char(12))
RETURNS decimal(3,2)
BEGIN
    DECLARE score,credit,total_credit,points,total_points int DEFAULT 0;
    DECLARE done int DEFAULT FALSE;
    DECLARE cursor_choose_course CURSOR FOR
        SELECT choose.score,course.credit FROM choose
        JOIN course ON choose.course_id=course.course_id
        WHERE choose.student_id = stu_id AND choose.score IS NOT NULL;
    DECLARE CONTINUE HANDLER FOR NOT FOUND SET done=TRUE;
    OPEN cursor_choose_course;
    loop_cursor: LOOP
        FETCH cursor_choose_course INTO score,credit;
        IF done THEN LEAVE loop_cursor;
        END IF;
        SET total_credit = total_credit+credit;
        IF score >= 90 THEN SET points=4;
        ELSEIF score>=80 THEN SET points=3;
        ELSEIF score>=70 THEN SET points=2;
        ELSEIF score>=60 THEN SET points=1;
        ELSE SET points=0;
        END IF;
        SET total_points=total_points+points*credit;
    END LOOP;
    CLOSE cursor_choose_course;
    RETURN IF (total_credit>0, total_points/total_credit,0);
END $$
DELIMITER;
```

在该存储函数中，对涉及的游标简单介绍如下。

声明的变量 done 起到状态标志变量的作用，记录了当前记录集是否处理完毕。条件处

理器声明中的针对 NOT FOUND 条件所做的处理就是设置该变量为
TRUE。这样能够在使用游标访问了所有记录后，用 done=TRUE 来体现这
一特点。done=TRUE 也将作为使程序中的循环退出的条件。

实例讲解

按照游标使用的阶段先后顺序，程序依次定义、打开、提取并关闭了
一个名为 cursor_choose_course 的游标。与游标相关联的 SELECT 查询查
找指定学号对应学生已经获取成绩的选课记录中的成绩和学分。程序在一个 LOOP 循环中
用 FETCH 逐条提取当前行数据并保存在 score 和 credit 两个变量中。之后根据前面所述规
则进行成绩到绩点的转换并进行相应的课程绩点及课程学分累计。在循环中，done 为
TRUE 时，程序退出循环。至此可以使用累加的课程绩点除以累加的学分，得到平均学分
绩点。

6.5.2　在存储过程中使用事务

存储过程和存储函数有比较大的差别，例如，有一些 SQL 语句允许在存储过程中使用
但不允许在存储函数中使用。其中就包括了事务处理的相关 SQL 语句。具体事务的功能特
性和意义请读者查阅第 7 章，本小节仅介绍使用事务的 SQL 语句。

1．显式控制事务的 SQL 语句

在未明确进行事务控制时，MySQL 不是没有事务概念，而是把每一条 SQL 语句作为
一个事务，或者说，在每一条 SQL 语句执行后 MySQL 会自动提交事务。提交的事务就持
久化地在数据库中得到体现。这看起来好像没有什么问题，执行 SQL 语句自然是希望这种
修改影响数据库。但有时则不然，请试想，执行的存储过程如果包括多条 SQL 语句且它们
均要修改数据库，并且部分语句成功执行了，而部分语句执行出错了，此时通常希望这个
存储过程不要对数据库中的原有数据产生任何影响。出于这样的原因，读者在存储过程中
可以考虑使用事务，即显式地控制事务。

显式地控制事务，简单地说，就是不再让 MySQL 自动提交事务，而是结合存储过程
的执行状态手动提交事务或回滚事务。MySQL 有 3 条语句用于显式控制事务。START
TRANSACTION 语句用于启动事务，该语句执行时会禁用自动提交模式，MySQL 不会在
一条语句执行后自动提交，直到遇到 COMMIT 或 ROLLBACK 语句时才恢复为先前自动提
交模式状态。COMMIT 语句用于提交事务，提交当前的事务，会将当前事务中的修改持久
化地保存在数据库中。ROLLBACK 语句用于回滚事务，回滚当前的事务，会取消当前事务
中的修改，就好像事务中已经成功执行的更新类语句没有被执行过一样。

2．事务控制举例

【例 6-7】　使用事务编写存储过程，用于在不同账户之间完成转账。

转账是银行等领域中非常常见的一种业务操作，可以定义一个账户表来存储账户的信
息。为简便起见，表中只包括银行账户 ID 和余额两个字段。创建表的语句如下。

```
CREATE TABLE bank_account(
    Account_Id int(11) PRIMARY KEY,
    Balance int(10) UNSIGNED NOT NULL
) COMMENT='用于展示事务的表' ENGINE=InnoDB;
```

一个正常的转账业务成功完结后，转入账户的余额增加转账金额，转出账户的余额应减少转账金额。为简单起见，事务能否成功执行仅考虑转出账户的余额是否足够扣减。不妨假定操作时先增加转入账户的余额，再扣减转出账户的余额。当足够扣减时，提交事务中对转入账户和转出账户的余额修改。当不够扣减时，回滚事务，撤销对转入账户的余额调整。当然，如果执行 SQL 时出现其他异常，考虑到事务基本是未顺利完成的，此时一般也应该回滚事务。可以定义实现该转账业务的存储过程 transfer()，代码如下。

```
CREATE PROCEDURE transfer(account_from int,account_to int,
        amount int,OUT status int)
MODIFIES SQL DATA
BEGIN
    DECLARE account_from_balance int;
    DECLARE EXIT HANDLER FOR SQLEXCEPTION
    BEGIN
        ROLLBACK;
        SET status=-1;
    END;
    START TRANSACTION;
UPDATE bank_account SET Balance=Balance+amount
    WHERE Account_Id=account_to;
SELECT balance INTO account_from_balance FROM bank_account
    WHERE Account_Id=account_from;
    IF Account_from_balance<amount THEN
        ROLLBACK;
        SET status = -1;
    ELSE
UPDATE bank_account SET Balance=Balance-amount
    WHERE Account_Id=account_from;
        COMMIT;
        SET status=0;
    END IF;
END
```

该存储过程中的显式事务控制语句简单，结构清晰，不再详细说明。

6.6 触发器

　　触发器和一个基本表关联，并且在基本表上特定事件出现时被触发。触发器提供了一种机制和手段，让存储程序能够在表记录变化时执行一定的处理。作为一种数据库对象，触发器也支持创建和删除等操作。

6.6.1 创建触发器

1. CREATE TRIGGER 语句格式

MySQL 中使用 CREATE TRIGGER 语句创建触发器，具体语法格式如下。

```
CREATE TRIGGER trigger_name
    {BEFORE|AFTER} {INSERT|UPDATE|DELETE}
    ON tbl_name FOR EACH ROW
    trigger_body
```

其中，CREATE TRIGGER 后跟触发器名称，ON 后跟与触发器相关联的表名。因此，人们也经常通俗地说在某个表上创建触发器。

关于触发器何时被触发，可以指定 BEFORE 或 AFTER，分别表示在与触发器关联的表中的记录行被修改前或者被修改后触发。根据不同的处理前提条件或者要求，可以设想该动作是在记录变化前触发还是记录变化后触发更为适宜，这有助于正确选择 BEFORE 或 AFTER。例如，要验证增加记录或修改记录的有效性，选择 BEFORE 更为适用。因为这样便于在记录被实际插入前或者被修改前进行检查，也方便触发器的主体代码采取一定的手段拒绝这种修改。

触发事件是指导致一个触发器被触发的表上的操作，可以指定 INSERT、UPDATE、DELETE 中的一个，分别表示表上有一个新的行被插入、有一个现有行被更新、有一个行被删除。把触发事件和触发器的触发时机联合起来表达，其意义非常清晰。例如 BEFORE DELETE 表明希望触发器在删除一行记录前执行，而 AFTER INSERT 则表明希望触发器在插入一条记录后执行。

FOR EACH ROW 是 MySQL 规定必须写的内容，其意义是对每一行被更改的记录都触发。之所以这样，是因为 SQL 标准规定，如果没有写 FOR EACH ROW，则触发器被认为是语句级触发器。对同一条语句，行级触发器与语句级触发器被触发的次数会有差异。例如，一条 UPDATE 语句可能影响表中的 10 行记录，语句级触发器仅触发 1 次，而行级触发器会被触发 10 次。

trigger_body 是触发器的主体语句，也就是触发器被触发时希望执行的语句。该部分可以包含较多种类的 SQL 语句，但也有一定限制。例如，触发器中可以使用绝大多数 SQL 语句，甚至可以调用存储过程。但不允许用 SELECT 语句试图让触发器返回结果集，也不允许使用 START TRANSACTION、COMMIT、ROLLBACK 等这些能够开始或结束一个事务的语句。实际上，触发器在接受语句限制方面和存储函数非常类似。主体语句可以访问触发器关联表的旧数据和新数据，也可以访问甚至更新其他表。但要注意，在存储过程中，不允许更新触发器的关联表。

访问关联表时，可以用"Old.列名"或"New.列名"的形式使用旧记录行中的字段值或新记录行中的字段值，Old 和 New 不区分大小写。形式上像使用表名，但应该注意它们仅指代表中受影响的一行记录。在 INSERT 事件的触发器中，New 代表被插入的新行；在 DELETE 事件的触发器中，Old 代表被删除的旧行；而在 UPDATE 事件的触发器中，New 和 Old 都有更为明确的意义和实际值。Old 和 New 还有一点使用上的不同，"Old.列名"是只读的，而"New.列名"的值是可以通过 SET 语句修改的，这样可以达到重新设置新值的目的。当然，用户也可以直接使用关联表的表名，这时所面对的是一个表。

2．使用触发器的注意事项

（1）同一数据库下的不同触发器不能同名，但不同数据库中的触发器可以同名。注意，触发器必须和永久表相关联，不能和临时表或者视图相关联。

（2）另外，不要混淆触发事件和 DML 中的 INSERT、UPDATE 和 DELETE 语句。虽然 INSERT、UPDATE 或 DELETE 语句会带来触发事件，但触发事件的"来源"可不局限于这几条语句，例如，LOAD DATA 和 REPLACE 语句都可能带来 INSERT 事件，除 DELETE 语句外，REPLACE 语句也可能带来 DELETE 事件。

（3）从 MySQL 5.7.2 开始，允许为同一个表上的两个触发器指定相同的触发时机和触发事件。所以如果使用较低版本，可能需要将希望执行的处理组织到一个存储过程中，高版本下拥有相同的触发时机和触发事件的两个触发器会默认按照各自创建的时间先后执行，也可以使用语句人为设置执行的先后顺序。

触发器和激活触发器的语句按照一定的执行顺序依次执行，图 6-6 所示内容主要强调了错误处理和整体事务特点。处在前面执行的语句出错将会导致后续语句不被执行。例如，BEFORE 触发器中的语句执行出错，会导致激发触发器的 SQL 语句得不到执行，类似地，如果激活触发器的 SQL 执行出错，AFTER 触发器也不会被激活。如果触发器关联的表使用了 InnoDB 这样的支持事务的存储引擎，则图中的整个处理过程可以想象为处在一个事务中。当所有的触发器和激活触发器的 SQL 语句均未出错时，事务被提交，保存所有修改；而存在任何一个部分执行出错的话，整个事务被回滚，所有修改均被放弃。在定义触发器的示例中几乎都假定了使用支持事务的表。

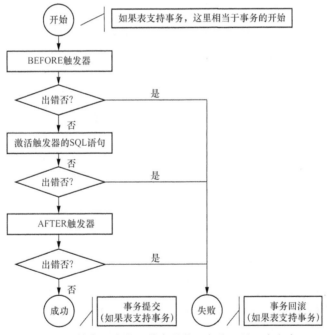

图 6-6　触发器和激活触发器的语句处于同一事务中

小智治事，大智治制

古语"小智治事，大智治制"，意为拥有小智慧的人善于处理具体事务，拥有大智慧的人通过建立健全的制度解决问题。在数据库中引入触发器机制，将过程性代码的自动执行变为可能，即是"制"。根据查询或操纵数据的需要构造 MySQL 语句，其为"治事"；对操纵数据的约束限

拓展知识

制等体制性思考及编写触发器，是为"治制"。

3. 定义触发器示例

【例 6-8】 使用触发器确保选课表中的成绩值在 0~100 之间。

触发器的一种重要应用便是实现数据检查约束。例如，教务管理中的课程成绩严格按照百分制成绩录入，即要求成绩字段值取 0~100 之间的数。因为课程的成绩均是在 choose 表上对记录的更新操作中设置的，所以可以在 choose 表上创建一个 BEFORE UPDATE 触发器，在触发器主体中对成绩字段值予以检查并处理，例如，把小于 0 的成绩设置成 0，把大于 100 的成绩设置成 100。

注意，触发器不能指定成 AFTER UPDATE，因为在 AFTER UPDATE 触发器中，不允许使用"New.列名"的形式设置新行的字段值。触发器定义如下。

```
CREATE TRIGGER valid_score_before_update_choose
BEFORE UPDATE
ON choose FOR EACH ROW
BEGIN
    IF New.score<0 THEN SET New.score=0;
    ELSEIF New.score>100 THEN SET New.score=100;
    END IF;
END
```

这个触发器作为对"SET New.列名=某值"的处理方式比较典型，但不一定是一种合理的触发器处理。在没有给出用户明确的提示信息时，把这些值直接"篡改"成别的值，可能并不是一个好的做法。检查约束更为常见的做法是拒绝无效值。这时可以使用 SIGNAL 语句来引发错误条件。SIGNAL 语句属于条件处理相关 SQL 语句，本小节并不介绍 SIGNAL 语句的完整语法格式，仅对例子中出现的语句形式做必要介绍。使用 SIGNAL 语句引发错误条件的代码如下。

```
CREATE TRIGGER valid_score_before_update_choose
BEFORE UPDATE
ON choose FOR EACH ROW
BEGIN
    IF New.Score<0 Or New.Score>100 THEN
    SIGNAL SQLSTATE '45000' SET MESSAGE_TEXT='Score must be in [0,100]';
    END IF;
END
```

这个触发器在被更新行的 score 字段值无效时，使用 SIGNAL 语句"返回"一个错误。这个错误使用"SQLSTATE '45000'"表明错误类型，按照 MySQL 参考手册的说明，5 位数字代码"45000"表示未处理的用户定义异常。SIGNAL 的 SET 子句中则给出了关于条件的信息，例如本例设置 MESSAGE_TEXT 为"Score must be in [0, 100]"就是指定的错误描述信息。如果 MySQL 客户端发起的 SQL 查询导致了该触发器返回错误状态，客户端会得知相应的错误代码和错误信息，典型的情况是把这些错误信息以一定方式显示在客户端。读者可以尝试使用一条 UPDATE 语句将 choose 表中记录的 score 字段值更新为无效值，读者会在客户端看到类似如下的错误信息。

```
SQL Error (1644): Score must be in [0,100]
```

这里的 1644 代表未处理的用户定义异常的代码，其后的描述信息是触发器中所指定的消息文本。

触发器除了可以访问其所关联的表，还可以被设置成允许访问其他表。读者可以结合自己的 MySQL 编程能力，针对实际需要定义更为复杂和灵活的触发器。例如，学校限制每位教师最多只能开设 3 门课程，为此可以定义如下触发器。

```
CREATE TRIGGER teacher_courses_constraint
BEFORE INSERT
ON course FOR EACH ROW
BEGIN
    DECLARE cnt int;
    IF (SELECT COUNT(*) FROM course
        WHERE teacher_id=New.teacher_id)>=3
        THEN
        SIGNAL SQLSTATE '45000' SET MESSAGE_TEXT='一位教师最多开设3门课程';
    END IF;
END
```

6.6.2 查看触发器的定义

与其他数据库对象类似，用户可以通过 SHOW 命令或者对 INFORMATION_SCHEMA.TRIGGERS 表的查询来获取触发器的信息。

1．查看触发器列表

使用 SHOW TRIGGERS 语句查看默认数据库或指定数据库下的触发器列表，语法格式如下。

```
SHOW TRIGGERS [{FROM|IN} db_name] [LIKE 'pattern'|WHERE expr];
```

如果读者已经在当前数据库中定义了 6.6.1 中的触发器，则执行语句 "SHOW TRIGGERS;"，可以看到 valid_score_before_update_choose 和 teacher_courses_constraint 这两个触发器对应的记录，每条记录中除了触发器名称，还有触发器的时机、事件、语句等信息。请读者自行尝试执行该语句并观察查询结果。

2．查看定义触发器的 CREATE 语句

使用 SHOW CREATE TRIGGER 语句，并给出触发器名，查看定义该触发器的 CREATE 语句。语法格式如下。

```
SHOW CREATE TRIGGER trigger_name;
```

例如，执行 "SHOW CREATE TRIGGER valid_score_before_update_choose;" 语句可以了解前述示例中定义该触发器的 SQL 语句。

3．查询 INFORMATION_SCHEMA. TRIGGERS 表

使用如下查询语句了解当前 MySQL 服务器中各个数据库内有哪些触发器。

```
SELECT TRIGGER_SCHEMA,TRIGGER_NAME,ACTION_TIMING,EVENT_MANIPULATION,
EVENT_OBJECT_TABLE,ACTION_STATEMENT
FROM INFORMATION_SCHEMA.TRIGGERS;
```

查询结果集包含触发器所属数据库、触发器名称、触发时机、触发事件、触发器关联

表及触发器（主体）动作语句等信息。

6.6.3 删除触发器

如果一个触发器不再使用，可以删除该触发器。此外，如果想要修改触发器的定义，由于 MySQL 没有提供类似于 ALTER TRIGGER 的语句，因此需要先删除该触发器再重新创建。

DROP TRIGGER 语句用于删除触发器，语法格式如下。

```
DROP TRIGGER [IF EXISTS] [schema_name.]trigger_name;
```

示例如下。

```
DROP TRIGGER IF EXISTS valid_score_before_update_choose;
```

因为触发器和表相关联，所以强调 MySQL 的两点规则：修改表名后，该表上的触发器仍然有效；在删除一个表时，表上的所有触发器也会被删除。

6.7 用事件定时执行任务

6.7.1 事件调度器与事件

1．事件调度器

MySQL 中的事件也称为调度事件，是指在 MySQL 事件调度器的调度下，在特定的时刻所执行的任务。事件调度器是核心，其核心任务是基于任务的配置信息准时地启动待执行的任务，可以被看成 MySQL 中事件机制的引擎。

MySQL 提供了事件调度器的简化操控手段，MySQL 用全局系统变量 event_scheduler 来代表事件调度器。event_scheduler 有 3 个允许的取值——OFF、ON 和 DISABLED。其默认值是 OFF，表示事件调度器处于停止状态。ON 和 DISABLED 分别表示启动状态和被禁用状态。使用语句"SHOW VARIABLES LIKE 'event_scheduler';"能够了解变量的当前状态值。该全局变量的值不仅可以读取，还可以用 SET 语句设置，或者用一定方式配置 MySQL 服务器启动时的值。

如果想要禁用事件调度器，需要使用配置手段——在服务器配置文件 my.ini 中的 [mysqld]节中包括"event_scheduler=DISABLED"，如果使用的是非 Windows 操作系统，则需要使用配置文件 my.cnf。也可以使用命令行选项——"event-scheduler=DISABLED" 达到相同的目的。需要注意的是，如果 MySQL 服务器在启动时事件调度器被禁用，则在运行中无法启动或关闭事件调度器。反过来说，如果想要在 MySQL 服务器运行期间启动或关闭事件调度器，不应该在启动时使用"event_scheduler=DISABLED"这样的配置。

如果 MySQL 服务器在启动时事件调度器未被禁用，则可以在 MySQL 服务器运行期间启动或关闭事件调度器。设置语句如下，其中的 ON 也可以替换为 1，OFF 也可以替换为 0。

```
SET GLOBAL event_scheduler=ON;
SET GLOBAL event_scheduler=OFF;
```

2．事件

事件也是一种存储程序，属于特定的数据库。事件是在数据库中创建的，并且在数据库范围内被合理命名（避免重名），事件也有它的主体语句，也就是事件被调度时要执行的 SQL 语句。事件和触发器有一定的相似性，这是因为二者都不能在 SQL 中主动调用，都是由 MySQL 在特定的时机调用的，其使用方式明显不同于存储例程的主动调用方式。触发器是基于表上的（操作）事件被激活的，而事件是基于时间被调度的。和存储例程的定义者/调用者模型对比，触发器和事件都没有调用者。

事件所特有的属性就是结合基于时间调度需要的时间和周期特点。事件被分为一次性事件和周期（重复）性事件。从事件调度器的关注点来说，关注的应该是事件在什么时间执行，以及间隔多长时间后做下一次事件的执行。事件还有过期的概念，类似于失效时间。一次性事件一旦调度结束即视作过期，重复性事件可以为其指定一个过期时间，在过期前事件重复地执行，而过期后就不应该再被执行。对于过期的事件，MySQL 允许指定这个事件从数据库中自动删除或者继续在数据库中保留。

6.7.2 创建事件

1．CREATE EVENT 语句

使用 CREATE EVENT 语句创建事件，该语句的语法格式如下。

```
CREATE EVENT [IF NOT EXISTS] event_name
ON SCHEDULE
    {AT time_spec
      |EVERY interval [STARTS time_spec] [ENDS time_spec]}
[ON COMPLETION [NOT] PRESERVE]
[ENABLE|DISABLE]
DO event_body
```

其中，time_spec 可以使用"timestamp[+INTERVAL interval]…"的形式；interval 可以使用"quantity {YEAR|QUARTER|MONTH|DAY|HOUR|MINUTE|WEEK|SECOND|YEAR_MONTH|DAY_HOUR|DAY_MINUTE|DAY_SECOND|HOUR_MINUTE|HOUR_SECOND|MINUTE_SECOND}"的形式。

说明如下。

（1）CREATE EVENT 后跟的 event_name 是为事件指定的名称。可选的 IF NOT EXISTS 子句能够保证指定名称的事件不存在时才创建，避免事件已经存在导致语句执行错误的情况。

（2）ON SCHEDULE 子句是语句的核心，它指出了事件调度的时间和周期信息。单次调度的事件用 AT 子句，即 AT 后指定时间的形式，说明在指定的时刻调度。重复调度的事件用 EVERY 子句，即在 EVERY 后以指定时间间隔的形式说明重复的周期。使用 EVERY 子句时，还可以使用可选的 STARTS 和 ENDS 子句，分别说明事件初次调度时间和截止时间。初次调度时间指定了事件第一次被调度的时间，如果没有指定初次调度时间，事件被创建后将立即调度（前提是事件调度器处于启动状态）。超过截止时间的事件将被视作过期事件，如果没有指定截止时间，则事件永不过期。

（3）关于时间的表示，可以使用形如"2020-12-31 23:59:59"的时间戳表示日期和时间，

也可以使用表达式计算出日期时间值。如果需要创建后立即调度一个一次性事件，可以使用 CURRENT_TIMESTAMP 表示时间。还有一种常用的时间表示形式是从当前时间起某个时间段后的时间，可以使用"CURRENT_TIMESTAMP+INTERVAL interval [+INTERVAL interval]…"的形式，例如"CURRENT_TIMESTAMP+INTERVAL 3 WEEK+INTERVAL 2 DAY"，表示的是从现在起 3 周零两天后的时间。表达重复性事件的周期就需要使用时间间隔，这种借助时间间隔表示时间的形式也带来了更灵活的表达时间方式。详细的单位和意义请参考 MySQL 帮助文档。

（4）DO 子句包括了事件的主体语句，即事件被调度时要执行的 SQL 语句。

（5）可选的 ON COMPLETION [NOT] PRESERVE 子句指定了事件完成后是否在数据库中保留该事件。MySQL 默认不保留过期的事件。如果考虑保留，应使用 ON COMPLETION PRESERVE 子句。

（6）可选的 ENABLE|DISABLE 部分指定事件创建之初是启用还是禁用状态。如果不予指定，事件默认是启用的。

2．创建事件举例

【例 6-9】 使用事件自动在指定的时间执行备份表的任务。

例如，要创建一个一次性的备份表事件，并且要求事件在创建 1 分钟之后执行，代码如下。

```
CREATE EVENT event_backup
ON SCHEDULE AT CURRENT_TIMESTAMP+INTERVAL 1 MINUTE
DO INSERT INTO t_bak SELECT * FROM t;
```

event_backup 事件创建后会存在于当前数据库中，但实际的事件执行时间在创建时间的 1 分钟之后。并且在调度执行后，这个事件会从数据库中删除。如果使用了 ON COMPLETION PRESERVE 子句，则该事件将在执行结束后保留，MySQL 仅将它的状态从创建之初的 ENABLED 修改为 DISABLED。

例如，创建一个重复性事件，在每天 1:30 定时备份表，代码如下。

```
CREATE EVENT daily_backup
ON SCHEDULE
EVERY 1 DAY STARTS CURRENT_DATE+INTERVAL '1:30' HOUR_MINUTE
DO INSERT INTO t_bak SELECT * FROM t;
```

EVERY 1 DAY 子句表示了以 1 天的时间间隔作为事件调度的周期。STARTS 子句表明了初次执行的时间是创建该事件的那一天的 1:30。如果创建事件的时间晚于 1:30，则事件的第一次执行时间是在第二天的 1:30。另外，语句中没有使用 ENDS 子句，说明这是一个永不过期的事件。如果创建的是一次性事件，并且所指定的事件执行时间是已经过去的时间，那么这样的事件永远得不到执行，特别是这个事件如果未指定为过期后保留，则 MySQL 会给出一个相关警告并在创建事件后立即删除这个事件。

6.7.3　查看事件的定义

使用 SHOW EVENTS 语句可显示事件列表，语法格式如下。

```
SHOW EVENTS [{FROM|IN} schema_name] [LIKE 'pattern'|WHERE expr];
```

当未指定数据库模式名称时,语句显示当前数据库中的事件。查询结果有一个 Type 列,其取值为"ONE TIME"或"RECURRING",分别表示相应的事件是一次性事件或者重复性事件。另外,还有 Execute At、Interval Value、Interval Field 和 Status 等其他字段,可用于了解事件的执行时间(一次性事件)、周期(重复性事件)和状态等。读者可自行查询并观察、理解结果。

可以使用SHOW CREATE EVENT 语句查看用于创建指定事件的SQL 语句,语法格式如下。

```
SHOW CREATE EVENT event_name;
```

该语句的功能和意义比较明确和简单,查询结果的 Create Event 字段中给出了用于创建事件的 SQL 语句。值得注意的是,得到的 SQL 语句中的 ENABLE|DISABLE 子句部分体现的是当前该事件的启用或禁用状态,而不是创建之初的状态。正因为如此,导出一个过期仍被保留的事件,其状态很可能是 DISABLE。注意语句的这一部分,必要时可以将其修改为 ENABLE 或者直接删除 DISABLE。

通过查询 INFORMATION_SCHEMA.EVENTS 表可获取事件的元数据,查询结果提供了和上面所提到的 SHOW 命令类似甚至更多的信息,请读者自行尝试。

6.7.4　修改事件的属性和定义

MySQL 中的 ALTER EVENT 语句可以用于修改事件的属性和定义,其语法格式如下。

```
ALTER EVENT event_name
ON SCHEDULE
    {AT time_spec
      |EVERY interval [STARTS time_spec] [ENDS time_spec]}
[ON COMPLETION [NOT] PRESERVE]
[RENAME TO new_event_name]
[ENABLE|DISABLE]
[DO event_body]
```

该语句与 CREATE EVENT 语句非常类似,因此,如果要修改事件的定义,不需要像其他存储程序那样先删除存储程序再重新创建同名的存储程序。ALTER EVENT 语句还包括 RENAME TO 子句,允许直接将一个事件重命名。

例如,把原来的每天 1:30 备份换成每周备份一次,初次调度的时间定在创建事件当天的 2 点,可以执行下面的代码。

```
ALTER EVENT daily_backup
ON SCHEDULE
EVERY 1 WEEK STARTS CURRENT_DATE+INTERVAL 2 HOUR
RENAME TO weekly_backup;
```

注意,上面的代码不仅根据调度时间和周期的调整修改了事件的相关属性,还把事件重命名成了 weekly_backup,因为原事件名显然和每周备份的计划不符。

6.7.5　删除事件

不再使用的事件可以在事件过期后自动删除(前提是事件会过期,并且没有指定过期后保留),用户也可以主动使用 DROP EVENT 语句将其删除,语法格式如下。

```
DROP EVENT [IF EXISTS] [schema_name.]event_name
```

例如删除 weekly_backup 事件的语句如下。

```
DROP EVENT IF EXISTS weekly_backup;
```

6.8 课程管理系统中的存储程序

存储程序在一个系统中最突出的贡献在于能够让用户换个视角看待问题，把围绕表和表上查询的视角转向侧重于对系统功能的认识，实际上，区别在于更关注数据还是更关注操作。课程管理系统中最为典型的就是选课业务操作，本节针对选课业务操作定义一组相关的存储程序。

6.8.1 选课业务的逻辑

在数据库设计和课程学习的大部分时间内，当提及"选课"时，读者第一时间想到的可能是 choose 表。该表确实是经过数据库设计所得到的课程管理系统中非常重要的表，表中记录了哪一位学生选择了哪门课程这一重要的客观事实。本小节则是从业务视角就选课操作进行深入分析，简单地说，选课业务操作的结果为向 choose 表中插入一条记录，但选课业务的内涵不仅是这样，还有它应该遵循的业务逻辑。业务逻辑主要涉及以下几点。

（1）同一个学生不能重复选修一门课（此处为了简化，不讨论重修的情况）。

（2）这一次选课操作如果成功，应该保证已选课人数小于或等于课程设定的人数上限。

（3）提供课程容量的动态信息，即课程还可以供多少人选择。

（4）要求在开放选课的时间范围内选课。也就是说，设置有开始选课时间及结束选课时间的课程只允许在有效的时间范围内被选择。

（5）对于合理的选课请求，通过插入记录的形式表示学生已经成功选择指定课程。

针对上述要求，考虑使用不同类型的存储程序，以综合实现这些业务逻辑和功能。

可以定义一个存储函数，返回指定课程的可选课人数。可以定义一个存储过程，用于实现最主要的选课操作。还可以定义一个触发器，实现针对选课人数的限制约束。

6.8.2 选课业务中的存储函数应用

定义一个存储函数，以课程号为参数，返回课程号所对应课程的可选课人数。存储函数期望的返回结果可以用课程记录的人数上限减去该课程的选课人数求得，而该课程的选课人数就是 choose 表中课程号为指定课程号的记录数。这样的存储函数，不仅能够为选课界面中的课程列表提供课程可选课人数信息，便于学生做出是否选课的决策，还能用在选课的存储过程和触发器中，用于对可选课人数的检查。这个存储函数有很高的复用价值。

【例 6-10】 存储函数应用。计算指定课程的可选课人数，并在网页中显示课程列表，列表中包括课程可选课人数。

基于存储函数的参数、返回值和功能设计，使用如下代码创建存储函数。

```
CREATE FUNCTION get_available_count(c_id char(4)) RETURNS int
NOT DETERMINISTIC
READS SQL DATA
COMMENT '课程的可选课人数'
```

```
RETURN (SELECT Capacity-(SELECT COUNT(*) FROM choose
        WHERE choose.course_id=course.course_id)
        FROM course WHERE course_id=c_id);
```

存储函数 get_available_count()具有 char(4)类型的参数和 int 类型的返回值。因为选课的动态变化，当参数 c_id（课程号）取值相同时，这个函数可能得到不同的返回值，所以指定了 NOT DETERMINISTIC 特性。这个函数的主体中包括对表的 SELECT 查询，而且不含有更新类语句，也如实反映了函数的功能需要，因此指定了 READS SQL DATA 特性。函数主体中使用了两个子查询，用于计算已选课人数和函数期望返回的可选课人数。

在 PhpMyAdmin 界面中可以很方便地调用存储函数，具体操作界面如图 6-7 所示。

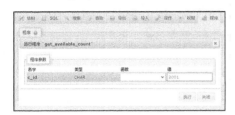

图 6-7　PhpMyAdmin 提供的调用存储函数操作界面

在学生的选课界面中，需要给出课程列表，并且含有课程可供选课人数信息。可以在 PHP 页面中准备适当的 SQL 语句，并使用 MySQLi 调用相应语句，使用 PHP 脚本遍历查询所得到的结果集，形成网页中的表格内容。关键代码如下。

```php
<?php
require_once 'common.php';
$mysqli=get_mysqli();
$sql="SELECT c.*,t.teacher_name,get_available_count(course_id) available".
    "FROM course c JOIN teacher t ON t.teacher_id=c.teacher_id ORDER BY available";
if (($result=$mysqli->query($sql))===FALSE) {
    echo 'faild to query course: '.$sql;
    exit();
} ?>
…
<thead><tr>
    <th>课程号</th><th>课程名</th><th>学时</th><th>学分</th><th>上课时间</th>
    <th>任课教师</th><th>当前可选人数</th><th>说明</th>
</tr></thead>
</tbody>
</tbody>
…
<?php while ($row=$result->fetch_assoc()) {?>
    <tr><td><?=$row['course_id'] ?></td><td><?=$row['course_name'] ?></td>
        <td><?=$row['period'] ?></td><td><?=$row['credit'] ?></td>
        <td><?=$row['attend_time'] ?></td><td><?=$row['teacher_name'] ?></td>
        <td><?=$row['available'] ?>  | 
            <a href="choose_course.php?cid=<?=$row['course_id']?>">选课</a> </td>
        <td><?=$row['description'] ?></td></tr>
<?php} ?>
```

运行情况如图 6-8 所示。

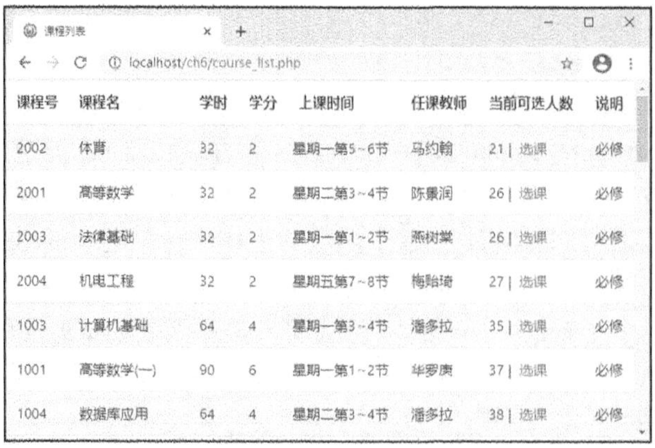

课程号	课程名	学时	学分	上课时间	任课教师	当前可选人数	说明
2002	体育	32	2	星期一第5~6节	马约翰	21 | 选课	必修
2001	高等数学	32	2	星期二第3~4节	陈景润	26 | 选课	必修
2003	法律基础	32	2	星期一第1~2节	燕树棠	26 | 选课	必修
2004	机电工程	32	2	星期五第7~8节	梅贻琦	27 | 选课	必修
1003	计算机基础	64	4	星期一第3~4节	潘多拉	35 | 选课	必修
1001	高等数学(一)	90	6	星期一第1~2节	华罗庚	37 | 选课	必修
1004	数据库应用	64	4	星期二第3~4节	潘多拉	38 | 选课	必修

图 6-8　使用存储函数和 PHP 页面显示含有可选课人数信息的课程列表

6.8.3　选课业务中的存储过程应用

定义一个存储过程，用以实现指定学号的学生选择指定课程号的课程。基于 6.8.1 小节所述业务逻辑，选课要求只有通过重重检查，才能真正落实选课，未能通过检查的，则拒绝选课。

【例 6-11】　存储过程应用。使用存储过程提供选课操作功能。

存储过程需要学号和课程号参数。另外，选课操作可能成功，也可能因各种不同原因而失败，所以，考虑附加一个 OUT 参数用以传回存储过程的结果状态值。在存储过程主体内，针对合理的选课要求，使用 INSERT 语句向 choose 表插入记录，并返回状态值 0，而对各种不合理的选课要求则返回不同的状态值，这样在调用端也便于了解出错原因。

使用如下代码创建存储过程。

```
CREATE PROCEDURE choose_course(IN sid char(12),IN cid char(4),
    OUT status int)
NOT DETERMINISTIC MODIFIES SQL DATA COMMENT '学生选课'
BEGIN
    DECLARE begin_time,end_time datetime;
    DECLARE dt_now datetime DEFAULT NOW();
    SELECT course.begin_choose_time,course.end_choose_time
    INTO begin_time,end_time FROM course where course_id=cid;

    -- 利用 IF 语句，用 status 在不同情况下返回不同的状态结果
    IF (SELECT COUNT(*) FROM choose WHERE student_id=sid
        AND course_id=cid)=1 THEN
        SET status=-1;
    ELSEIF get_available_count(cid)=0 THEN
        SET status=-2;
    ELSEIF begin_time IS NOT NULL AND dt_now<begin_time OR
        end_time IS NOT NULL AND dt_now>end_time THEN
        SET status=-3;
    ELSE
       INSERT INTO choose VALUES(NULL,sid,cid,dt_now,NULL);
       SET status=0;
    END IF;
END
```

存储过程的主体使用了 4 路的 IF 语句用于条件检查。第一个分支描述的是学生已经选

择该门课程的情况，返回状态值-1；第二个分支描述的是课程已经选满（可供选课人数为0）的情况，返回状态值-2；第三个分支描述的是当前时间不在课程指定的选课时间范围内的情况，返回状态值-3；能够到达最后一个分支的情况恰好就是通过了种种条件检查的合理情况，此时使用 INSERT 语句向 choose 表插入选课记录并返回状态值 0。

在处理选课请求的 PHP 页面中，和 MySQL 客户端类似，用 CALL 语句等 SQL 语句调用存储过程 choose_course()，并使用 PHP 脚本形成页面中可读的选课结果。关键代码如下。

```php
<?php
require_once 'common.php';
$studentId=$_SESSION['username'];
$courseId=$_REQUEST['cid'];
$mysqli=get_mysqli();

if (!$mysqli->query("SET @status=0") ||
    !$mysqli->query("CALL choose_course($studentId, $courseId,@status)")) {
    echo "CALL failed:(".$mysqli->errno.")".$mysqli->error;
    exit();
}

if (!($res=$mysqli->query(
    "SELECT @status as `status`,course_name,teacher_name FROM course c".
    "JOIN teacher t ON c.teacher_id=t.teacher_id WHERE course_id='$courseId'"))) {
    echo "Fetch failed:(".$mysqli->errno.")".$mysqli->error;
    exit();
}

$row=$res->fetch_assoc();
$err_msgs=[0=>'选课成功！',-1=>'不能重复选课！',
            -2=>'选课人数已达上限！',-3=>'不在选课时间内！'];
?>
<body>
    <h2>选择课程: <?=$row['course_name'] ?>(<?=$row['teacher_name'] ?>),
    <?=$err_msgs[$row['status']] ?></h2><br>
    <a href="course_list.php">返回课程列表</a>
</body>
```

因为选课是一个动态变化的过程，所以读者在执行这样的代码时，可能成功，也可能因各种原因失败。建议读者准备典型的数据，尝试各种失败情况，体会存储过程的特点。

6.8.4　选课业务中的触发器应用

业务逻辑中，选课人数的限制可以看作自定义的约束，可以使用触发器实现这种约束。

【例 6-12】　触发器应用。使用触发器确保选课人数不超过课程指定的人数上限。

选课表 choose 上的更新类操作 UPDATE 和 DELETE，主要用于为选课记录登记成绩及退选课程，不会导致选课人数超过人数上限。而 choose 表上的 INSERT 语句则服务于选课操作，因此应该在 choose 表中创建 BEFORE INSERT 的触发器，如果新加记录的课程号所对应的课程的可供选课人数已经为零，则这条 INSERT 语句是导致选课人数超过课程指定的人数上限的一条语句，不应该被成功执行，而应该报告错误。

使用如下代码创建触发器。

```
CREATE TRIGGER choose_course_constraint
BEFORE INSERT
ON choose FOR EACH ROW
BEGIN
  IF get_available_count(New.course_id)=0 THEN
    SIGNAL SQLSTATE '45000' SET MESSAGE_TEXT='课程选课人数已满';
  END IF;
END
```

☺ 思考：存储过程 choose_course 中已经有了对课程人数上限的检查，触发器的定义是否多余？请试想，万一不调用 choose_course 触发器而直接使用 INSERT INTO choose…语句向 choose 表中插入记录，情况会如何？

本章小结

本章介绍了存储程序的分类、作用和典型的应用场景，并详细介绍了 MySQL 中存储例程（包括存储过程和存储函数）、触发器和事件的管理。其中，存储过程和存储函数，特别是存储过程，有非常广泛的运用。存储函数能够像系统函数一样，灵活地用于表达式中，存储函数的返回值会被代入表达式中。触发器能够为关注更新类操作影响的场合实现自定义完整性约束等数据管理需要，提供执行程序代码的恰当时机。事件也能够在一定时刻或者按一定的时间间隔，在恰当的时间自动执行任务代码。

本章小结

借助本章所提到的不同类型的存储程序对象，特别是存储例程和触发器，能够很好地满足针对选课业务的编程需要，把相关的业务逻辑转换为一定的数据库约束和程序逻辑，并在适当的存储程序类型中得以落实。

本章习题

1．思考题

（1）存储过程和存储函数的异同点是什么？

（2）如何使用存储过程和存储函数计算指定学院开设课程的门数？

（3）如何使用触发器实现自定义完整性约束？

（4）对 choose 表的所有更新（UPDATE）操作予以记录的实现手段有哪些？

2．上机练习题

（1）编写并调用存储过程，查询所有课程的课程号、课程名称、开课学期和学分。

（2）编写存储过程，实现按学号查询指定学生的信息，并调用存储过程查询自己的信息。

（3）编写存储过程，实现将指定班级改名为指定的新名称，并调用存储过程将班级编号为 1 的班级名改为"大数据 1 班"。

（4）编写并调用存储函数，查询指定学生的指定课程是否及格。

（5）编写并调用存储函数，查询指定教师所在学院的名称。

（6）使用触发器实现对 choose 表的所有更新操作予以记录。

第7章

数据库管理及安全

　　用户管理及权限管理是数据库应用系统不可缺少的一个部分，不同用户对数据库的访问权限不同。为了保证数据的安全，需要设置用户访问数据库的权限。数据丢失造成的损失是不可估量的，为了保证数据库中数据的安全，本章介绍 MySQL 中关于管理、维护、安全和事务处理等的高级内容，包括用户管理和权限管理、MySQL 日志文件、MySQL 中数据备份与恢复的方法及 MySQL 事务处理机制。

本章导学

本章学习目标

- ◇ 掌握增加用户和更新用户的方法
- ◇ 学习权限表相关知识，理解访问控制过程，掌握授权和收回权限命令
- ◇ 掌握错误日志、二进制日志、通用查询日志和慢查询日志各自的作用
- ◇ 掌握备份与恢复的方法
- ◇ 理解事务处理的概念，掌握事务处理的方法

本章知识结构图

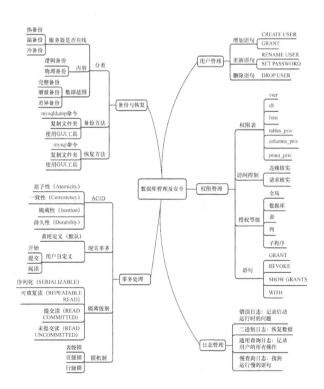

数据库系统安全

安全问题除涉及技术层面的控制以外，还涉及职业道德和法律层面的问题。在安全层面，要求人们履行安全义务和责任。在古汉语中，并没有"安全"一词，但有"安"和"全"两个字，"无危则安""无损则全"。《现代汉语词典》对"安全"的解释是：没有危险。

拓展知识

7.1 用户管理

建立数据库的目的是集中管理数据、让人们共享数据，所以数据库也将面对不同的用户。为了保证数据库使用的安全性，需要对不同的用户设定不同的级别并分配不同的权限。

MySQL 用户分超级管理员和普通用户两大类。超级管理员用户名默认为 root，在安装 MySQL 时建立，并且默认登录密码为空，root 用户拥有数据库中的所有权限。普通用户一般由超级管理员创建，只拥有创建时被赋予的权限。MySQL 的用户信息是存放在系统自带数据库 mysql 的 user 表中的，如图 7-1 和图 7-2 所示。因此，在 MySQL 中对用户的管理既可以使用 MySQL 特定的用户管理命令，也可以直接使用标准的 SQL 命令。需要注意的是，不管是使用 MySQL 特定的命令，还是使用标准的 SQL 命令，都必须有使用这些命令的权限，以及对 mysql 数据库和 user 表操作的权限。

管理数据库用户包括增加用户、修改用户信息、删除用户及对用户进行授权等内容。

图 7-1 mysql 数据库中的 user 表   图 7-2 user 表结构

7.1.1 增加用户

增加用户使用 CREATE USER 命令或者 GRANT 命令。

1．CREATE USER 命令

使用 CREATE USER 命令增加新用户的语法格式如下。

```
CREATE USER 用户名@主机名 [IDENTIFIED BY [PASSWORD] '密码']
          [,用户名@主机名 [IDENTIFIED BY [PASSWORD] ['密码']] [,…];
```

相关说明如下。

（1）用户名@主机名：用户名区分大小写，主机名指定了连接的主机，"%"表示一组主机，"localhost"表示本地主机；如果包含特殊符号，如"_"或者通配符"%"，则需要用单引号将其引起来。

（2）IDENTIFIED BY：指定用户的密码，密码区分大小写。

（3）PASSWORD：省略则自动使用 password()函数对密码进行加密；如果写出，则以 password()函数加密后的字符串指定用户密码。

可以使用 CREATE USER 命令同时创建多个数据库用户，中间用逗号分隔。

增加用户演示

【例 7-1】 使用 CREATE USER 命令增加一个用户 cat，该用户只允许在本地主机登录，密码为"cat123"。代码如下。

```
CREATE USER cat@localhost IDENTIFIED BY 'cat123';
```

2．GRANT 命令

GRANT 命令的功能是对用户进行授权，也用于创建用户。除此之外，GRANT 命令还可以指定用户的其他特点，如安全连接、限制使用服务器资源等。该命令将在 7.2 节中详细介绍。GRANT 命令的基本语法格式如下。

```
GRANT 权限类别 ON 数据库名.表名 TO 用户名@主机名
     [IDENTIFIED BY [PASSWORD] 'password']
     [,用户名@主机名 [IDENTIFIED BY PASSWORD ['password']] [,…];
```

【例 7-2】 使用 GRANT 命令增加用户 mouse，该用户可以在任何主机上登录，用户密码为"mouse123"，并授予该用户对课程管理数据库 course 中所有表的查询、插入和更新权限。代码如下。

```
GRANT SELECT,INSERT,UPDATE ON course.* to mouse@'%'
IDENTIFIED BY 'mouse123';
```

7.1.2 更新用户

更新用户信息一般包括修改用户名、修改用户密码、删除用户等。

1．修改用户名

使用 RENAME USER 命令修改一个已有用户的用户名，语法格式如下。

```
RENAME USER 老用户 TO 新用户[,老用户 TO 新用户 …];
```

【例 7-3】 用 RENAME USER 命令将用户 cat 的名字更改为 tom。代码如下。

```
RENAME USER cat@localhost TO tom@localhost;
```

2. 修改用户密码

使用 SET PASSWORD 命令可修改用户密码，语法格式如下。

```
SET PASSWORD [for 用户]=password('新密码');
```

注意，如果不加"for 用户"，则修改当前用户的密码；使用"for 用户"为指定用户修改密码时，必须以"用户名@主机名"格式指定用户。

root 用户也可以使用 GRANT 命令修改密码，语法格式如下。

```
GRANT usage ON *.* TO 用户名@主机名 IDENTIFIED BY '新密码';
```

【例 7-4】 使用 SET PASSWORD 命令将用户 tom 的密码修改为"tom123"。代码如下。

```
SET PASSWORD FOR tom@localhost=password('tom123');
```

用户也可以使用 MySQL 客户端管理程序 mysqladmin 修改自己的密码，语法格式如下。

```
mysqladmin -u 用户名 -p 旧密码 password 新密码
```

3. 删除用户

为了保证数据库的安全，闲置的用户需及时删除，语法格式如下。

```
DROP USER 用户[,用户][,…];
```

【例 7-5】 使用 DROP USER 命令删除可以在任意主机上登录的用户 mouse。代码如下。

```
DROP USER mouse@'%';
```

7.2 权限管理

7.2.1 权限的相关概念

为了确保数据库的安全性与完整性，数据库系统并不希望每个用户都能执行所有数据库操作。权限管理主要是对登录 MySQL 服务器的用户进行权限验证。合理地进行权限管理能够保证数据库系统的安全；如果权限设置不恰当，就会给 MySQL 服务器带来安全隐患。

1. MySQL 权限表

所有用户的权限都存储在 MySQL 权限表中。当 MySQL 服务启动时，首先会读取 MySQL 中的权限表，并将表中的数据载入内存。用户登录后，MySQL 会根据权限表的内容为每个用户赋予相应的权限，即当用户进行存取操作时，MySQL 会根据权限表中的数据做相应的权限控制。MySQL 权限表中重要的表有 user、db、host 表，此外还有 tables_priv、columns_priv、procs_priv 表等。

（1）user 表

user 表是 MySQL 中最重要的权限表，该表存储了允许连接到服务器的账号信息。在 user 表启用的任何权限均是全局权限，并适用于所有数据库。user 表已经在 7.1 节中做过详细介绍。

（2）db 表和 host 表

db 表存储了用户对某个数据库的操作权限，该表决定用户能从什么主机操作哪些数据库。host 表存储了某个主机对数据库的操作权限，host 表配合 db 表对给定主机上数据库级的操作权限做更细致的控制。一般情况下 db 表更常用。

（3）tables_priv 表

tables_priv 表可以对单个表进行权限设置。tables_priv 表有 8 个字段，其中 table_priv 字段表示对表进行操作的权限。对表设置的权限包括 SELECT、INSERT、UPDATE、DELETE、CREATE、DROP、GRANT REFERENCES、INDEX 和 ALTER。

（4）columns_priv 表

columns_priv 表可以对单个数据列进行权限设置。columns_priv 表包含 7 个字段，其中 columns_priv 字段表示对表中的数据列进行操作的权限，对数据列设置的权限有 SELECT、INSERT、UPDATE 和 REFERENCES。

（5）procs_priv 表

procs_priv 表用于对存储过程和存储函数进行权限设置。procs_priv 表包含 8 个字段，分别是 host、db、user、routine_name、routine_type、proc_priv、timestamp、grantor。所涉及的权限有 EXECUTE、ALTER、ROUTINE 和 GRANT。

2．MySQL 访问控制过程

MySQL 访问控制分为两个阶段：连接核实阶段和请求核实阶段。

（1）连接核实阶段

用户试图连接 MySQL 服务器时，服务器基于用户提供的信息来验证用户身份，如果身份验证不通过，则服务器拒绝该用户的访问。如果能够通过身份验证，则服务器接受连接，然后进入请求核实阶段，等待用户的操作请求。

连接核实阶段使用 MySQL 的 user 表进行身份核实，该表的主要结构，可以参看本章7.1 节。

（2）请求核实阶段

一旦连接得到许可，访问控制进入请求核实阶段。在这个阶段，MySQL 服务器对当前用户的每个操作都进行权限检查，判断用户是否有足够的权限来执行这个操作。用户的权限保存在 user、db、host、tables_priv、columns_priv 或 procs_priv 权限表中。

MySQL 接收到用户的操作请求时，首先通过检查全局权限表 user 确认用户是否有权限。如果 user 表中有对应的权限，说明此用户对所有数据库都有权操作，将不再检查后续权限表。如果 user 表中无对应的权限，则从 db 表和 host 表中检查该用户对应的具体的数据库权限。如果 db 表和 host 表中有对应的权限，就执行操作。如果 db 表和 host 表中无对应的权限，则继续检查 tables_priv 表，以此类推。如果所有权限表都检查完，依旧没有找到允许的操作权限，MySQL 服务器返回用户不能执行的提示信息，操作失败。检查流程如图 7-3 所示。

MySQL 授予的权限可分为以下几个等级。

① 全局层级：适用于一个给定的服务器中的所有数据库。这些权限存储在 user 表中。

② 数据库层级：适用于一个给定的数据库中的所有目标。这些权限存储在 db 表和 host 表中。

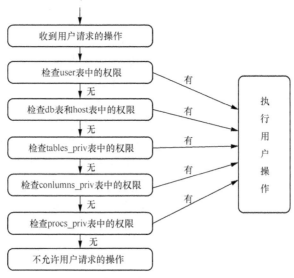

图 7-3　请求核实阶段权限检查流程

③ 表层级：适用于一个给定表中的所有列。这些权限存储在 tables_priv 表中。

④ 列层级：适用于一个给定表中的单一列。这些权限存储在 columns_priv 表中。

⑤ 子程序层级：适用于存储的子程序。这些权限可以被授权为全局层级和数据库层级，存储在 procs_priv 表中。

在 MySQL 权限结构中，user 表是全局的，处于权限最高级，db 表和 host 表处于下一等级的数据库层面，tables_priv、columns_priv 和 procs_priv 表处于最低等级。低等级的权限只能从高等级的权限中获得必要的范围和权限。

MySQL 数据库中有多种类型的权限，在 MySQL 启动时，服务器就将这些数据库中的权限信息读入内存。表 7-1 列出了可授予或撤销的常用权限。

表 7-1　MySQL 常用权限

权限	含义
ALL[PRIVILEGES]	除 GRANT OPTION 之外的所有简单权限
ALTER	允许使用 ALTER TABLE
ALTER ROUTINE	更改或取消已存储的子过程
CREATE	允许使用 CREATE TABLE
CREATE ROUTINE	创建已存储的子过程
CREATE TEMPORARY TABLE	允许使用 CREATE TEMPORARY TABLE
CREATE USER	允许使用 CREATE USER、DROP USER、RENAME USER 和 REVOKE ALL PRIVILEGES
CREATE VIEW	允许使用 CREATE VIEW
DELETE	允许使用 DELETE
DROP	允许使用 DROP TABLE
EXECUTE	允许用户运行已存储的子程序
FILE	允许使用 SELECT…INTO OUTFILE 和 LOAD DATA INFILE
INDEX	允许使用 CREATE INDEX 和 DROP INDEX
INSERT	允许使用 INSERT

权限	含义
LOCK TABLES	允许对用户拥有 SELECT 权限的表使用 LOCK TABLES
PROCESS	允许使用 SHOW FULL PROCESSLIST
REFERENCES	未被实施
RELOAD	允许使用 FLUSH
REPLICATION CLIENT	允许用户询问从属服务器或主服务器的地址
REPLICATION SLAVE	用于主从服务器的复制（从主服务器中读取二进制日志文件）
SELECT	允许使用 SELECT
SHOW DATABASES	允许显示所有数据库
SHOW VIEW	允许使用 SHOW CREATE VIEW
SHUTDOWN	允许使用 MYSQLADMIN SHUTDOWN
SUPER	允许使用 CHANGE MASTER、KILL、PURGE MASTERLOGS、SET GLOBAL、mysqladmin debug 命令； 允许用户连接（一次），即使已达到 MAX_CONNECTIONS
UPDATE	允许使用 UPDATE
USAGE	"无权限"的同义词

7.2.2 管理权限

MySQL 使用 GRANT 和 REVOKE 命令来管理权限。GRANT 命令用于为某个用户授予权限。REVOKE 用于收回已经授予某个用户的某些权限。

新创建的用户在初始状态下是没有任何权限的，不能对数据库实施任何访问操作，需要管理员针对这个用户的实际需要，分别授予他对特定数据库、特定表、特定字段的各种权限。

1. GRANT 命令

GRANT 命令用于给用户授权，语法格式如下。

```
GRANT priv_type [(column_list)][,priv_type [(column_list)]][,…]
    ON {tbl_name|*|*.*|db_name.*|db_name.tbl_name}
    TO user [IDENTIFIED BY [PASSWORD] 'password']
    [,user [IDENTIFIED BY [PASSWORD] 'password']][,…]
    [WITH GRANT OPTION];
```

相关说明如下。

（1）priv_type[(column_list)]：要设置的权限项。若授予用户所有的权限（ALL），则该用户为超级用户账户，具有完全的权限，可以做转移授权以外的任何事情。

（2）tbl_name|*|*.*|db_name.*|db_name.tbl_name：对象类型，可以是特定表、所有表、特定数据库或所有数据库。db_name.*表示特定数据库的所有表，*.*表示所有数据库。

（3）WITH GRANT OPTION：在授权时若带有 WITH GRANT OPTION 命令，则该用户的权限可以转移给其他用户。

【例 7-6】 使用 GRANT 命令创建一个新用户 test1，密码为"test123"，该用户对所有的数据有查询、插入的权限，并授予 GRANT 权限。代码如下。

```
GRANT SELECT,INSERT ON *.*
    TO test1@localhost IDENTIFIED BY 'test123'
    WITH GRANT OPTION;
```

【例 7-7】 使用 GRANT 命令将 course 数据库中的 student 表的 DELETE 权限赋予用户 test1。代码如下。

```
GRANT DELETE ON course.student TO test1@localhost;
```

【例 7-8】 使用 GRANT 命令将 course 数据库中 student 表全部列的 UPDATE 权限赋予用户 test1。代码如下。

```
GRANT UPDATE ON course.student TO test1@localhost;
```

【例 7-9】 授予 test1 用户对数据库 course 的 SELECT、INSERT、UPDATE、DELETE、CREATE、DROP 等权限,同时允许其本身将权限转移给其他用户。代码如下。

```
GRANT SELECT,INSERT,UPDATE,DELETE,CREATE,DROP
ON course.* TO test1@localhost WITH GRANT OPTION;
```

使用 GRANT 命令时,需要注意以下几点。

① 如果权限被授予给一个不存在的用户,但为该用户指定了密码,则 MySQL 会自动执行一条 CREATE USER 命令来创建这个用户。

权限管理

② 列权限的取值只能是 SELECT、INSERT、UPDATE。权限后面需要加上列名,多个列名之间用逗号分隔。

③ 可以同时授予多个用户多个权限,多个权限之间用逗号隔开,多个用户之间也用逗号隔开。

④ 使用 GRANT 命令授权后,相应授权表中会增加相应记录。

2.REVOKE 命令

REVOKE 命令用于收回对用户的授权,语法格式如下。

```
REVOKE priv_type [(column_list)][,priv_type [(column_list)]][,…]
    ON {tbl_name|*|*.*|db_name.*|db_name.tbl_name}
    FROM username@hostname[,username@hostname][,…];
```

【例 7-10】 使用 REVOKE 命令收回 test1 用户对 course 数据库中 student 表的 UPDATE 权限。代码如下。

```
REVOKE UPDATE ON course.student FROM test1@localhost;
```

使用下面的代码可以收回用户所有的权限。

```
REVOKE ALL privileges,GRANT OPTION FROM username@hostname
            [,username@hostname][,…];
```

【例 7-11】 使用 REVOKE 命令收回用户 test1 所有的权限,包括 GRANT 权限。代码如下。

```
REVOKE ALL privileges,GRANT OPTION FROM test1@localhost;
```

3.查看用户的权限

SHOW 命令用于查看用户权限,语法格式如下。

```
SHOW GRANTS FOR username@hostname;
```

【例7-12】 查看用户 test1 的权限信息，代码如下。

```
SHOW GRANTS FOR test1@localhost;
```

4. 限制权限

使用 WITH 子句，通过下列参数，可以实现对一个用户授权的使用限制。

COUNT：表示限制使用的次数。

MAX_QUERIES_PER_HOUR count：表示每小时可以查询数据库的次数为 count 次。

MAX_CONNECTIONS_PER_HOUR count：表示每小时可以连接数据库的次数为 count 次。

MAX_UPDATES_PER_HOUR count：表示每小时可以修改数据库的次数为 count 次。

【例7-13】 授予 test1 如下"限制权限"：每小时可以发出的查询数为 50，每小时可以连接数据库 10 次，每小时可以发出的更新数为 5。代码如下。

```
GRANT ALL ON *.* TO test1@localhost IDENTIFIED BY 'test123'
WITH MAX_QUERIES_PER_HOUR 50
WITH MAX_CONNECTIONS_PER_HOUR 10
WITH MAX_UPDATES_PER_HOUR 5;
```

7.3 日志文件

日志文件是记录数据库的日常操作和错误信息的文件，是数据库不可或缺的组成部分。日志文件可用于保证数据安全。例如，当数据遭到意外丢失时，可以通过日志文件查找原因，并且可以通过日志文件进行数据恢复。通过分析日志文件，还可以了解 MySQL 数据库的运行情况、日常操作、错误信息，以及哪些地方可以进行优化等。

MySQL 日志以文件的方式默认存放在 MySQL 数据库的数据目录下，但为了数据库的安全，可将日志存放在服务器的物理硬盘上。MySQL 日志分为错误日志、二进制日志、通用查询日志和慢查询日志 4 类。

（1）错误日志：用来记录 MySQL 数据库的启动、运行和停止时出现的问题。

（2）二进制日志：以二进制文件的形式记录数据库中所有更改数据的命令，用于修复数据库。

（3）通用查询日志：用来记录用户的所有操作信息，包括 MySQL 服务的启动、停止、更新、查询等操作。

（4）慢查询日志：用来记录所有执行很"慢" 或不使用索引的查询。慢的标准为 long_query_time 秒，默认为 10 秒。

以上日志文件，除二进制日志外，其他日志都是文本文件。默认情况下，MySQL 数据库只启动了错误日志功能，其他 3 类日志需要管理员手动进行设置。

7.3.1 错误日志文件

错误日志文件用来记录 MySQL 数据库的启动、运行和停止时出现的问题。MySQL 默认开启错误日志，并且无法禁止。通常错误日志的文件名为"主机名.err"，默认存放在 MySQL 数据库文件夹下，可以通过修改 MySQL 配置文件的配置选项 log-error 来更改，该选项在[mysqld]组中，语法格式如下。

```
[mysqld] log-error[ = [path]/[filename]]
```

具体说明如下。

（1）[=[path]/[filename]]：修改错误日志存放位置或日志文件名。

（2）错误日志是文本文件，可以使用任何文本编辑器进行查看。例如，在 Windows 系统中可以使用记事本来查看。

（3）经过很长时间的运行，错误日志可能会变得很大。管理员可以删除很长时间之前的错误日志，以节省 MySQL 数据库服务器上的磁盘空间。

使用 mysqladmin 命令可开启新的错误日志，语法格式如下。

```
mysqladmin -u root -p flush - logs
```

执行该命令后，数据库会自动创建一个新的错误日志。旧的错误日志会自动改名为"原文件名.err-old"，不需要的话，可直接删除旧日志文件。

7.3.2　二进制日志文件

二进制日志文件主要记录数据库的变化情况，以一种有效的文件格式记录所有更新数据库的 DML 和 DDL 命令，这些命令以事件的形式保存。使用二进制日志的主要目的是最大可能地恢复数据。默认情况下，二进制日志功能是关闭的，可以通过设置 MySQL 配置文件的 log-bin 选项开启，该选项在[mysqld]组中，语法格式如下。

```
[mysqld]
log-bin[=[path]/[filename]]
expire_logs_days=10
max_binlog_size=100M
```

具体说明如下。

（1）log-bin：开启二进制日志的关键词。

（2）path：二进制日志文件的路径。

（3）expire_logs_days：定义自动清除日志的时间，单位是天。

（4）max_binlog_size：定义单个二进制文件的大小限制。

使用二进制文件格式可以存储更多的信息，且计算机读写二进制文件效率更高，但是不能直接查看里面的内容。在 MySQL 中，可以使用 show binary logs 命令查看二进制日志的文件个数和文件名。

使用 mysqlbinlog 命令可以查看二进制日志文件的内容，语法格式如下。

```
mysqlbinlog filename.number
```

【例 7-14】　使用 mysqlbinlog 命令查看二进制日志文件"mysql-bin.000002"的内容。代码如下。

```
mysqlbinlog ../data/mysql-bin.000002
```

二进制日志的一个重要作用，就是一旦数据库遭到破坏，可以用其来还原数据库。使用 mysqlbinlog 命令可以恢复数据库，语法格式如下。

```
mysqlbinlog [option] filename mysql -u user -p password
```

其中 option 为可选参数，常见的参数有--start-datetime 和--stop-datetime，用于指定数据库恢复的起始时间点和结束时间点；参数--start-position 和--stop-position 可用于指定数据库恢复的开始位置和结束位置。

【例 7-15】 使用 mysqlbinlog 命令恢复数据库到 2019 年 4 月 13 日 12:00:00 时的状态。代码如下。

```
mysqlbinlog --stop-datetime='2019-4-13 12:00:00'
xxxxxx.bin.00005 -u root -p
```

暂停二进制日志可以用如下命令。

```
SET sql_log_bin=0;   #需要 SUPER 权限才能暂停记录二进制日志
```

继续记录二进制日志可以用如下命令。

```
SET sql_log_bin=1;   #需要 SUPER 权限才能继续记录二进制日志
```

开启二进制日志后若要经常停用二进制日志，则可以通过修改 MySQL 配置文件后重启 MySQL 服务来实现。

二进制日志文件会记录大量的信息，如果长时间不清理，将会浪费很多的磁盘空间，删除二进制日志文件的方法有以下两种。

（1）使用 reset master 命令

reset master 命令执行后，将删除所有二进制日志文件，然后重新创建一个新的二进制日志文件，新的文件的名称从 000001 开始编号。由于这个命令是删除所有二进制日志文件，因此使用这个命令必须慎重，需要考虑清楚后再执行。

（2）删除指定的二进制日志文件

可以根据编号或者创建的时间来删除指定的二进制日志文件。

① 删除编号比'log_name'更小的二进制日志文件（不包含'log_name'文件本身），代码如下。

```
purge {binary|master} logs to 'log_name'
```

② 删除记录时间比"datetime"更早的二进制日志文件（不包含'datetime'时记录的文件本身），代码如下。

```
purge {binary|master} logs before 'datetime'
```

7.3.3 通用查询日志文件

通用查询日志文件用来记录用户的所有操作，包括启动和关闭 MySQL 服务、更新命令、查询命令等。默认情况下，通用查询日志功能是关闭的，可以通过设置 MySQL 配置文件的 log 选项开启，该选项在[mysqld]组中，语法格式如下。

```
[mysqld]
log[=[path]/[filename]]
```

如果不指定路径（path）和文件名（filename），通用查询日志默认存储在 MySQL 数据目录中的"主机名.log"文件中。

通用查询日志是文本文件，可以使用文本文件查看器查看。

（1）通用查询日志的暂停与继续

暂停通用查询日志可以用如下代码来实现。

```
SET GLOBAL general_log=OFF;    #需要 SUPER 权限
```

继续使用通用查询日志可以用如下代码来实现。

```
SET GLOBAL general_log=ON;    #需要 SUPER 权限
```

开启通用查询日志后若要经常停用通用查询日志，可以通过修改 MySQL 配置文件后重启 MySQL 服务来实现。

（2）通用查询日志的删除方法

通用查询日志会记录大量的信息，需要及时清理，删除通用查询日志的方法：先从操作系统中删除对应的通用查询日志文件，然后用下面的刷新日志命令刷新，即可重建通用查询日志文件。

```
mysqladmin -u root -p flush - logs
```

若要保留旧的通用查询日志，需要先重命名通用查询日志文件，然后再执行刷新日志命令以创建新的通用查询日志。

7.3.4　慢查询日志文件

慢查询日志文件用来记录执行时间超过指定标准的查询命令。通过慢查询日志可以找出执行效率低的查询命令，以便进行优化。默认情况下，慢查询日志功能是关闭的，可以通过设置 MySQL 配置文件中的 log-slow-queries 选项开启，该选项在[mysqld]组中，语法格式如下。

```
[mysqld]
  log-slow-queries[=[path]/[filename]]
  long_query_time=10
```

long_query_time：最慢的查询时间，单位是秒，默认值是 10。

慢查询日志也是文本文件，可以使用文本文件查看器查看。

（1）慢查询日志的暂停与继续

有时候需要避免 MySQL 服务的暂停和重启而动态开启慢查询日志，可以用如下代码来实现。

```
SET GLOBAL slow_query_log=ON;    #需要 SUPER 权限
```

暂时关闭慢查询日志，可以用如下代码来实现。

```
SET GLOBAL slow_query_log=OFF;    #需要 SUPER 权限
```

开启慢查询日志后若要经常停用慢查询日志，可以通过修改 MySQL 配置文件后重启 MySQL 服务来实现。

（2）慢查询日志的清理方法

从操作系统中删除对应的慢查询日志文件，然后用下面的刷新日志命令刷新，即可重建慢查询日志文件。

```
mysqladmin -u root -p flush - logs
```

若要保留旧的慢查询日志，需要先重命名慢查询日志文件，然后再执行刷新日志命令以创建新的通用查询日志。

7.4 备份与恢复

7.4.1 备份的概念

为了保证数据安全，防止意外事件的发生，管理员需要制度化地定期对数据进行备份。这样，即使数据库系统数据遭到破坏，也可以使用备份的数据进行还原，将损失降低到最小。

MySQL 一般用以下 3 种方法来保证数据库数据的安全。

（1）备份数据库：通过导出数据或表文件的复制版来保护数据。

（2）使用二进制日志文件：保存更新数据的所有命令。

（3）复制数据库：使用 MySQL 内部复制功能。建立在两个或两个以上服务器之间，通过设定它们的主从关系实现。

备份就是将数据库中的结构、对象和数据导出，生成副本。而恢复就是在数据库遭到破坏或需求改变时，将数据库还原到改变以前的状态。数据备份与恢复主要用于保护数据库的关键数据，是确保数据可靠性、精确性和高效性的重要技术手段，也是数据库管理最常用的操作。

1．备份的分类方法

（1）按备份时服务器是否在线分类。

按备份时服务器是否在线可将备份分为：热备份、温备份和冷备份。

热备份：指在数据库正常在线运行的情况下进行数据备份。

温备份：指备份时数据库正常在线运行，但数据只能读不能写。

冷备份：指在数据库已经正常关闭的情况下进行备份。

（2）按备份的内容分类。

按备份的内容可将备份分为：逻辑备份和物理备份。

逻辑备份：指使用软件技术从数据库中导出数据并写入一个文件。该文件格式与原数据库文件格式不同，通常备份的是 SQL 命令（即 DDL 和 INSERT 命令）。恢复时，执行备份文件中的 SQL 命令实现数据库的重现。因此，逻辑备份支持跨平台备份。

物理备份：直接复制数据库文件进行备份。与逻辑备份相比，其速度快，但占用的存储空间比较大。物理备份只适用于 MyISAM 存储引擎且主版本号相同的情况。

（3）按备份涉及的数据范围分类。

按备份涉及的数据范围可将备份分为：完整备份、增量备份和差异备份。

完整备份：指备份整个数据库。这是任何备份策略都要求完成的一种备份类型，因为后面介绍的增量备份和差异备份都依赖于完整备份。

增量备份：指备份数据库从上一次完整备份或者最近一次增量备份以来改变的内容。

差异备份：仅备份最近一次完整备份以后发生改变的数据。差异备份只捕获自完整备份后发生更改的数据。

2．备份的时机

由于备份是一种十分耗费时间和资源的操作，通常是不会频繁进行的，因此需要考虑在什么时候备份，这就是备份的时机。一般来说，在什么时候备份主要取决于可接受的数据丢失量和数据库活动的频繁程度。通常情况下，可以考虑在执行下面几个事件后备份数据库。

（1）创建数据库或为数据库填充数据后。

（2）创建索引后。

（3）清理事务日志后。清理事务日志后，数据库的相应活动记录就缺失了，也就不能用来还原数据库了。

（4）执行了无日志操作后。

7.4.2　MySQL 数据备份

MySQL 数据库使用 mysqldump 命令进行备份，该命令将数据库备份为一个文本文件（属于逻辑备份），文件中包含多个 CREATE 和 INSERT 命令。当需要恢复时，使用这些命令就可以重新创建表并插入数据。mysqldump 命令的语法格式如下。

```
mysqldump -u user -h host -p password
    {--databases databasename1 databasename2 […]  //可以指定多个数据库
    |--all-databases                              //指定所有数据库
    --tab=name                                    //数据和表放不同文件
    |databasename [tablename [tablename] […]]     //备份数据库的特定表
    >filename.sql                                 //输出文件名，可指定路径
```

相关说明如下。

（1）--databases：可以指定多个需要备份的数据库。

（2）--all-databases：表示备份所有的数据库。

（3）--tab=name：表示将数据和创建表的 SQL 命令分开备份成不同的文件。

（4）filename.sql：输出文件名，可以指定路径；注意箭头方向。

【例 7-16】　使用 mysqldump 命令备份数据库 course 中所有的表。代码如下。

```
mysqldump -u root -p course>d:/backup/course.sql
```

【例 7-17】　备份数据库 course 中的 student 表和 teacher 表。代码如下。

```
mysqldump -u root -p course student teacher
  >d:/backup/course_teacher_student.sql
```

【例 7-18】　备份数据库 course 和 mysql。代码如下。

```
mysqldump -u root -p --databases course mysql>d:/backup/course_mysql.sql
```

除了 mysqldump 命令，常用的还有以下备份方法。

1．直接复制整个数据库目录

因为 MySQL 表是以文件形式保存的，所以直接复制 MySQL 数据库的存储目录及文件也可以进行备份。这种方法最简单，速度也快。使用这种方法时，最好先将服务器停止，

以保证复制期间数据不会发生变化。若实际情况不允许停止 MySQL 服务，则不能用这种方法备份。同时，这种方法不适用于 InnoDB 引擎。对于 MyISAM 引擎，最好也使用相同版本的 MySQL 数据库，因为可能存在文件类型不同的情况。

2．使用工具

例如，在 Linux 系统下使用 mysqlhotcopy 工具（一个 Perl 脚本）。该工具的工作原理是先将需要备份的数据库加上一个读操作锁，然后用 flush tables 命令将内存中的数据写回磁盘文件中，最后把需要备份的数据库文件复制到目标目录。也可以使用其他的一些数据库客户端工具，如 Navicat、MySQL-Front 等，具体的操作方式请大家自行查阅相关资料。

7.4.3 MySQL 数据恢复

用 mysqldump 命令备份的 MySQL 数据库，可以使用 mysql 命令恢复，也可以使用 SOURCE 命令恢复。

使用 mysql 命令恢复数据库的语法格式如下。

```
mysql -u user -p [databasename]<filename.sql
```

从语法格式上来看，其与备份命令 mysqldump 的主要区别是箭头方向相反。

【例 7-19】 使用 mysql 命令将备份文件 course.sql 恢复到数据库 course2 中。代码如下。

```
mysql -u root -p course2<d:\backup\course.sql
```

使用 mysql 命令进行恢复时，首先必须在 MySQL 数据库中创建 course2 数据库，如果该数据库不存在，恢复过程就会出错。

另一种恢复数据库的常用方式是用 SOURCE 命令，此命令需要进入数据库后才能运行。语法格式如下。

```
SOURCE filename.sql;
```

【例 7-20】 使用 SOURCE 命令将备份文件 course.sql 恢复到数据库 course3 中。代码如下。

```
SOURCE d:\backup\course.sql;
```

此外，还可以通过复制数据库目录来恢复数据库，此时需要先停止 MySQL 服务，然后将以前备份的数据库目录复制过来覆盖 MySQL 的数据库目录，最后重启 MySQL 服务。

7.5 事务处理

实际应用中，数据库不会一次仅为一个用户服务，多数情况下会有多个用户共享和使用数据库。这样就会产生一个问题：如果两个以上的用户同时更新一条记录，那么这条记录的值该为多少呢？例如两个人同时在银行的 ATM 上对同一个账户进行取钱和存钱操作，那么此时这个账户的余额应该为多少呢？再例如网上选课系统，其中 MySQL 课程的选课人数限制为 120，目前已经有 119 人选了这门课，如果还有两位同学在网上同时选这门课程，哪位同学会成功呢？

现代的数据库系统为了解决数据库的多用户并发问题，通常会采用事务机制来保证数据的可靠性、精确性、一致性和完整性。

7.5.1 事务的概念

首先，通过 ATM 取钱的例子了解事务的概念。

用户到 ATM 正常取钱的过程：把银行卡插入 ATM，输入密码，确认密码，输入要取的金额，例如 100 元，这时系统先从账户的余额减去 100，然后将钱吐出给用户，用户取钱退卡走人。有时可能会出现一些突发情况，如当系统把余额减去 100 后，突然断电或者宕机，钱没有吐出给用户。这时数据库中的账目和实际所管的钱不一致，取款业务出错。为了保证"钱""账"一致，通常将整个取款过程的各个步骤都看作"环环相扣"的整体，其中任何步骤都是该事务的一个"关键环节"，任一"关键环节"发生问题都会导致整体出错，这种情况下，系统就必须修复错误，恢复原状，重新开始。

事务就是由一条或者多条 SQL 命令组成的逻辑工作单元。作为一个整体，这些 SQL 命令相互依赖、不可分割，只要一条 SQL 命令执行失败，前面已经成功执行的 SQL 命令就会撤销，回退到事务开始前的状态。也就是说，只有事务的全部命令都成功执行，该事务才算成功。同时，该事务不能影响其他事务的执行，所有的事务都好像在独立运行。只要事务成功执行，该事务所有命令的更新结果都要提交到数据库文件中，成为数据库永久的组成部分。当然，现实情况下也存在失败的可能性。例如，数据库系统、操作系统原因或者存储介质出错等，有可能导致提交的事务未能永久保存到数据库，但这可以通过事务日志来恢复。

现实生活中，除了银行交易，还有很多事情都要依靠事务来完成，例如股票交易、网上购物、库存控制等。

并非所有的数据库都支持事务。一般而言，支持事务的数据库必须拥有以下 4 个特性。

（1）原子性（Atomicity）：事务作为一个整体被执行，事务中的全部操作要么全部成功执行，要么都不执行。

（2）一致性（Consistency）：事务应确保数据库的状态从一个一致状态转变为另一个一致状态。

（3）隔离性（Isolation）：多个事务并发执行时，一个事务的执行不应影响其他事务的执行。

（4）持久性（Durability）：已提交的事务对数据库的修改应该永久保存在数据库中。

习惯上取这 4 个特性英文单词的首字母，称之为 ACID 特性。简而言之，事务就是一段 SQL 命令的批处理，但这个批处理是一个原子，不能分割，要么都执行，要么都不执行。

7.5.2 MySQL 事务处理

MySQL 数据库有多种存储引擎，但并非所有的存储引擎都支持事务。如 InnoDB 和 BDB 支持事务，MyISAM 和 MEMORY 则不支持事务。MySQL 的事务处理主要有两类：一类是系统定义事务；另一类是用户定义事务。

1．系统定义事务

系统定义事务是指默认情况下，MySQL 将每条单独的命令都看作一个事务，每条命令执行成功都会自动提交，执行失败就自动回滚。

2．用户定义事务

用户定义事务是由用户自行定义事务的开始、结束、回滚和提交等状态的事务。用户定义事务可以包含多条命令，但用户必须显式或隐式地关闭自动提交。下面的命令可显式关闭自动提交。

```
SET @@AUTOCOMMIT=0;
```

（1）START TRANSACTION|BEGIN [WORK]命令用于显式地开启事务。BEGIN [WORK]命令可代替START TRANSACTION来显式地开启事务，但START TRANSACTION更为常用。

（2）COMMIT [WORK] [AND [NO] CHAIN] [[NO] RELEASE]命令用于提交事务，就是将事务开始以来的所有数据修改保存到磁盘中，也标志一个事务的结束。需要注意的是，MySQL不允许使用嵌套的事务，不能在一个事务中包含另一个事务。若在第一个事务里使用了START TRANSACTION命令，当第二个事务开始时，会自动提交前一个事务。另外，多数DDL都是不可回滚的，只要执行这些命令就会隐式地提交之前的事务。下面的命令会隐式地执行一个COMMIT命令。

```
DROP DATABASE|DROP TABLE|CREATE INDEX|DROP INDEX|
    ALTER TABLE|RENAME TABLE|LOCK TABLES|UNLOCK TABLES
    SET @@AUTOCOMMIT=1;
```

（3）ROLLBACK [WORK] [AND [NO] CHAIN] [[NO] RELEASE]命令用于回滚事务所做的修改，并结束当前这个事务。

除了撤销整个事务，用户还可以使用ROLLBACK TO[SAVEPOINT]命令将事务回滚到某个保存点。但这需要事先使用SAVEPOINT命令设置保存点。SAVEPOINT命令的语法格式如下。

```
SAVEPOINT identifier;
```

其中identifier为保存点的名字。将事物回滚到identifier的命令如下。

```
ROLLBACK [WORK]TO[SAVEPOINT] identifier;
```

将事务回滚到指定的保存点，若对应保存点之后还有其他保存点，则会被删除。

可以使用RELEASE SAVEPOINT identifier命令删除一个保存点。删除不存在的保存点会出错。

【例7-21】　演示有关事务的处理过程。代码如下。

```
START TRANSACTION;
UPDATE student SET gender='女' WHERE student_id='201710201101';
SAVEPOINT s1;
UPDATE student SET gender='男' WHERE student_id='201710201101';
ROLLBACK WORK TO SAVEPOINT s1;
COMMIT WORK;
```

该例由于回滚到了s1保存点，撤销了后面将gender字段值改为"男"的操作，所以student_id为"201710201101"的gender字段的值还是"女"。

事务中涉及的多服务器复杂环境中使用的分布式事务及其两阶段提交知识，读者可以自行查找相关资料进行学习。

7.5.3 事务的隔离与锁机制

事务的隔离性用来定义多用户并发操作时事务彼此隔离和交互的程度。为了多用户同时访问时，让不同用户的事务互不影响，同时保证数据库性能不受到较大影响，需要设置合适的事务隔离级别。通过锁机制来实现各级别的隔离，防止多用户并发访问共享数据时引起更新丢失、脏读、幻读、不可重复读等问题。

1．事务的隔离级别

MySQL 基于 ANSI/ISO SQL 规范提供了 4 种隔离级别。

（1）序列化（Serializable）：强制事务排队，按一个接一个的顺序执行事务。这种方式提供了事务之间最大程度的隔离，但会导致大量的锁等待，一般只在分布式事务中使用。

（2）可重复读（Repeatable Read）：MySQL 默认隔离级别，适用于大多数应用程序。它确保同一事务内相同的查询命令多次执行结果一致。

（3）提交读（Read Committed）：支持事务处理的大多数数据库系统的默认隔离级别，安全性比可重复读的差。它满足了隔离的简单定义，即一个事务只能看见已提交事务所做的改变。

（4）未提交读（Read Uncommitted）：提供了事务之间最低程度的隔离。这个级别下，所有事务都可以看到其他未提交事务的执行结果。该隔离级别对并发性能贡献不大，但引起的并发错误不小，一般很少使用。

一般而言，随着隔离级别的增加，并发访问性能会有所下降。关于如何权衡并发问题和并发性能，目前还没有一个通用的标准。如何确定哪种隔离级别更适合当前应用程序，多数情况下是由应用程序开发人员或数据库维护人员主观决定的。

设置隔离级别的语法格式如下。

```
SET [GLOBAL|SESSION] TRANSACTION ISOLATION LEVEL
    {SERIALIZABLE|REPEATABLE READ
    |READ COMMITTED|READ COMMITTED};
```

用 GLOBAL 定义的隔离级别适用于所有 SQL 用户新开启的事务；用 SESSION 定义的隔离级别只适用于当前会话和连接中新开启的事务。

2．MySQL 锁机制

锁机制可以防止多事务并发访问时引起数据不一致问题。

InnoDB 和 BDB 引擎支持事务。MyISAM 等引擎虽然不支持事务，但用表锁定可实现原始形式的事务。例如通过锁表阻止其他用户访问，只在修改完成后才解锁并允许其他用户访问。

不同的表类型支持不同的锁定机制，有以下几种"粒度"的锁。

（1）表级锁：锁定整个表，又分为读锁和写锁。MyISAM 和 MEMORY 采用该种锁机制。

（2）页级锁：锁定表的某几行（称作页）。未锁定的其他页的记录仍然可以使用。BDB 采用该种锁机制。

（3）行级锁：行级锁只锁定需要操作的行，其他行对于其他事务是可用的。

行级锁比表级锁和页级锁控制得更精细，可以减少并发事务的冲突，使多个用户能同时从相同表中读取数据甚至写数据。

InnoDB 默认采用的是行级锁。但需要特别注意的是，InnoDB 的行级锁是通过对索引加锁来实现的。如果没有对应的索引支持，InnoDB 也只能采用表级锁。

MySQL 提供 LOCK 命令来锁定当前线程的表，语法格式如下。

```
LOCK TABLES table_name [AS alias] {READ [local]|[low_priority] WRITE}
```

具体说明如下。

（1）读锁（READ lock、Share lock、S 锁）：允许所有事务再给被锁表施加其他读锁，从而读取被锁表的数据。但需要加写锁的所有事务必须"排队等候"，从而阻止其他事务更新加了读锁的表。只有全部读锁和写锁都解除时，才能再加上写锁。local 读锁允许进行非冲突的 INSERT 命令，但只适用于 MyISAM 类型的表。

（2）写锁（write lock、eXclusive lock、X 锁）：确保只有加锁事务自己可以读写数据，其他事务的加锁请求都必须"排队等候"，也称为排他锁。只有解除了写锁，才能再施加其他读锁或写锁。low_priority 写锁允许其他用户读取表。

（3）对 MyISAM 表执行查询（SELECT）前，会给相关表自动加读锁；在执行更新（UPDATE、DELETE、INSERT 等）操作前，会给相关表自动加写锁，用户无须用 LOCK TABLES 命令显式地加锁。

可用下述命令查询表级锁争用情况。

```
SHOW STATUS LIKE 'table%';
```

若 table_locks_waited 值比较高，就说明存在较严重的表级锁争用情况。

（1）锁定表时会隐式地提交所有事务；开启新事务（如 START TRANSACTION）时也会隐式地解开全部表锁定。

（2）使用表锁定时，@@AUTOCOMMIT 值必须设为 0。否则 LOCK TABLES 命令执行后会立刻释放表锁定，且易导致死锁。

UNLOCK TABLES 命令可以显式地解除被事务锁定的全部表。

事务结束（无论是显式或隐式地提交，还是显示或隐式地回滚）时，如果没有执行 UNLOCK TABLES 命令，会隐式地解除被锁定的全部对象。

InnoDB 的行级锁加锁方法如下。

（1）在 SELECT 命令的末尾添加 LOCK IN SHARE MODE 即可申请加上行级读锁。

（2）在 SELECT 命令的末尾添加 FOR UPDATE 即可申请加上行级写锁。

如果没有满足条件的行，行级锁也能成功加锁，目的是防止"幻写"。

需要注意以下几点。

（1）用 LOCK IN SHARE MODE 加的行级读锁和用 FOR UPDATE 加的行级写锁的加锁时间都很短，可以通过在用户事务中加锁来延长行级锁的加锁时间。

（2）锁机制使并行访问变成程度不同的串行访问，但也引入了一个新的问题——"死锁"。所谓死锁，就是两个或多个事务需封锁已被对方锁定的数据对象，但因为锁冲突，需要等待对方解除锁定才能封锁成功，可谁也不释放自己锁定的对象，导致无限期相互等待而无法继续运行下去的现象。

（3）InnoDB 存储引擎能自动检测死锁，会权衡造成死锁的事务，让权重小的事务回滚，而让另外一个权重较大的事务成功完成（事务权重涉及事务加锁数量、改变的记录数量、写日志数量、开启时间长短等）。被回滚的事务会收到一个错误消息。

（4）若在交互模式收到死锁错误，只要重新开启即可。若在应用程序中收到死锁错误，程序开发人员应该设计程序来处理这种错误异常。

（5）InnoDB 不负责处理锁等待超时异常，程序开发人员应该设计相应错误处理程序，决定是进一步提交事务，还是简单回滚事务来解决超时等待的异常问题。

（6）若事务中混合了非 InnoDB 存储引擎的表，InnoDB 将无法检测这类死锁问题。

（7）InnoDB 表适合执行大量的 INSERT 或 UPDATE 数据操作，使用时需要关闭自动提交事务模式。若没有显式开启事务，则每插入一行都自动提交，会严重影响速度。

可用下述命令获取 InnoDB 行锁争用情况。

```
SHOW STATUS LIKE 'innoDB_rowlock%' ;
```

若 innoDB_row_lock_waits 和 innoDB_row_lock_time_avg 值比较高，则说明行级锁争用情况比较严重。

3．死锁的处理

死锁的处理比较麻烦，一般来说需要开发人员在程序设计过程中加以注意，尽量减少死锁发生的概率，并进一步设计死锁的处理程序。

避免死锁的常用方法如下。

（1）尽量选用锁粒度小的存储引擎，提高并发性能。

（2）尽量避免在一个事务中选用不同存储引擎的表。

（3）处理事务时尽量选用较低的隔离级别。

（4）尽量选用基于行锁控制的隔离级别，必要时选用表锁。

（5）设置合理的锁等待超时范围，设计相应异常处理程序。

（6）多记录修改时，尽量在获得所有相关记录的排他锁后，再修改。

（7）尽量缩短锁的生命周期，保持事务简短并处于一个批处理中。

（8）事务中尽量按照同一顺序存取数据，避免交互访问数据。

（9）不同程序要并发存取多个表，尽量约定以相同的顺序来读写这些表。

（10）批量处理数据时，可先对数据排序，让每个线程按固定的顺序来处理这些记录数据。

（11）在 REPEATABLE READ、READ COMMITTED 隔离级别时，若两事务同时对相同条件记录用 SELECT…FOR UPDATE 加排他写锁，无符合条件记录时两个事务都会加锁成功，此时就可插入记录，此时应用程序需考虑同时插入的记录是否冲突。

本章小结

本章主要介绍了 MySQL 数据库中的用户管理、权限管理、日志文件、备份与恢复，以及事务处理等高级内容，这些内容直接或者间接地与数据的安全相关，通过对本章的学习，读者能够深入理解数据库中这些内容的基本概念和基本原理，将此应用于实际业务过程中会对数据库安全起到至关重要的作用。

本章小结

本章习题

1. 思考题

（1）如何通过标准 SQL 命令的 INSERT、UPDATE、DELETE、SELECT 对 user 表的记录进行操作，完成对用户的创建、更改用户名或密码、删除用户、查询权限，以及权限的授予和收回管理？

（2）如何通过日志文件恢复数据库？

2. 上机操作题

（1）完成一个新用户的创建、更新、删除操作。

（2）完成给一个用户进行授权的操作，该用户可以进行读取，但不能更新和删除。

（3）打开用户错误日志，查看日志内容。

（4）完成对一个数据库的备份和恢复操作。

（5）仿照【例 7-21】，开启事务，修改学生信息，进行事务回滚后，查询修改情况。

第 8 章

基于PHP的MySQL Web应用

本章导学

学习的最高境界是学以致用。MySQL 作为 Web 网站最受青睐的 DBMS，其数据应用很大程度上都是以 Web 页面的形式呈现的。在 Web 应用领域，MySQL 占据了绝对优势，这得益于它的小巧易用、安全有效、开放式许可和跨平台特征，更主要的是它与 PHP 的完美结合。了解 PHP，掌握 PHP 连接 MySQL、操纵 MySQL 的方法，是培养 MySQL Web 应用开发能力的必要基础。

本章学习目标

◇ 了解什么是 PHP
◇ 掌握 PHP 的基本语法特征
◇ 掌握利用 PHP 实现对 MySQL 的连接与基本操作
◇ 掌握利用 Dreamweaver 实现基于 PHP 的 MySQL Web 应用的基本方法

本章知识结构图

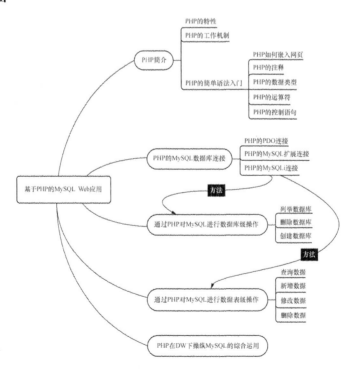

8.1 PHP 概述

8.1.1 PHP 是什么

20 世纪 90 年代是 Web 应用走向成熟和普及最重要的时代。PHP 就是一种为 Web 开发而诞生的编程语言。从 1995 年 1.0 版本发布以来，PHP 就一直是 Web 开发领域的中坚力量。

相比同时期诞生的 ASP、JSP 等 Web 开发技术，PHP 开源、跨平台、简单易用，特别是随着版本的快速更迭，原本广受诟病的诸如速度、安全性、面向对象框架的完备性等问题一一得到了解决，自 PHP 5.0 版本开始，PHP 已经不再限于轻量级 Web 开发，一跃成为企业级 Web 应用的"宠儿"，在数据库方面 PHP 5 也做了大量的改进，提供了用于访问 MySQL 的新的数据库接口 MySQLi，还支持使用面向对象界面和预处理语句（Prepared Statement）等 MySQL 的新功能，至此 PHP 与 MySQL 的"黄金组合"已经成型。

PHP 的版本和功能一直在更新发展，例如 PHP 7.4 每秒处理的请求数量大约是 PHP 5.6 的 3 倍，比 PHP 7.0 快了大约 18%；2020 年发布的 PHP 8.0 性能相比前一版本提升了大约 10%，比肩 Java，其新特性 JIT 编译器，为在 Web 服务器上进行机器学习、3D 渲染和数据分析打开了大门。据 W3C（World Wide Web Consortium，万维网联盟）统计，PHP 在网站的服务器端编程语言中所占的份额已达 80%。

PHP 为大多数 Web 开发者所青睐，其主要原因就是它在发展中抓住了主要矛盾，顺应了 Web 发展的需求，不断地完善和进步。其主要优势如下。

（1）开发速度极快，无须编译，开发消耗的资源少。

（2）可移植性好，拥有诸如 WampServer、AppServ 等一键安装包，配置简单。

（3）开源免费，拥有良好的应用生态，与同样开源的 Apache、MySQL 无缝对接。

（4）升级速度快，PHP 专注于 Web 开发，更新升级速度快，开发者遇到的技术难点可以很快得到解决。

在图 8-1 所示的 WampServer 控制菜单中，可见 PHP 与 MySQL 已经构成了 Web 开发中的主流技术组合。

在 Web 应用方面，MySQL 是极好的 RDBMS 之一。如何让 Web 站点连接 MySQL 数据库，在异彩纷呈的网页中读取、呈现、查询、写入数据，从而形成丰富的应用，需要借助 PHP 这样简单易学又功能强大的脚本语言加以实现。

掌握基本的 PHP 知识，学会利用 PHP 操纵 MySQL 的方法，是实现 MySQL 的 Web 应用、体现 MySQL 应用价值的必由之路。

图 8-1 WampServer 控制菜单

8.1.2 B/S PHP 工作机理

B/S 架构下的 Web 服务是以用户在浏览器端向服务器端发送请求，服务器端响应用户的请求，向浏览器端发送响应页面为主要工作流程的。但是若没有业务逻辑层的服务程序支持，那么 Web 服务器只能够响应用户的静态请求，即返回给用户的页面是未经程序处理的静态页面。如果仅能够响应静态页面，那么 Web 服务器就没有办法根据用户的需求"定制"页面给用户，更不会将数据库服务器中的数据呈现在页面上。

试想，Web 服务中常用的信息查询、网络购物、在线业务填报，甚至只是简单地注册与登录，哪项服务不需要根据用户给出的信息进行定制？也就是说，若不能够进行动态的响应服务，Web 服务器在面对诸多实用的业务时将会"束手无策"。而 PHP 等 Web 编程语言完美地承担了这项任务。Web 服务器可以借助 Apache 等服务器软件构成 Web 服务，委托 PHP 预处理器（PHP 可以在 HTML、CSS、Java Script 等输出前控制页面的结构，故称为 PHP 预处理器）针对用户的请求，经过运算及操纵 MySQL 数据库获取或改变数据，产生符合用户需求的页面反馈给用户，即产生动态响应。

PHP 具体的工作机理如图 8-2 所示。

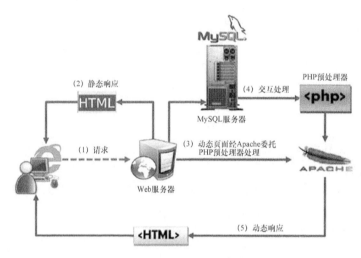

图 8-2　PHP 工作机理

PHP 的所有应用程序都是通过 Web 服务器（如 Apache 或 IIS 等）和 PHP 引擎程序解释、执行的，工作过程如图 8-2 所示。

（1）用户通过浏览器输入要访问的网页文件，就会触发静态页面或动态页面的请求，请求被传送到支持 PHP 的 Web 服务器中。

（2）Web 服务器接收这个请求，如果请求中没有动态服务信息，那么，服务器解析 URL 时，会直接将.html 文件作为静态页面响应用户的请求，服务完毕。

（3）Web 服务器接收这个请求，如果是一个 PHP 请求，Web 服务器从硬盘或内存中取出用户要访问的 PHP 应用程序，并将其发送给 PHP 预处理器。

（4）如果请求中含有数据库操作代码，PHP 预处理器就会和 MySQL 服务器之间进行数据处理交互。

（5）PHP 预处理器对 Web 服务器传送过来的 PHP 应用程序从头到尾进行扫描并根据命令执行，即步骤（3）、步骤（4）的操作，动态地生成相应的.html 文件。PHP 预处理器将生成.html 文件返回给 Web 服务器，Web 服务器再将其返回给客户端浏览器。

⚠ 注意：图中的 Apache 和 Web 服务器在逻辑上是一体的，为了方便表述 Apache 与 PHP 预处理器的委托关系，在图中分开呈现。

8.1.3 PHP 简明语法入门

PHP 作为一种计算机编程语言，继承了 C 语言、Java、Perl 等多种语言的特性，但是作为编程语言的初学者，有必要在利用 PHP 连接、操纵 MySQL 数据库前，了解 PHP 的语言特性和语法知识。本书重在介绍 MySQL 数据库，介绍 PHP 只是为了更好地实现 MySQL 的 Web 应用。基于上述原因，仅在本小节简单讲解 PHP 的语法，读者若需深入了解 PHP，可查阅相关的工具书和网站进行学习。

1．PHP 代码嵌入的方式

PHP 文件的默认文件扩展名是".php"，在 PHP 文件中能够包含文本、HTML 及 PHP 代码。PHP 代码在服务器上执行，而结果以纯文本返回浏览器。PHP 代码的放置位置非常灵活，只要借助特定的标签即可放置于文档中的任何位置。PHP 代码嵌入文件，并且能够被 Web 服务器所识别，需要特定的标签规范，具体包括以下 4 点。

（1）默认语法：<?php …?>

例如，在 HTML 页面中，嵌入 PHP 标签，示例代码如下。

```
<!DOCTYPE html>
<html>
<head>
    <title>PHP 代码嵌入案例</title>
    <meta charset="utf-8">
</head>
<body>
    <?php
        echo "绝知此事要躬行^_^";
    ?>
</body>
</html>
```

上述代码是一个典型的 HTML 5 框架，在页面的主体区，即<body>标签区，用标准的 PHP 标签对<?php …?>嵌入了 PHP 代码，其中 echo 便是一个典型的 PHP 输出语句。当然 PHP 代码嵌入的位置也不限于<body>区，甚至出现在 CSS 中亦可。

如果 PHP 文件仅包含 PHP 代码，建议在文件末尾删除 PHP 结束标记。这样可以避免万一在 PHP 结束标记之后意外加入了空格或者换行符，导致 PHP 输出这些空白的情况发生。

（2）脚本格式：<script language="php">…</script>

PHP 还提供了 JavaScript、VBscript 等脚本程序员熟悉的脚本风格，即以<script language = "php">标签开头、以</script>结尾的长标签格式，用于标识 PHP 代码。若书写 JavaScript 代码，则开头的标签只要将 language="php"换成 language="javascript"即可。

该格式在 PHP 7.0 后已经不解析了。在实际运用中，推荐使用（1）中标签格式。

（3）短标签格式：<? … ?>

该格式需要 php.ini 配置文件中的指令 short_open_tag 打开后才可用，或者在 PHP 编译时加入--enable-short-tags 选项。自 PHP 5.4 起，"<?php echo"可简写成短格式的 "<?="，而不管 short_open_tag 是否打开，如 "<? echo 'hello';"可简写为 "<?= 'hello'; "。因为短标记可以被禁用，为尽可能兼容，建议使用默认的 PHP 标准标记 "<?php…?> "和短输出标记"<?= … ?>"格式。

（4）ASP 标签格式：<% … %>

该格式需要 php.ini 配置文件中的指令 asp_tags 打开后才可用。不推荐这种写法，这是为 ASP 程序员学习 PHP 所添加的写法。

2．PHP 的注释

对编程语言而言，注释用于记录编写代码的思路，以便编程者之间交流和合作。因为注释的部分不会被执行，所以注释也可以用于代码调试阶段屏蔽部分代码以测试功能等。总之，书写注释是必要的编程习惯。

PHP 继承了 C、Java 等高级语言的注释风格，主要提供了以下几种注释方法。

（1）用//作为单行注释的前缀，示例如下。

```
//这是单行注释。
```

（2）用#作为单行注释的前缀，示例如下。

```
#这也是单行注释。
```

（3）用/*开头，用*/结尾，作为多行的注释，示例如下。

```
/*
    作者：Data Maker
    程序：西南联大著名学者信息系统
    日期：2021—2031
*/
```

3．数据和数据类型

数据是程序的核心，同许多高级语言一样，PHP 用常量和变量实现数据在内存中的存储。PHP 的变量以 $ 符号开头，其后是变量名。PHP 在创建变量时，必须同时为变量赋值，例如\$x=0.5。变量名必须以字母或下画线开头，但不能以数字开头。PHP 变量名只能包含字母、数字字符和下画线（A～z、0～9，以及_）。PHP 变量名对大小写敏感，即\$y 与 \$Y 是两个不同的变量。

PHP 支持的数据类型有整型、布尔型、浮点型和字符串型，另外还支持两种复合类型：数组和对象。PHP 是一种"弱类型"的语言，在创建常量和变量时，不需要事先声明常量或变量的数据类型，PHP 会自动根据变量的值将变量转为合适的数据类型。示例代码如下。

```
<?php
    $a=12.5;
    $a="扶贫攻坚，决胜小康";
?>
```

当将小数 12.5 赋给变量\$a 时，\$a 是一个浮点型的变量，而当将字符串型常量"扶贫攻坚，决胜小康"赋给\$a 时，\$a 又变为字符串型变量。

4．常见的运算符

运算符是数据操作的符号，是表达式的重要组成部分。PHP 之所以能够进行复杂的运算，就是因为它支持类型丰富和功能各异的运算符。根据功能的不同，PHP 的运算符可以分为算术、赋值、位、比较、错误控制、逻辑、字符串连接、条件等类别。限于篇幅，本章仅列举几类典型的运算符，对于其余运算符，读者可参阅 PHP 官方站点或学习论坛中所提供的 PHP 语法资料。

（1）算术运算符

PHP 算术运算符可以实现算术运算。PHP 算术运算符如表 8-1 所示。

表 8-1 PHP 算术运算符

运算符	名称	例子	结果
+	加法	$x+$y	$x 与$y 求和
−	减法	$x−$y	$x 与$y 的差
*	乘法	$x*$y	$x 与$y 的乘积
/	除法	$x/$y	$x 与$y 的商
%	取余	$x%$y	$x 除以$y 的余数

需要注意的是，PHP 会截取小数的整数部分来做取余运算。例如，若$a = 4.2、$b = 10.9，则$b%$a 实际运算的是 10%4，其值为 2。

（2）比较运算符

比较运算也是 PHP 程序设计中常见的运算类型。PHP 不仅允许数值之间进行比较，还允许数值、字符串、布尔值等不同数据类型之间进行比较。凡是比较运算必有结果，其值为布尔值（true 或 false）。比较运算常用于构造程序的判断条件，在 PHP 对数据库的操作中也常常用到比较运算。PHP 比较运算符如表 8-2 所示。

表 8-2 PHP 比较运算符

运算符	名称	例子	结果
==	等于	$x==$y	如果$x 等于$y，则返回 true
===	全等（完全相同）	$x===$y	如果$x 等于$y，且它们类型相同，则返回 true
!=	不等于	$x!=$y	如果$x 不等于$y，则返回 true
<>	不等于	$x<>$y	如果$x 不等于$y，则返回 true
!==	不全等（不完全相同）	$x!==$y	如果$x 不等于$y，或它们类型不相同，则返回 true
>	大于	$x>$y	如果$x 大于$y，则返回 true
<	小于	$x<$y	如果$x 小于$y，则返回 true
>=	大于或等于	$x>=$y	如果$x 大于或等于$y，则返回 true
<=	小于或等于	$x<=$y	如果$x 小于或等于$y，则返回 true

PHP 的比较运算不仅可以比较数值，还可以比较类型，例如 ===是全等比较运算符，同时检查表达式的值与类型，而 == 是比较运算符，不会检查表达式的类型。例如，在如下代码中，用 echo 输出 3>2，得到的结果将是 1，即布尔值 true 对应的数值，而通过 var_dump()函数测试表达式 3>2 的值及类型，则会得到 boolean true 的结果。这说明在 PHP 中，同样的数值，还存在数据类型的不同，而这样的不同将影响全等比较运算的结果。

```php
<?php
    echo 3>2;          #得到数值1
    echo "<br>";
```

```
    var_dump(3>2);    #得到boolean true的数据类型及逻辑值
?>
```

（3）逻辑运算符

逻辑运算符是进行逻辑运算的符号，其运算结果为布尔值，是构成判断条件、循环条件等控制结构的主要运算符。PHP 逻辑运算符如表 8-3 所示。

表 8-3　PHP 逻辑运算符

运算符	名称	例子	结果
and	与	$x and $y	如果$x 和$y 都为 true，则返回 true
or	或	$x or $y	如果$x 和$y 至少有一个为 true，则返回 true
xor	异或	$x xor $y	如果$x 和$y 有且仅有一个为 true，则返回 true
&&	与	$x && $y	如果$x 和$y 都为 true，则返回 true
||	或	$x || $y	如果$x 和$y 至少有一个为 true，则返回 true
!	非	! $x	如果$x 不为 true，则返回 true

在 PHP 中，and、or 与&&、||均表示逻辑运算的与、或，且对表达式的判断逻辑是相同的，但是运算符优先级存在差异。以 and 和&&运算符为例，and 运算符的优先级低于赋值运算符=，而&&的优先级则高于赋值运算符=。图 8-3 所示的代码和页面执行效果体现了运算符优先级不同带来的运算结果的差异。

为在编程中避免出现逻辑错误，编程者需要熟悉 PHP 运算符的优先级、结合性及特定的运算特性，另外建议在表达式书写中合理使用括号，以避免优先级等特性带来理解上的歧义。

图 8-3　and 与&&运算符优先级差异

5．流程控制语句

同所有高级语言一样，PHP 也拥有顺序、选择、循环 3 种基本控制结构，以及用于控制程序流程的特定语句。PHP 可以通过选择语句、循环语句及程序跳转和终止语句来实现流程控制。因为 PHP 的流程控制语句与前述章节 MySQL 的流程控制语句有较高的相似度，所以在此仅列举主要句式，不再详述。

（1）条件控制结构

if 语句：如果指定条件为真，则执行代码。

if…else 语句：如果条件为 true，则执行一段代码；如果条件为 false，则执行另一段代码。

if…elseif…else 语句：根据两个以上的条件执行不同的代码块。

switch 语句：选择多个代码块之一来执行，多用于多分支条件并列的情形。

（2）循环控制结构

PHP 通过以下语句实现程序结构的循环。

while 语句：只要指定条件为真，则循环代码块。

do…while 语句：先执行一次代码块，然后只要指定条件为真，则继续循环。

for 语句：一般用于指定次数的循环。

foreach 语句：遍历数组中的每个元素并循环代码块。

（3）程序跳转及终止语句

continue 语句：一般在 for、while、do…while 循环结构中使用，用于终止本次循环，继续下一次循环。

break 语句：用于 switch 语句和 for、while、do…while 等循环语句中，使程序跳出当前的控制结构。

Web 应用案例
分析

8.2 PHP 的 MySQL 数据库连接

作为以 Web 开发见长的语言，PHP 最常见的应用就是与数据库结合。PHP 支持多种数据库，并且提供了与多种数据库相关联的系统函数和类库。在对 MySQL 数据库的支持方面，PHP 提供了 3 种与 MySQL 数据库连接的方法，分别是 PHP 的 MySQL 扩展、PHP 的 MySQLi 扩展、PHP 数据对象（PHP Data Objects，PDO）。下面对这 3 种连接方式进行介绍，以供读者在不同场景下选出最优方案。

8.2.1 以 PHP 的 MySQL 扩展连接数据库

要操作数据库，首先要与其建立连接，PHP 的 MySQL 扩展提供了 mysql_connect()函数，用以连接 MySQL 数据库。该函数的语法格式如下。

```
mysql_connect('hostname','username','password')
```

其中 hostname 是 MySQL 服务器的主机名或者 IP 地址，若省略端口号，则端口号默认为 3306；username 是登录数据库服务器的用户名；password 是用户密码。

PHP 的 MySQL 扩展是用于早期 PHP 版本与 MySQL 数据库交互的，是针对 MySQL4.1.3 或者更早版本设计的，它不支持后期 MySQL 版本提供的一些特性。该方法应用于 PHP 5.5 及以上版本时，会收到警告信息，PHP 7.0 以后则彻底放弃使用该方法，而采用 MySQLi 扩展或者 PHP 数据对象——PDO 方法进行替代。

【例 8-1】 通过 PHP 编程，创建一个页面 8-connect.php，用于建立与 MySQL 服务器的连接，服务器为本地服务器，用户名为 root，密码为空。连接数据库成功与否，页面均需给出提示信息。

本例对应的 PHP 代码如下。

```php
<?php
  error_reporting(0);          #屏蔽警告
  $id=mysql_connect("localhost","root","");
  if($id)
      {
          echo "<h3>OK, 连接 MySQL 服务器成功啦！";
      }
  else{
      echo "<h3>OH, 连接 MySQL 服务器失败。";
      }
?>
```

注意，本例考虑到 PHP 5.5 以上版本将对 mysql_connect()函数的应用提出更新警告，为了不影响页面的显示，故在代码的第 2 行用 PHP 的 error_reporting()函数屏蔽了错误信息，其参数为 0，代表禁用错误报告。在实际开发中建议不要屏蔽错误信息，可以采用其他有效的方法进行错误信息捕捉及处理，以利于编程者快速发现并定位错误，从而进行改正。

mysql_connect()函数连接数据库成功会返回一个连接标识值，连接失败则会返回 false，本例利用该函数的返回值特性，通过判断变量 $id 的值给出数据库连接成功或者失败的信息。本例执行结果如图 8-4 所示。

图 8-4　通过 mysql_connect()函数
连接 MySQL 数据库

在与 MySQL 服务器建立连接后，要确定具体连接的数据库，还需使用 mysql_select_db() 函数，该函数的语法格式如下。

```
mysql_select_db("dbname"[,link_identifier])
```

其中 dbname 代表数据库名称，而 link_identifier 则代表 MySQL 服务器的连接标识，在【例 8-1】的代码中，link_identifier 的值即为$id。在【例 8-1】中继续加入数据库连接语句，去除辅助功能，核心代码如下。

```
<?php
 $id=mysql_connect("localhost","root","");  #连接 MySQL 服务器
 mysql_select_db("coursebook",$id); #连接 MySQL 服务器中的 coursebook 数据库
?>
```

8.2.2　以 PHP 的 MySQLi 扩展连接数据库

要使用 PHP 的 MySQLi 扩展，需确保配置文件 php.ini 中的 "extension=php_mysqli.dll" 配置项是打开的，即语句前面无 ";" 符号。

PHP 的 MySQLi 扩展可以使用 MySQL 4.1.3 或更新版本中的新特性，它包含面向过程和面向对象两种应用方式。MySQLi 扩展支持一次执行多条 SQL 语句、增强了调试能力、提供了对 Prepare 语句的支持，可以通过参数绑定防止 SQL 注入，提高了安全性，是 PHP 官方站点优先推荐的连接 MySQL 数据库的方式。不过 MySQLi 扩展仅适用于 MySQL 数据库服务器，不能用于其他类型的数据库服务器。本章后续对数据库及数据表的操作案例将以 MySQLi 扩展方式进行。

面向过程的 MySQLi 扩展连接函数格式如下。

```
mysqli_connect("hostname","username","password","dbname")
```

该格式与 PHP MySQL 扩展中 mysql_connect()函数的格式非常类似，最后一个参数 "dbname"的值为数据库名称。该连接函数的功能相当于 PHP MySQL 扩展中 mysql_connect() 和 mysql_select_db()两个函数的功能。图 8-5 所示为 MySQLi 扩展连接 MySQL 数据库的代码范例及执行结果。对于其中的辅助函数和常量不做更多解释，感兴趣的读者可以通过查阅 PHP 在线手册深入学习。

MySQLi 扩展还可以通过面向对象的方式建立数据库连接，语法格式如下。

```
$link=new mysqli("hostname","username","password","dbname")
```

其参数含义，以及连接成功后的处理逻辑与面向过程的连接相同，在此不进行赘述。

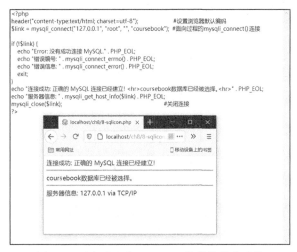

图 8-5　面向过程的 MySQLi 扩展数据库连接

8.2.3　以 PHP 的 PDO 方式连接数据库

PDO 方式提供了一个统一的 API，可以使 PHP 应用不去关心具体要连接的数据库服务器系统类型。使用 PDO 连接数据库，可以在任何需要的时候无缝切换数据库服务器，例如从 Oracle 到 MySQL，仅需要修改很少的 PHP 代码即可。PDO 是一种适合跨数据库 Web 应用的数据库连接方式，其功能类似于 ODBC 接口。PDO 也解决了 SQL 注入问题，有很好的安全性。

与 MySQLi 扩展类似，开启 PDO_mysql 相关扩展也需要在 php.ini 配置文件中开启相应的配置语句：extension=php_pdo_mysql.dll。PDO 是面向对象的数据库连接方式，在使用 PDO 与数据库交互之前，要创建一个 PDO 对象，创建 PDO 对象的语法格式如下。

```
$db=new PDO(DSN,username,password)
```

其中，DSN 是数据源名，username 为连接数据库的用户名，password 为密码。针对不同 DBMS 的 DSN 是不同的，典型的几种 DBMS 的 DSN 名称如表 8-4 所示。

表 8-4　几种 DBMS 的 DSN 名称

DBMS	DSN 名称
Sybase	sybase:host=localhost;dbname=testdb
MySQL	mysql:host=localhost;dbname=testdb
SQL Server 2008	sqlsrv:Server=localhost;Database=testdb
Oracle	oci:dbname=//localhost:1521/testdb
ODBC	odbc:testdb
PostgreSQL	pgsql:host=localhost;port=5432;dbname=testdb

下面代码为以 PDO 方式连接 MySQL 数据库的实例。

```
<?php
  header("Content-type:text/html;charset=utf-8");
  $user="root";
  $pass="";
```

```
try {
    $dbh=new PDO('mysql:host=localhost;dbname=coursebook',$user,$pass);
    echo("数据库连接成功");
    $dbh=null;    #关闭连接
    }
catch(PDOException $e)
    {
    echo "数据库连接失败:".$e->getMessage()."<br/>";
    die();
    }
?>
```

其中应用了 try…catch 的错误捕捉机制，请读者自学其语法。

8.3 使用 PHP 实现 MySQL 数据库级操作

使用 PHP 对 MySQL 进行的数据库级操作主要有列举、创建、删除某些特定的数据库。例如在动态网站中，每个栏目对应后台一个数据库，可以通过 PHP 页面新增栏目或者删除栏目。一般来说，对数据库进行创建与删除，用户要拥有较高的权限，而且要慎重操作。本节将以 PHP 操作 MySQL 的主流模式——MySQLi 扩展连接，来完成上述数据库级操作。

8.3.1 利用 PHP 列举数据库

PHP 列举数据库所使用的核心语句是"SHOW DATABASES"，在对 MySQL 操作的过程中，PHP 主要提供了扩展 MySQL 数据库的接口，而核心语句仍然来自 MySQL。PHP 并不是直接操作数据库中的数据，而是把要执行的操作以 SQL 语句的形式发送给 MySQL 服务器，由 MySQL 服务器执行这些指令，并将结果返回给 PHP 程序。可将 MySQL 服务器看作一个数据"管家"，其他程序需要某些数据时，只需要向"管家"提出请求，"管家"就会根据请求进行相关的操作或返回相应的数据。PHP 的 MySQLi 扩展接口可以通过面向过程的方式，利用若干函数，或者通过面向对象的方式，使用封装的方法，来完成对 MySQL 的驱动。其列举数据库的主要流程如下。

（1）创建与数据库服务器的连接，面向对象的核心语句格式如下。

```
$mysqli=new mysqli($servername,$username,$password)
```

（2）通过 MySQLi 对象实例的 query()方法，执行操作数据库的 SQL 命令，代码如下。

```
$query=$mysqli->query("SHOW DATABASES");
```

查询之后将形成结果集对象，之后 PHP 可以通过多种函数或方法获取结果集对象中的查询结果，并以合适的形式呈现在页面中。

（3）通过 fetch_row()方法抓取关联数组，从结果集中获取数据，代码如下。

```
$row=$query->fetch_row();
```

除此之外，MySQLi 还具备 fetch_all()、fetch_array()、fetch_object()、fetch_assoc()、fetch_fields()等方法，以不同返回值的方式获取结果集中的数据。

【例 8-2】 规划一个网站，设置"国学书院""复兴论坛""科技探索"3 个栏目，对应 MySQL 的 3 个数据库。为方便站点进行栏目管理，需设计一个 PHP 页面，在页面中通过下拉列表选择具体的栏目，进而关联相应的数据库。数据库设计如图 8-6 所示。

图 8-6　MySQL 中网站栏目数据库列表

在问题求解中，因为不希望 MySQL 中存在的与网站栏目无关的其他数据库出现在管理页面中，故需对设置的栏目名称设置特定的标识，以便实现精准查询。本例在栏目数据库名称后加入统一后缀，如"国学书院_栏目"。

页面设计中，可以选择网页设计工具来完成排版布局，如 Dreamweaver 等提供的页面模板，以便快速形成美观的页面。具体页面设计细节省略，下面仅列举关键的 PHP 代码控制部分。

（1）在页面开始的位置加入如下 PHP 代码，使之在页面加载时便能连接 MySQL 服务器：

```php
<?php
  header("content-type:text/html;charset=utf-8");        //设置页面文字编码
  $mysqli=new mysqli('127.0.0.1','root','');              //连接 MySQL 服务器
  $mysqli->set_charset("utf-8");                          //设置 mysqli 结果集文字编码
?>
```

代码中分别通过 header()函数和 set_charset()方法设置了页面静态文本和查询使用的文字编码为"utf-8"。

（2）在页面中加入表单，并将查询结果通过下拉列表的列表项加以呈现。关键代码如下。

```php
<form id="form1" name="form1" method="post" action="8-3-1.php">
  <select name="dblist" title="现有数据库查询">
    <?php
     $query=$mysqli->query("SHOW DATABASES like '%栏目'");
     while ($row=$query->fetch_row())
     {echo '<option value="'.$row[0].'">'.mb_substr($row['0'],0,4,'utf-8').'</option>';}
    ?>
  </select>
```

```
    <input type="submit" name="btn" id="btn" value="提交查询"/>
</form>
```

其中<form>…</form>标签对标记了表单区，常用于页面中前端与后台之间的数据交互。
本例中所用的<select>即为 HTML 5 标准下的选择列表
元素，选择列表项用<option>标签表示，可以设置 value
作为交互过程中传递的值。图 8-7 所示即为一个以国别
为列表显示内容的 select 选择列表实例。

代码中，语句 "$query=$mysqli->query("SHOW
DATABASES like '%栏目'");" 实现了对网站规划数据
库的查询，以"栏目"作为模糊查询的关键字，从而
实现了对列举数据库的筛选，查询的结果形成了结果集对象。

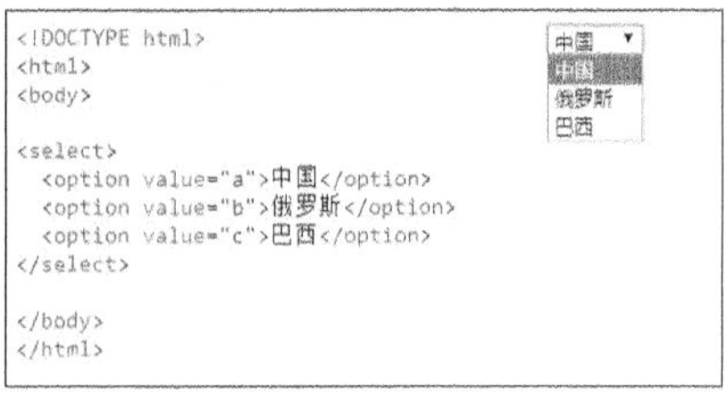

图 8-7   select 选择列表实例

其后的 while()循环语句通过结果集对象的 fetch_row()方法，获得了以数组形式存储的
查询结果，在循环调用过程中，该方法依次获取后面各行数据，直至结果集结尾，返回 false。
在循环中，通过 echo 向 select 表单的各个下拉项写入 value 值和显示内容。其中$row[0]是
fetch_row()方法返回的数组的首元素（数据库的名称），而 mb_substr($row['0'], 0, 4, 'utf-8')
实现了对数据库名称字符串的截取（网站栏目数据库名称的前 4 个汉字），不显示末尾用
于查询筛选的"_栏目"标识。

（3）通过表单实现页面传值，用于后续的参数和数据传递。表单存在两种数据传输的
方式——get 和 post，get 是用来从服务器上获得数据的，而 post 是用来向服务器传递数据
的。get 将表单中的数据按照 variable=value 的形式，添加到 action 所指向的 URL 后面，并
且二者使用"?"连接，而各个变量之间使用"&"连接；post 是将表单中的数据放在请求
的主体中，按照变量和值相对应的方式，传递到 action 所指向的 URL。

本例的<form id="form1" name="form1" method="post" action="8-3-1.php">标签中通过
method="post"指明了表单数据通过 post 方法传递，传递的位置通过 action="8-3-1.php"指明
了是本页面（本例页面名称为 8-3-1.php），当然在实际设计中，action 的值可以是 URL 能
够指向的任意位置。

（4）在页面特定位置显示表单传递过来的值，为后续操作做好参数或数据准备。本例
在页面的段落标签<p>中，显示用户通过选择列表选中的数据库名称，当然，传递过来的值
也可以作为进一步操作的重要参数。代码如下。

```
<p>您当前所选的数据库为:
    <?php
    $a=$_POST['dblist'];
    if(!$a)
        echo "NULL";
    else
        echo mb_substr($a,0,4,'utf-8');
    ?>
</p>
```

语句 "$a=$_POST['dblist'];" 中变量$_POST['dblist']即为单击"提交查询"按钮后，从
name="dblist"的 select 表单中传递过来的值，即查询获得的数据库名称列表中，被用户选中
的那一项数据库名称。为了安全起见，本例通过 if…else 语句，设置若传递过来的为空值，

则显示 NULL，否则显示传递过来的数据库名称的前 4 个有效汉字。

页面最后呈现的效果如图 8-8 所示。

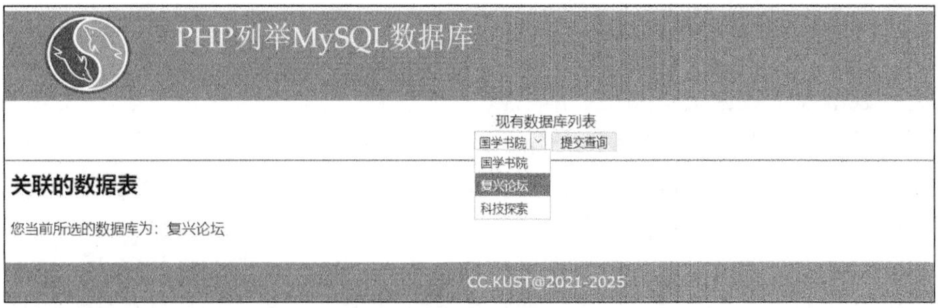

图 8-8 数据库列举效果

8.3.2 利用 PHP 创建及删除数据库

数据库的创建和删除需要用户对数据库拥有较高的权限，而这样的权限在 Web 站点中通常是不会提供给一般用户的，所以，数据库的创建和删除往往是在 Web 站点的后台管理系统中，由特定身份的管理员来实现的。创建数据库的语句为：CREATE DATABASE 数据库名称。

在 PHP 页面中，连接数据库、表单传值、执行语句等步骤和方式与【例 8-2】所述相同。请依据【例 8-2】，通过自学基础的表单知识，实现图 8-9 所示的数据库创建页面。

图 8-9 数据库创建页面及实现效果

删除数据库的语句为：DROP DATABASE 数据库名称。

8.4 使用 PHP 实现 MySQL 数据表级操作

Web 站点中所呈现的 MySQL 数据，更多来源于数据表。利用 PHP 进行基于 MySQL 数据表的创建、列举、修改和删除，与数据库的相应操作类似。更为普遍的应用是通过 SQL 命令，实现对数据的增、删、改、查等基本操作。

以许多站点都存在的注册和登录为例，注册的本质就是向数据库中添加一条原本不存在的记录，而登录则是根据用户输入的用户名及密码等信息在数据表中查询对应信息是否存在及匹配。

因为数据表的创建、查询、删除等操作与数据库的相应操作从流程到原理基本一致，所以本节不再赘述。下面主要讲解数据表中数据的查询、插入、删除及修改。

8.4.1 利用 PHP 查询数据

在进行数据表中数据记录的增、删、改、查等操作时，基本上可以采取模板化的操作流程，即先建立数据库连接，再执行 SQL 命令形成结果集，然后取回结果进行显示输出。对网页而言，查询得到的数据呈现在什么位置，以什么形式呈现，都需要设计者精心考虑，并运用相应的网页设计知识加以实现。

本小节的查询案例将尽量避免复杂的页面标签的应用，仅以表格的形式，依靠循环的逻辑，将查询到的记录中需要显示的字段依次显示到表格的各个行列的单元格中。完整的查询页面标签及 PHP 代码如下。

```
<!DOCTYPE html>
<html>
<head>
    <title>用 PHP 从表中读取数据</title>
</head>
<body>
<?php
 header("content-type:text/html;charset=utf-8");        //设置页面字符集
 $id=new mysqli("localhost","root","","coursebook"); //1.连接数据库
 mysqli_set_charset($id,"utf8");
 $result=mysqli_query($id,"SELECT * FROM student");    //2.执行查询，形成结果集
 echo "<table border=1 width=350><tr><td>姓名</td><td>籍贯</td><td>出生年月</td></tr>";
 $datanum=mysqli_num_rows($result);                    //3.获取查询记录数
  echo "共查询出".$datanum."条数据<br>";
  for($i=1;$i<=$datanum;$i++){                          //4.依据记录数进行循环
    $info=mysqli_fetch_array($result,MYSQLI_ASSOC); //5.在记录集中获取关联数组
    echo "<tr><td>".$info['student_name']."</td>";     //6.依次显示关联数组中的数据(字段)
    echo "<td>".$info['home_address']."</td>";
    echo "<td>".$info['birthday']."</td></tr>";
    }
    echo "</table>";
 mysqli_close($id);                                    //7.关闭数据库
?>
</body>
</html>
```

本程序中，在 PHP 代码中通过 echo 输出，加入了一些 HTML 代码，用来产生表格。其中<table>…</table>为表格标签对，<tr>…</tr>为表格中行的标签对，<td>…</td>为行内的单元格标签对，要显示的数据就在该标签对中呈现。

连接数据库→执行 SQL 命令→形成结果集，已经是本章多次应用的使用 PHP 操作 MySQL 数据库的成熟流程，读者可以举一反三，以此流程完成其他类似的操作。

语句 "$result=mysqli_query($id,'SELECT * FROM student');" 的实质是通过 PHP 向

MySQL 服务器发送一条 SELECT 指令。这条指令将返回所有满足条件的记录，返回的记录是一个资源类型，其内容是若干条记录的集合，称为记录集。记录集不能直接用来输出，故先将其存放在$result 中。

mysqli_num_rows()函数用于统计一个记录集中记录的数目，此函数专用于统计 MySQL 查询结果记录集，不能用来统计其他数据类型的元素个数。本例中，查询到的记录数目，除了直接输出统计结果，还用于控制循环的次数，因为在表格中，一行对应着查询到的一条记录。

mysql_fetch_array()函数的应用是本例的关键点之一。该函数在 PHP/MySQL 编程中十分常用，其语法格式如下。

```
mysqli_fetch_array(resource result[,int result_type])
```

该函数的作用是读取记录集 result 中的当前记录，将记录的各个字段值存入一个数组中，并返回这个数组，然后将记录集指针移动到下一条记录。如果记录集已经到达末尾，则返回 false。

第二个参数 result_type 为可选参数，此参数用来设置返回的数组采用什么样的下标。有 3 个备选值：MYSQLI_ASSOC、MYSQLI_NUM、MYSQLI_BOTH。3 个参数的含义如下。

（1）MYSQL_ASSOC：返回的数组将以该记录的字段名称作为下标，称为关联数组。如在本例中，要输出此数组中的"姓名"字段，可以用$info['student_name']。这里 $info 是数组名，"student_name"是存放姓名信息的字段名。

（2）MYSQL_NUM：返回的数组以从 0 开始的数字为下标，如$info[0]、$info[1]。

（3）MYSQL_BOTH：返回的数组既可以用字段名作为下标，也可以用数字作为下标。

读者可以自行修改程序，测试上述 3 个参数的效果。

最终完成的查询页面如图 8-10 所示。

图 8-10　使用 PHP 对 MySQL 数据表的查询

8.4.2　利用 PHP 实现对数据的增、删、改

插入、删除、修改同属于 DML 语句，用 mysqli_query()函数或 MySQLi 对象的方法，结合 SQL 语句，可以轻松实现对表内数据的增加、删除和修改。示例代码如下。

```php
<?php
  $id=new mysqli("localhost","root","","TestDB");
  mysqli_query("DELETE FROM TestTable",$id);
  mysql_close($id);
?>
```

这段代码执行后，会删除表 TestTable 中的全部数据。在 Web 应用领域，数据的新增、删除、修改等应用实例非常常见。图 8-11 所示的新用户注册页面，其实现逻辑本质上就是数据表的插入操作，当然在"注册"即插入记录前会在数据表中查询该用户名是否存在，如果存在则给出提示并拒绝插入。读者可以仿照前例，综合页面表单传值及 PHP 数据操作流程，实现简单的注册功能。

此外，用 UPDATE 语句可以实现对表内数据的修改，读者可以自行编写程序加以练习。

值得注意的是，查询操作返回的是一个对象。而插入、删除、修改操作返回的是一个布尔值，用户并不知道表记录有没有变化。可以用 $mysqli->affected_rows 属性获取 SQL 语句对数据表的影响行数。

图 8-11　新用户注册页面

8.5　MySQL Web 应用实例

作为 MySQL 数据库的初学者，可能并不具备网站开发需要的 HTML、CSS、JavaScript、Ajax 等背景知识，导致在进行 PHP Web 开发的过程中阅读代码、设计页面、控制交互等方面比较困难。这时，用户选取合适的开发工具，能扬长避短，可以高效、快速实现页面设计，以便将主要的精力用在设计数据库的操作逻辑上，从而创建满足要求的基于 MySQL 的动态站点。

8.5.1　Dreamweaver 在 MySQL Web 开发中的应用

支持 PHP 应用开发的开发工具中，有 PHPStorm、Zend Studio、PhpED 等诸多专业而高效的工具，但是在 Web 开发中不可避免要涉及页面设计部分，在全栈开发渐成主流的今天，前端设计恰恰成为熟悉后台及数据库开发程序员的"痛点"，以前端开发能力突出为特色的 Dreamweaver 可以补齐这个短板。

Dreamweaver（DW）是 Adobe 创意设计软件套件之一，以综合性网页设计为主要功能特点。虽然在 PHP 设计方面它的功能不是最强的，但是它对 HTML、CSS3、JavaScript 及 PHP 的高版本等 Web 新标准、新特性支持得比较全面，可以使开发者无须花费大量的时间和精力去学习前端设计技术，就可以快速开发出非常不错的模板。

利用 DW 的站点管理功能，可以创建基于 PHP 和 MySQL 的动态站点，并且自动创建与 MySQL 的数据库连接，自动生成记录集等。在开发中，DW 可以为开发者提供 PHP 的语法提示、补全及查错等功能，还为记录集提供了相应的动态表单控件，供数据的显示与交互使用。总之，借助 DW 可以解决 Web 开发中涉及技术庞杂、开发周期冗长的问题，使动态网站开发过程更加接近商业化产品的流程。DW 的上述优势源于以下特点。

（1）DW 将页面与数据库互动流程标准化。

（2）DW 提供支持 PHP、JSP 等不同程序语法及跨操作系统平台的开发环境。

（3）DW 支持 MySQL、Oracle 等大多数主流数据库，提供 ODBC、JDBC、ADO 等数据库连接方式。

（4）DW 提供可视化页面编辑方式，并能很好地控制源代码，实现可视化开发。

（5）DW 可通过丰富的、可编辑的服务器行为，实现对所连接数据库的深入操控。

下面以 PHP + MySQL 动态站点创建为目标，带领读者认识和熟悉 DW，并利用它实施初步的站点开发。

1. 定义新站点/管理站点

设置网站服务器是动态站点开发的第一步。该步骤需要为新站点命名、设置主目录、选择使用的连接方法、选择服务器技术。若是已经定义好的站点，在未来使用中则需要管理站点。在 DW 中，选择"站点"→"新建站点"命令，在图 8-12 所示的对话框内完成新站点的诸项定义。

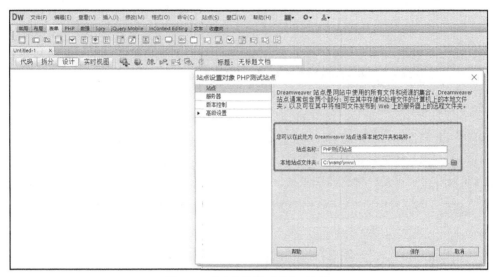

图 8-12　"站点设置对象"对话框

在图 8-12 所示的"站点设置对象"对话框中，已经设置了站点名称"PHP 测试站点"、本地站点测试路径"c:\wamp\www\"，在实际应用中读者可以根据自己 Web 服务器的配置修改相应的参数。单击"保存"按钮进入"服务器"选项页，如图 8-13 所示。

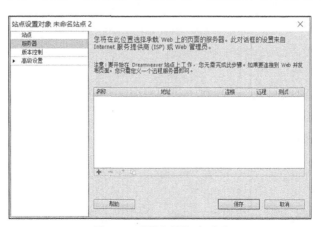

图 8-13　"服务器"选项页

单击图 8-13 所示页面中的"+"按钮，定义远程服务器，然后在其"基本"和"高级"参数设置选项卡中设置服务器参数，如图 8-14 所示。

图 8-14　远程服务器设置

在"基本"选项卡中，设置了本地服务器名称、连接方法、服务器文件夹和 Web URL；在"高级"选项卡中，选择服务器模型为"PHP MySQL"。

2．测试站点设置结果

新建一个名为 databrowse.php 的页面，为节约后续页面设计时间，可以通过类似图 8-15所示的方式，为新建文件选择页面类型、布局、文档类型等，然后单击"创建"按钮，此时用户拥有的将不再是一个空白的页面，而是已经内置了样式表、布局规范的页面。

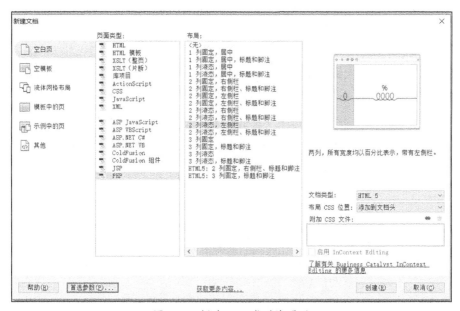

图 8-15　新建 PHP 类型的页面

在 DW 右侧的工具面板中，选择"数据库"面板，进行相应的 MySQL 数据库的关联及信息获取。

因为前面已经做好了站点的定义及设置，并定义好了远程服务器，所以面板中的前 3项设置已经完成。单击"+"按钮后，进一步选择"MySQL 连接"命令并进行测试，如图 8-16 所示。

在随后出现的"MySQL 连接"对话框内，填写所需的各项参数。此时选择的参数读者应该是"似曾相识"的，因为这些参数在之前 PHP 连接 MySQL 中，多次出现在连接函数中。然后选择要连接的数据库，若下拉列表内显示了 MySQL 服务器中的数据库名称，则说明当前的 DW 页面已经和 MySQL 数据库进行了有效的关联。填写并选择各项参数之后，单击"测试"按钮，将看到测试连接成功的信息，如图 8-17 所示。

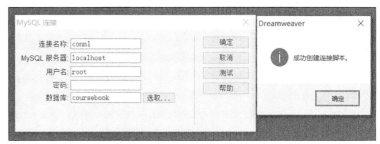

图 8-16　DW 的"数据库"面板　　　　　图 8-17　测试 MySQL 数据库连接

此时请读者注意，在这个过程中，作为利用 DW 进行 Web 站点开发的用户，并没有书写一行代码，而是利用 DW 内置的数据库连接功能完成了对数据库的连接。回到 DW 的"数据库"面板，将会看到，所选择的数据库和数据表均已被读入 DW 之中。此时查看站点根目录，会看到独立于页面存在的数据库连接文件已经产生了，如图 8-18 所示。

图 8-18　数据库连接文件

需要注意的是，DW 生成的数据库连接方式等与 DW 的版本有关，本例所用 DW 为 CS6 版，当前最新的 CC 版对此又有更新。开发者也可以根据自己的习惯和开发需求对生成的 PHP 代码进行修改。

3．绑定记录集并操纵数据

数据库连接成功后，可以进一步通过 DW 内置的功能产生记录集，进而形成满足需求的数据，并呈现在页面上。

在 DW 中，切换到"绑定"面板，单击"+"按钮并选择"记录集（查询）"命令，选取合适的数据表和数据列，如图 8-19 所示。

在 DW 中，选择"插入"→"数据对象"→"动态数据"→"动态表格"命令，在弹出的"动态表格"对话框中选择记录集，并设定动态表格的主要参数。DW 内置的"数据对象"和"PHP"对象中，有诸多可以帮助开发者快速生成 PHP 操作 MySQL 代码的控件、对象及语句模板，利用它们，可以实现多种对 MySQL 数据的提取、显示等操作，如图 8-20 所示。

图 8-19　绑定记录集

图 8-20　DW 的动态表格及记录集选取

限于版本问题，DW CS6 默认以 mysql_query() 方式执行查询，开发者可以自行调整数据库的连接及执行方式，添加字符集等，以避免出现中文编码不一致造成的乱码及警告等信息。经过简单调整，生成的页面效果如图 8-21 所示。

利其器以善其事，用好开发工具，在 PHP 连接并操作 MySQL 的动态 Web 开发中，就可以打破手动书写大量原生代码带来的学习困境，使 MySQL 中的数据能够服务于 Web 产品，"流淌"进服务于各类业务系统的页面之中，真正展现其 Web 数据库独有的魅力。

校友及学生名录

学号	姓名	籍贯
193310101102	吴征镒	扬州
193520101106	叶笃正	安庆
193820201111	刘东生	沈阳
193820101116	王希季	昆明
193910101101	汪曾祺	高邮
194110201103	邓稼先	怀宁
194210101104	朱光亚	武汉
194220101105	黄昆	嘉兴
201710201101	胡鹏	拉萨
201710201102	龚娜	昆明

图 8-21　生成的页面效果

8.5.2 MySQL Web 应用规划与设计概要

Web 应用作为一种软件产品，在开发中要遵循软件工程的一般规律。在团队开发和相对复杂的项目中，采用软件工程思想进行设计实施，将为软件后期的开发与维护打下良好的基础。

软件工程是一门关于软件开发各阶段定义、任务、作用的，建立在理论上的工程学科。它对解决软件危机，指导人们利用科学、有效的方法来开发软件，提高及保证软件开发的效率和质量起到了一定的作用。经典的软件工程思想将软件开发分成 5 个阶段。

（1）获得需求（Requirements Capture）阶段。

（2）系统（需求）分析与系统设计（System Analysis and Design）阶段。

（3）系统实现（Implementation）阶段。

（4）测试（Testing）阶段。

（5）维护（Maintenance）阶段。

而适用于中小型系统开发的传统软件工程模型，人们常采用"瀑布式模型"加以规划及实施，如图 8-22 所示。

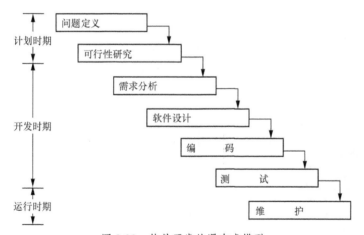

图 8-22　软件开发的瀑布式模型

Web 站点作为一种软件产品，有其自身的特点，软件工程视角下的生命周期一般分为 5 个阶段，即网站策划阶段、网站设计阶段、网站制作阶段、网站测试阶段和网站维护阶段。

（1）网站策划阶段对应软件工程的获得需求阶段。此阶段的主要工作是获取网站开发的真实需求，即确定系统目标。网站建设的策划与设计首先应该考虑满足客户所需的功能和使用价值。

（2）网站设计阶段对应软件工程的系统分析与系统设计阶段。在网站的最终设计方案形成之前，应在从初步设计到确定设计方案的过程中，不断修正或完善网站形象、内容和功能，在客户满意后方能进入下一阶段。

（3）网站制作阶段对应软件工程的系统实现阶段。此阶段需要进行网站框架设计、数据库设计、图像处理、网站后台程序开发等工作。

（4）网站测试阶段对应软件工程的测试阶段。此阶段主要实现对网站进行各个方面的测试，主要的测试内容应该包括各个功能模块的单元测试，同时还应该包括功能测试、性能测试、安全性测试、稳定性测试、浏览器兼容性测试、可用性/易用性测试、链接测试和代码合法性测试等。

（5）网站维护阶段对应软件工程的维护阶段。此阶段主要是在网站工作期间为客户提供技术支持，在网站需要更新时提供最优的更新维护方案。

对于本章的小型 PHP/MySQL Web 应用，按照上述软件工程思想厘清设计及开发的脉络，有助于在学习通过 PHP 驱动 MySQL 数据库实现动态站点的同时，掌握规范的开发流程，建立工程学思想，为未来复杂任务的开发打下基础。

一般而言，一个小型 Web 动态站点的设计与实现，在不考虑市场化运作的前提下，至少分为以下几步。

（1）确立系统目标，即系统最终要实现哪些功能，达到什么样的性能需求，要突出站点的哪些特点。

（2）确定系统的功能结构，即网站分为几个功能模块，各个模块之间存在怎样的数据调用关系。

（3）数据库设计。分析及设计本站点所要创建的数据库、数据表、数据约束及表间关系。

（4）依照系统功能结构实现具体的页面开发。

（5）对系统进行功能及性能的测试。

请读者思考，按照这样的软件设计思路，若开发一个小型的新闻管理站点，用户可以通过这个站点维护新闻、发布新闻，管理员可以通过后台进行新闻分类、审核新闻内容等，这样的站点功能及相应的数据库应如何设计、如何实现？

数据库科学与中国智慧

数据库作为重要的基础软件，其应用的深度和广度在一定程度上是一个国家综合国力的象征。伴随着移动互联网的飞速发展，中国在整个 IT 基础架构上呈现出后发先至的技术优势，以 AsparaDB、SequoiaDB、Gbase 等为代表的国产数据库逐渐崛起，支撑着共享经济、物联网、大数据等新兴产业和技术。深厚的数据库科学根基，为中国智慧在世界舞台上大放异彩提供不竭的动力。

拓展知识

本章小结

本章综述了 PHP 的概要，并通过 PHP 实现了对 MySQL 数据库的驱动。PHP 如同一个信使，通过它提供的接口，可以将 SQL 命令传递给 MySQL 服务器，完成数据库、数据表及数据的各类操作。同时 PHP 也提供了类型丰富的函数、方法，用以关联数据库、形成结果集、获取数据等，极大地方便了开发者。PHP 使 MySQL 数据可以在页面上异彩纷呈。

本章小结

本章习题

1．思考题

（1）用 PHP 设计实现的动态站点一定工作在 Apache 服务器上吗？

（2）PHP 在操纵 MySQL 方面的优势是什么？

（3）以 MySQLi 扩展与 PDO 方式连接 MySQL 数据库，二者有何区别？

（4）怎样通过 DW 连接 MySQL 数据库？

2．上机练习题

（1）通过 DW 创建一个 PHP/MySQL 站点，并实现将 MySQL 中的一个数据库连接进站点。

（2）利用表单传值的原理，在网页中，通过文本框输入一个人名，查询该名字在数据库存储人名的信息表中是否存在。

（3）请设计一个 PHP 页面，实现在数据表中添加记录的操作，例如在 student 表中添加一位国立西南联合大学的知名校友。

第9章 课程管理系统综合案例

基于前几章介绍的数据库知识基础,本章介绍使用 PHP + MySQL 开发网上课程管理系统的方法。本章是前几章的总结,不涉及太多数据库知识。读者按照本章提供的步骤上机操作,就能够实现课程管理系统的核心功能。

9.1 课程管理系统需求分析

课程管理是学校不可缺少的重要内容。为克服传统人工管理存在的诸多缺点,使用计算机和数据库技术对教师开课、学生选课、成绩等信息进行管理,达到检索迅速、查找方便、可靠性高、存储量大、保密性好、寿命长、成本低等目的,极大地提高管理效率。需求分析的目的是:以较少的资源消耗、在较短的时间内开发出质量较高的软件。因此需求分析为描述用户需求(使用建立模型的方式)而存在,这让系统开发的所有参与者之间的交流更加直观清晰。在需求分析过程中建立的模型,使用户需求更加具体,这些模型用可视化的方式开通了一个新的、更直观的沟通渠道。

9.1.1 功能性需求

系统的功能性需求可通过需求建模具体化。需求建模即构建系统模型,可通过UML、数据流图及实体联系图来实现。其中,数据流图虽通俗直观,但无法展示时间及活动顺序;实体联系图虽可清晰展示类与对象、类与类间的关系,但难以展示系统功能。

综上所述,本系统需求的建模以 UML 为主,以实体关系图为辅,通过用例图描述系统的行为。

本系统的功能性需求分析的目的在于建立为学生和教师提供优质服务的系统。因此,确定本系统的功能模块包括教师模块和学生模块。之后使用用例模型描述子系统的功能性需求并确定需求范围,系统参与者可划分为教师和学生两大类。下面分别针对这两类用户进行用例描述。学生用例描述如图 9-1 所示,教师用例描述如图 9-2 所示。

9.1.2 非功能性需求

非功能性需求更侧重系统的行为细节。系统定义的优质非功能性需求会给软件质量带来大幅提升。本系统目前仅有适用性要求,下面对该要求进行分析。

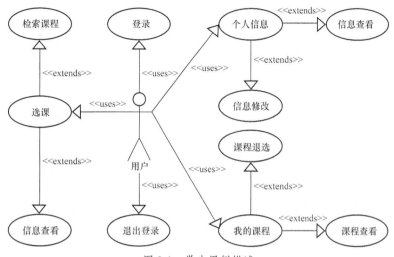

图 9-1　学生用例描述

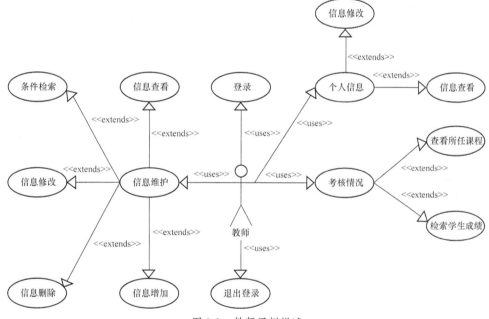

图 9-2　教师用例描述

系统的适用性要求：用户在初次使用系统时就能迅速接受系统，并使用系统快速查看大量信息。根据此要求可以延伸出以下两点模糊的需求。

（1）导航栏对各功能模块的指引应当直观清晰，方便新手用户快速适应及熟练使用系统。

（2）测试系统响应时间，确保投入使用后系统能够迅速响应。

9.2　系统设计

本系统主要是为了满足学生、教师的需求，让学生能更方便地查看信息、查询课程、查看选课情况，并进行选课、退选、改选和成绩查询等操作；使教师能更便捷地查看和管理各种信息、申报课程、查询所授课程的学生、录入及查询相应成绩。另外还有管理各类用户信息，包括对学生、教师、选课进行管理和统计的功能。所有用户根据账号和密码登录系统。因此根据登录角色将整个系统划分为教师及学生两个子系统。

（1）教师子系统：教师使用自己的账号密码登录系统，可以查看所有学生相关信息，并对大量信息进行管理，还可以修改自己的个人信息。

（2）学生子系统：学生使用自己的账号密码登录系统，可以查看课程、成绩等相关信息及修改自己的个人信息，还可以进行课程的选择、退选，以及成绩统计等相关操作。

（3）登录模块：学生和教师共用一个登录页面，通过选择来进行分角色登录。

整个系统的功能框图如图 9-3 所示。

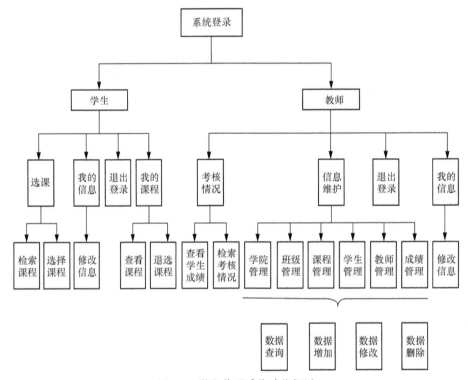

图 9-3　课程管理系统功能框图

9.3　数据库设计

根据项目要求设计数据库，画出 E-R 图，确定数据库结构，然后在 MySQL 数据库中建表。建表过程中应严格设定字段长度，避免字段过长而浪费空间。数据库主要结构的 E-R 图如图 9-4 所示。

将 E-R 图语义化为英语表示，经过修改定稿后，得到 6 个数据库表。其中，课程表用于存储课程基本信息，包括学时、学分及选课人数上限等。课程表的数据结构如表 9-1 所示。

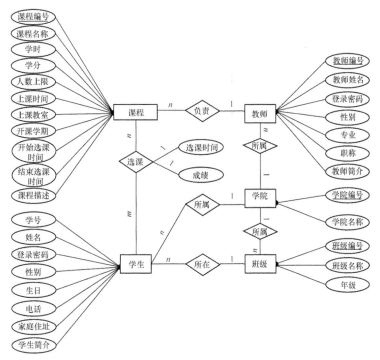

图 9-4　数据库设计 E-R 图

表 9-1　课程表

字段	数据类型	说明	约束	长度
course_id	int	课程编号	主键/非空	4
course_name	varchar	课程名称	非空	10
period	tinyint	学时	非空	3
credit	tinyint	学分	非空	1
capacity	tinyint	人数上限	非空	3
teacher_id	char	教师编号	非空	5
attend_time	varchar	上课时间	非空	20
attend_address	varchar	上课教室	非空	10
term	char	开课学期	非空	8
begin_choose_time	datetime	开始选课时间	空	0
end_choose_time	datetime	结束选课时间	空	0
description	varchar	课程描述	空	1024

　　学生表用于存储学生的相关信息，用学号作为学生的登录账号。学生表的数据结构如表 9-2 所示。

表 9-2　学生表

字段	数据类型	说明	约束	长度
student_id	int	学号	主键/非空	12
student_name	varchar	姓名	非空	4
password	char	登录密码	非空	32

字段	数据类型	说明	约束	长度
gender	Char	性别	非空	1
department_id	char	学院编号	非空	3
class_id	char	班级编号	非空	4
birthday	date	生日	非空	
phone	varchar	电话	非空	18
home_address	varchar	家庭住址	空	32
introduction	varchar	学生简介	空	100

选课表用于存储学生选择课程的信息，反映了学生表及课程表之间的多对多关系，除了学生学号及课程编号，还增设了选课时间及成绩信息。选课表的数据结构如表 9-3 所示。

表 9-3　选课表

字段	数据类型	说明	约束	长度
id	int	选课编号	主键/非空	11
student_id	char	学号	非空	12
course_id	char	课程编号	非空	4
choose_time	datetime	选课时间	非空	8
score	float	成绩	空	0

教师表用于存储教师的个人信息，用教师编号作为登录账号。教师表的数据结构如表 9-4 所示。

表 9-4　教师表

字段	数据类型	说明	约束	长度
teacher_id	int	教师编号	主键/非空	5
teacher_name	varchar	教师姓名	非空	4
password	varchar	登录密码	空	32
department_id	char	学院编号	非空	3
gender	char	性别	非空	1
major	varchar	专业	非空	8
professional	varchar	职称	非空	8
introduction	varchar	教师简介	空	100

学院表用于存储学院的编号及名称，除此之外没有其他属性，该表的存在是为了关联其他表。学院表的数据结构如表 9-5 所示。

表 9-5　学院表

字段	数据类型	说明	约束	长度
department_id	int	学院编号	主键/非空	3
department_name	varchar	学院名称	非空	10

班级表存储班级的相关信息，其数据结构如表 9-6 所示。

表 9-6　班级表

字段	数据类型	说明	约束	长度
class_id	int	班级编号	主键/非空	4
class_name	varchar	班级名称	非空	8
year	int	年级	非空	11
department_id	int	学院编号	非空	3

9.4　系统实现

良好的界面设计可以让初次使用系统的用户感到亲切，简化用户操作是人与对象交互的手段。本系统在整体设计上以清新的颜色作为基调，导航栏显示直观清晰，使用户对系统更有亲切感，熟悉速度更快。

为了分配不同角色的权限，把整个系统切分为教师与学生两个子系统，下面将按照学生端到教师端的顺序进行页面展示、代码展示及细节说明。

9.4.1　通用模块实现

1．连接数据库

连接数据库页面 dbtools.inc.php 的代码如下。

```php
<?php   //连接 MySQL 服务器、选择数据库、设定字符集
  function create_connection( )
  {   $db=new mysqli('localhost','root','','course')
        or die('连接数据库服务器失败: '.mysqli_connect_error( ));
      $db->set_charset('utf8');    return $db;
  }
?>
```

通过调用函数 create_connection()做好连接 MySQL 服务器、选择数据库、设定字符集的准备。

2．删除各数据表中的记录

各数据表的记录删除由 action-del.php 根据参数 id 和 tableName 实现，代码如下。

```php
<?php
  require_once("dbtools.inc.php");
  $link=create_connection( );
  $id=$_REQUEST['id'];
  $tableName=$_REQUEST['tableName'];

  if ($tableName=='department'){ //删除院系记录
     $sql1="SELECT * FROM student WHERE department_id='$id'";
     $res1=$link->query($sql1) or die("执行命令'$sql1'失败, 因为: ".$link->error);
     $row_count1=$res1->num_rows;
     $sql2="SELECT * FROM teacher WHERE department_id='$id' ";
```

```php
    $res2=$link->query($sql2) or die("执行命令'$sql2'失败, 因为: ".$link->error);
    $row_count2=$res2->num_rows;
    $sql3="SELECT * FROM classes WHERE department_id='$id'";
    $res3=$link->query($sql3) or die("执行命令'$sql3'失败, 因为: ".$link->error);
    $row_count3=$res3->num_rows;
    if($row_count1>0||$row_count2>0||$row_count3>0){
        echo "<script>alert('先删除其他表中学院的信息，才能删除学院')</script>";
        echo "<script LANGUAGE='javascript'>";
        echo "location.href='information.php'";
        echo "</script>";
    }else{
        $sql="DELETE FROM department WHERE department_id='$id'";
        $res=$link->query($sql) or die("执行命令'$sql'失败, 因为: ".$link->error);
        $link->close( );
        header("Location:information.php");
    }
}
if($tableName=='classes'){    //删除班级记录
    $sql1="DELETE FROM student WHERE class_id='$id'";
    $res1=$link->query($sql1) or die("执行命令'$sql1'失败, 因为: ".$link->error);
    //更新外键的值
    $sql="DELETE FROM classes WHERE class_id='$id' ";
    $res=$link->query($sql) or die("执行命令'$sql'失败, 因为: ".$link->error);
    $link->close( );
    header("Location:classManage.php");
}
if($tableName=='student'){    //删除学生记录
    $sql1="DELETE FROM choose WHERE student_id='$id'";
    $res1=$link->query($sql1) or die("执行命令'$sql'失败, 因为: ".$link->error);
    $sql="DELETE FROM student WHERE student_id='$id' ";
    $res=$link->query($sql) or die("执行命令'$sql'失败, 因为: ".$link->error);
    $link->close( );
    header("Location:studentManage.php");
}
if($tableName=='teacher'){    //删除教师记录
    //先删除拥有外键表的记录
    $sql1="DELETE FROM course WHERE teacher_id='$id' ";
    $res1=$link->query($sql1) or die("执行命令'$sql'失败, 因为: ".$link->error);
    //删除教师表记录
    $sql="DELETE FROM teacher WHERE teacher_id='$id'";
    $res=$link->query($sql) or die("执行命令'$sql'失败, 因为: ".$link->error);
    $link->close( );
    header("Location:teacherManage.php");
}
if($tableName=='course'){    //删除课程表记录
    //先删除拥有外键表的记录
    $sql1="DELETE FROM choose WHERE course_id='$id' ";
    $res1=$link->query($sql1) or die("执行命令'$sql1'失败, 因为: ".$link->error);
    $row_count1=$res1->num_rows;
    //删除课程表记录
    $sql="DELETE FROM course WHERE course_id='$id' ";
    $res=$link->query($sql) or die("执行命令'$sql'失败, 因为: ".$link->error);
    $link->close( );
```

```php
        header("Location:courseManage.php");
    }
    if($tableName=='choose') {    //删除选课表记录
        $sql="DELETE FROM choose WHERE id='$id'";
        $res=$link->query($sql) or die("执行命令'$sql'失败，因为: ".$link->error);
        $link->close( );
        if($_SESSION['status']=='1') {
            header("Location:mychoose.php"); die; }
        header("Location:chooseManage.php");
    }
    if($tableName=='chosen'){    //为学生退选课程
        $courseid=$_GET['courseid'];
        $time=date('Y-m-d h:i:s',time( ));
        $sql1="SELECT begin_choose_time,end_choose_time FROM course
                WHERE course_id='$courseid'";
        $res1=$link->query($sql1) or die("执行命令'$sql1'失败，因为: ".$link->error);
        $row1=$res1->fetch_assoc( );
        $begin=$row1["begin_choose_time"];
        $end=$row1["end_choose_time"];
        //删除选课表记录
        if($time>=$begin&&$time<=$end) { // 仅在可以选课的时间段内，学生才可以退选课程
            $sql="DELETE FROM choose WHERE id='$id'";
        }
        else {
            echo "<script>alert('已超出选课时间，无法退选')</script>";
            echo "<script LANGUAGE='javascript'>";
            echo "location.href='chooseManage.php'";
            echo "</script>";
        }
        $res=$link->query($sql) or die("执行命令'$sql'失败，因为: ".$link->error);
        $res1->free( ); $link->close( );
        header("Location:chooseManage.php");
    }
}
?>
```

3．层叠样式表

样式表 style.css 的代码如下。

```css
/* 网页 body 部分的样式 */
    body{
        background-color:#fefbf9;
        margin-left:0px;
        margin-top:0px;
        padding:0px;
        font-family:"微软雅黑",Arial,sans-serif;
    }
    body.context {
        padding-top:30px;
    }

/* 显示内容的 div、登录页面的 div 使用的样式 */
    .context-container,.logon-container {
        background-color:#fcede4;
        border-radius:0.5em;
```

```
        box-shadow:2px 2px 5px 3px rgba(255,0,0,0.1);
    }
    .context-container{
        width:600px;
        padding:10px;
        margin-top:0px;
        margin-right:auto;
        margin-bottom:0px;
        margin-left:auto;
    }
    .logon-container{
        width:300px;
        margin:40px auto;
        padding:20px;
    }

/* 表格的行、单元格使用的样式 */
    table tr th{
        height:22px;
        color:#6c5b7c;
    }
    table tr td{
        height:20px;
    }

/* 欢迎××同学的文字样式、欢迎信息下方的线条样式 */
    p.welcome{
        color:#b1000b;
    }
    hr{
        height:1px;
        background-color:#efccbc; /*#fed9ca; */
        border:none;
    }

/* 导航 header、版权 footer 的样式定义 */
    .fixed-header,.fixed-footer{
        width:100%;
        position:fixed;
        padding:10px 0;
        color:#fff;
    }
    .fixed-header{
        background:#b1000b;
        top:0;
    }
    .fixed-footer{
        background:#000;
        bottom:0;
    }
    .container{
        width:80%;
        margin:0 auto;
        text-align:center;
    }

/* 导航中的超级链接样式定义 */
    nav a{
```

```
        color:#fff;
        text-decoration:none;
        padding:7px 25px;
        display:inline-block;
        font-size:14px;
    }
    nav a:hover{
        color:yellow;
        font-weight:bolder;
        font-size:14px;
    }
```

4．登录校验

系统需要登录才能使用，若没有登录则要求用户先登录，页面核心代码如下。

```php
<?php
  session_start( ); //开启一个新会话，或重用当前会话
  //_SESSION 是服务器端的 cookie，相当于一个大数组
  //在浏览器关闭前和 session 销毁前，$_SESSION 数据一直可用
  /*  PHP_SESSION_DISABLED ---- 0   禁用会话
      PHP_SESSION_NONE       ---- 1   启用了会话，但不存在当前会话
      PHP_SESSION_ACTIVE    ---- 2   启用了会话，而且存在当前会话
      session_destroy( ) --- 销毁当前会话
      session_status( )   --- 测试会话状态          */

  if(empty($_SESSION["id"])){
      header("location:logon.php");
  }
?>
```

5．首页

页面 index.php 的代码如下。

```php
<?php
  require_once("validate.php");
?>

<!DOCTYPE html>
<html lang="zh-cmn-hans">
  <head>
      <meta charset="utf-8">
      <link href="css/style.css" rel="stylesheet" type="text/css">
      <title>课程管理系统</title>
  </head>

  <body>
    <?php
      include("header.php");
      include("myinfo.php");
      include("footer.php");
    ?>
  </body>
</html>
```

6．导航栏

页面 header.php 的代码如下。

```php
<?php
   require_once("validate.php");
?>
<!DOCTYPE html>
<html lang="zh-cmn-hans">
<head>
   <meta charset="utf-8">
   <link href="css/style.css"
     rel="stylesheet" type="text/css">
</head>

<body>
   <div class="fixed-header">
      <div class="container">
         <nav>
            <a href="http://www.cinx.edu.cn"
               target="_blank">
                  <img src="img/kust.png" height="20"></a>
            <a href="index.php">我的信息</a>
            <?php
              if($_SESSION['status']==1){
                 echo '<a href="courseManage.php?key=key">选课</a>';
                 echo '<a href="mychoose.php">我的课程</a>';
               }else{
                    echo '<a href="information.php">信息维护</a>';
                    echo '<a href="courseSummary.php">考核情况</a>';
               }
            ?>
            <a href="logout.php">退出登录</a>
         </nav>
      </div>
      <p align="center">
         <img src="img/tnsau.png" width="640"
            alt="西南联大"> </p>
   </div>
   <div class="context-container" style="width:800px;">
   <?php
      if($_SESSION['status']===0){
   ?>
            <a class="welcome" href="information.php">学院管理</a>
            <a class="welcome" style="margin-left:5%;"
            href="classManage.php">班级管理</a>
            <a class="welcome" style="margin-left:5%;"
            href="studentManage.php">学生管理</a>
            <a class="welcome" style="margin-left:5%;"
            href="teacherManage.php">教师管理</a>
            <a class="welcome" style="margin-left:5%;"
            href="courseManage.php?key=key">课程管理</a>
            <a class="welcome" style="margin-left:5%;"
            href="chooseManage.php?key=key">成绩管理</a>
```

```php
<?php
    }
?>
    </div>
</body>
</html>
```

7．页脚

页面 footer.php 的代码如下。

```php
<?php
    require_once("validate.php");
?>

<!DOCTYPE html>
<html lang="zh-cmn-hans">
<head>
    <meta charset="utf-8">
    <link href="css/style.css" rel="stylesheet" type="text/css">
</head>
<body>
    <div class="fixed-footer">
        <div class="container">
                版权所有&copy; 2020—2021 昆明理工大学计算中心
        </div>
    </div>
</body>
</html>
```

9.4.2 学生子系统实现

1．学生登录

学生输入自己的学号和密码，并选择学生身份，单
击"登录"按钮即可。这里使用学号"201710201101"、
密码"123456"进行登录，如图 9-5 所示。

页面 logon.php 既可以用于学生登录，也可以用于教
师登录，代码如下。

图 9-5 学生登录页面

```php
<?php
    //判断用户是否输入了用户名
    if(isset($_POST["id"]))
    {   require_once("dbtools.inc.php");      //包含公共文件
        $id=$_POST["id"];      //获取以 POST 方式提交的用户名和密码
        $password=$_POST["password"];
        $status=$_POST["status"];
        $link=create_connection( );          //创建数据库连接
        //从视图 vw_user 查询用户信息
        $sql="SELECT * FROM vw_user".
```

```php
        "WHERE student_id='$id' AND password='$password' AND status='$status'";
    $res=$link->query($sql) or die("执行命令'$sql'失败, 因为: ".$link->error);
    $row_count=$res->num_rows;            //查询结果的记录数量
    if($row_count==0)
    { //查询结果为空, 说明输入的账号、密码错误
        $link->close( ); //关闭数据库连接
        //显示错误信息
        echo "<script type='text/javascript'>
                alert('账号密码错误, 请检查后再登录! ')</script>";
        header("refresh:0;url=logon.php");
    }
    else //账号密码正确
    {   //获取登录人员信息
        $row=$res->fetch_assoc( );
        //把登录人员的账号和姓名写入 session
        session_start( );
        $_SESSION["id"]=$row["student_id"];
        $_SESSION["name"]=$row["student_name"];
        $_SESSION["status"]=$status;
        //释放资源, 关闭数据库连接
        $res->free( ); $link->close( );
        //跳转到 "我的信息" 界面
        header("LOCATION:myinfo.php");
    }
  }
?>


<!DOCTYPE html>
<html lang="zh-cmn-hans">
<head>
    <meta charset="utf-8">
    <!-- 引用外部样式表 style.css -->
    <link href="css/style.css" rel="stylesheet" type="text/css">
    <!-- 设置网页标题 -->
    <title>用户登录</title>
</head>
<body>
    <div class="logon-container">
        <!-- 显示西南联合大学图片 -->
        <p align="center"><img src="img/tnsau.png" width="300" alt="西南联大"> </p>
        <!-- 输入学号和密码的表单 -->
        <form action="logon.php" method="post" name="frmlogon">
            <table align="center" width="300">
                <tr> <th colspan="2">用户登录</th> </tr>
                <tr> <td>学工号: </td> <td><input type="text" name="id"></td> </tr>
                <tr> <td>密码: </td>
                        <td><input type="password" name="password"></td> </tr>
                <tr align="center">
                        <td><input type="radio" name="status" value="0" />教师</td>
```

```
                <td><input type="radio" name="status" value="1" checked/>学生</td>
            </tr>
            <tr> <td colspan="2" align="center">
                    <input type="submit" value="登录">
                    <input type="reset" value="重填">
                </td>
            </tr>
        </table>
    </form>
  </div>
</body>
</html>
```

2．学生信息

学生登录之后，导航栏中有"我的信息""选课""我的课程""退出登录"4 个菜单。下方则是登录学生本人的信息及学生修改自己的个人信息的链接，如图 9-6 所示。

图 9-6 "我的信息"页面（学生版）

页面 myinfo.php 的代码如下。

```
<!DOCTYPE html>
<html lang="zh-cmn-hans">
<head>
  <meta charset="utf-8">
  <link href="css/style.css" rel="stylesheet" type="text/css">
  <title>我的信息</title>
</head>
<body class="context">
<?php include("header.php");
      if(session_status( )!==PHP_SESSION_ACTIVE){
            session_start( ); //开启/新建/重用会话
```

```php
    }
    require_once 'dbtools.inc.php';
    $db=create_connection( );
    $table=($_SESSION["status"]=='1')?'student':'teacher';
?>
<p align="center"><img src="img/tnsau.png" width="640" alt="西南联大"></p>
<div class="context-container">
    <p class="welcome">欢迎: <?php echo $_SESSION["name"] ?>
    <a class="welcome"
                style="margin-left:60%" href="editPerson.php">修改个人信息</a></p>
    <hr>
    <table border="0" align="center" width="600" cellspacing="2">
    <?php
      $id=$_SESSION['id'];
      if($table=='student'){ //从视图查询登录学生的详细信息
          $sql="SELECT * FROM vw_user WHERE student_id='$id'";
          $res=$db->query($sql) or die('命令:'.$sql.'执行失败,原因: '.$db->error );
          $row=$res->fetch_assoc( );
              echo "<tr><td>学工号: </td><td>".$row["student_id"]."</td></tr>";
              echo "<tr><td>姓名: </td><td>".$row["student_name"]."</td></tr>";
              echo "<tr><td>性别: </td><td>".$row["gender"]."</td></tr>";
              echo "<tr><td>生日: </td><td>".$row["birthday"]."</td></tr>";
              echo "<tr><td>电话: </td><td>".$row["phone"]."</td></tr>";
              echo "<tr><td>住址: </td><td>".$row["home_address"]."</td></tr>";
              echo "<tr><td>班级: </td><td>".$row["class_name"]."</td></tr>";
              echo "<tr><td>院系: </td><td>".$row["department_name"]."</td></tr>";
              echo "<tr><td>简介: </td><td>".$row["introduction"]."</td></tr>";
      }else{ //以教师身份登录时执行下面的语句
          $sql="SELECT t.*,department_name FROM teacher t,department d
            WHERE teacher_id='$id' AND t.department_id=d.department_id";
          $res=$db->query($sql) or die('命令: '.$sql.'执行失败,原因:'.$db->error );
          $row=$res->fetch_assoc( );
          echo "<tr><td>教工号: </td><td>".$row["teacher_id"] . "</td> </tr>";
          echo "<tr><td>姓名: </td><td>".$row["teacher_name"] . "</td> </tr>";
          echo "<tr><td>性别: </td><td>".$row["gender"] . "</td> </tr>";
          echo "<tr><td>学院: </td><td>".$row["department_name"] . "</td> </tr>";
          echo "<tr><td>专业: </td><td>".$row["major"] . "</td> </tr>";
          echo "<tr><td>职称: </td><td>".$row["professional"] . "</td> </tr>";
          echo "<tr><td>简介: </td><td>".$row["introduction"] . "</td> </tr>";
      }
      ?>
    </table>
</div>
<?php include("footer.php"); ?>
</body>
</html>
```

3．修改学生个人信息

学生单击"修改个人信息"超链接，可以进行个人信息的修改，例如这里将地址从"拉萨"改为"浙江"，如图 9-7 所示。

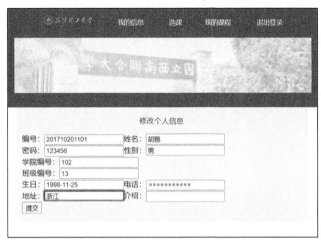

图 9-7 "修改个人信息"页面（学生版）

"修改个人信息"页面 editPerson.php 的代码如下。

```
<!DOCTYPE html>
<html lang="zh-cmn-hans">
<head>
    <meta charset="utf-8">
    <link href="css/style.css" rel="stylesheet" type="text/css">
    <title>修改个人信息</title>
</head>
<body class="context">
<?php
  include("header.php");
  //包含公共文件
  require_once("dbtools.inc.php");
  //建立数据库连接
  $link=create_connection( );
  $id=isset($_REQUEST['id'])?$_REQUEST['id']:$_SESSION["id"];
  if($_SESSION["status"]==='0')
      $sql="SELECT * FROM teacher WHERE teacher_id='$id'";
  else
      $sql="SELECT * FROM student WHERE student_id='$id'";
  $result=$link->query($sql) or die("执行命令'$sql'失败，因为: ".$link->error);
  $row=$result->fetch_assoc( );    //获取数据
?>
<p align="center"><img src="img/tnsau.png" width="640" alt="西南联大"></p>
<div class="context-container">
    <p class="welcome" style="text-align:center">修改个人信息</p>
  <?php
    if($_SESSION["status"]==='0'){//以教师身份登录时执行下面的语句
        echo '<form action="action-editTeacher.php" method="post">';
        echo '编号: <input type="text" name="teacherId" value='.
```

```
                                        $row['teacher_id'].'readonly>';
             echo '姓名: <input type="text" name="teacherName"
         value='. $row['teacher_name'].'>';
             echo '<br>';
             echo '密码: <input type="text" name="password" value='.$row['password'].'>';
             echo '性别: <input type="text" name="gender" value='.$row['gender'].'>';
             echo '<br>';
             echo '学院编号: <input type="text" name="departmentId"
                 value='.$row['department_id'].'>';
             echo '专业: <input type="text" name="major" value='.$row['major'].'>';
             echo '<br>';
             echo '职称: <input type="text" name="professional"
                 value='.$row['professional'].'>';
             echo '简介: <input type="text" name="introduction"
                 value='.$row['introduction'].'>';
             echo '<br>';
             echo '<input type="submit" value="提交">';
             echo '<input hidden name="tableName" value="teacherEditPerson">';
             echo '</form>';
    }else{//以学生身份登录时执行下面的语句
             echo '<form action="action-editstudent.php" method="post">';
             echo '编号: <input type="text" name="studentId"
                 value='.$row['student_id'] . ' readonly>';
             echo '姓名: <input type="text" name="studentName"
                 value='.$row['student_name'] . ' >';
             echo '<br>';
             echo '密码: <input type="text" name="password" value='.$row['password'].'>';
             echo '性别: <input type="text" name="gender" value='.$row['gender'].'>';
             echo '<br>';
             echo '学院编号: <input type="text" name="departmentId"
                 value='.$row['department_id'].'>';
             echo '<br>';
             echo '班级编号: <input type="text" name="classId" value='.$row['class_id'].'>';
             echo '<br>';
             echo '生日: <input type="text" name="birthday" value='.$row['birthday'].'>';
             echo '电话: <input type="text" name="phone" value='.$row['phone'].'>';
             echo '<br>';
             echo '地址: <input type="text" name="homeAddress"
                 value='.$row['home_address'].'>';
             echo '介绍: <input type="text" name="introduction"
                 value='.$row['introduction'].'>';
             echo '<br>';
             echo '<input type="submit" value="提交">';
             echo '<input hidden name="tableName" value="studentEditPerson">';
             echo '</form>';
    }
    ?>
</div>
<?php include("footer.php"); ?>
</body>
</html>
```

4．学生选课

学生可按课程编号、课程名称、教师编号、上课时间、上课教室、开课学期、开始或结束选课时间、课程描述检索课程，然后进行选课，如图 9-8 所示。

图 9-8 "选课"页面

课程查看及检索页面 courseManage.php 的代码如下。

```
<!DOCTYPE html>
<html lang="zh-cmn-hans">
<head>
    <meta charset="utf-8">
    <link href="css/style.css" rel="stylesheet" type="text/css">
    <title>课程管理</title>
</head>
<body class="context">
<?php
    include("header.php");
    echo '<p align="center"><img src="img/tnsau.png" width="800" alt="西南联大"></p>';
    echo '<div class="context-container" style="width:800px;">';
    if($_SESSION['status']==='0') {
?>
    <a class="welcome" style="  " href="information.php">学院管理</a>
    <a class="welcome" style="margin-left:5%;" href="classManage.php">班级管理</a>
    <a class="welcome" style="margin-left: 5%;"
       href="studentManage.php">学生管理</a>
    <a class="welcome" style="margin-left:5%;"
       href="teacherManage.php">教师管理</a>
    <a class="welcome" style="margin-left:5%;"
       href="courseManage.php?key=key">课程管理</a>
    <a class="welcome" style="margin-left:5%;"
       href="chooseManage.php?key=key">成绩管理</a>
<?php
    }
    echo '<hr>';
    echo '<p class="welcome">可按课程编号、课程名称、教师编号、上课时间、上课教室、开课学期、
```

```
        开始或结束选课时间、课程描述检索课程: <br>
    <input style="margin-left: 30%" type="text" id="keyWord"
        value="" placeholder="请输入关键词进行搜索">
    <input type="button" value="检索" onclick="searchCourse( )">';
    if($_SESSION['status']=='0'){
        echo '<span class="welcome" style="margin-left:30%">';
        echo '<a href="addCourse.php">添加课程</a></span>';
    }
    ?>
    <table border="0" width="800" cellspacing="2" style="overflow: scroll">
        <tr bgcolor="#fed9ca" align="center">
            <th>课程编号</th><th>课程名称</th><th>学时</th><th>学分</th>
            <th>人数上限</th><th>教师编号</th><th>上课时间</th>
            <th>上课教室</th><th>开课学期</th><th>开始选课时间</th>
            <th>结束选课时间</th><th>课程描述</th><th> 操作</th>
        </tr>
        <?php
        require_once("dbtools.inc.php");
        $link=create_connection( );        // 建立数据库连接
        $keyWord=isset($_GET['key'])?$_GET['key']:'';
        $sql="SELECT *,(now( ) between begin_choose_time and end_choose_time)
                AS choose FROM course WHERE 1=1 ";
        if(!empty($keyWord) and $keyWord !='key'){
            //按课程编号、课程名称、教师编号、上课时间、上课教室、开课学期、
            //开始或结束选课时间、课程描述检索课程
            $sql.="AND ( course_id  LIKE '%{$keyWord}%'
                    OR course_name LIKE '%{$keyWord}%'
                    OR teacher_id LIKE '%{$keyWord}%'";
            $sql.=" OR attend_time RLIKE '{$keyWord}'
                    OR attend_address RLIKE '{$keyWord}'
                    OR term RLIKE '{$keyWord}'";
            $sql.=" OR begin_choose_time RLIKE '{$keyWord}'
                    OR end_choose_time RLIKE '{$keyWord}'
                    OR description RLIKE '{$keyWord}') ";
        }

        if($_SESSION['status']=='1' ){    //西南联合大学学生只能选在联大教室上课的课程
            $s='SELECT * FROM student WHERE student_id="'. $_SESSION['id'].'"
                    AND class_id="99"';
            $res=$link->query($s) or die("执行命令'$s'失败, 因为: ".
$link->error);
            if($res->num_rows>0){
            $sql.="AND (attend_address LIKE '联%')";
            }
        }

        $res=$link->query($sql) or die("执行命令'$sql'失败, 因为: ".
$link->error);
            $row_count=$res->num_rows;            //获得课程总数
```

```php
            for($i=0;$i<$row_count;$i++){              //列出所有课程信息
                $row=$res->fetch_assoc( );             //取得课程信息
            // 显示课程各栏的信息
                echo "<tr bgcolor='#fff'>";
                echo "<td align='center'>".$row["course_id"]."</td>";
                echo "<td align='center'>".$row["course_name"]."</td>";
                echo "<td align='center'>".$row["period"]."</td>";
                echo "<td align='center'>".$row["credit"]."</td>";
                echo "<td align='center'>".$row["capacity"]."</td>";
                echo "<td align='center'>".$row["teacher_id"]."</td>";
                echo "<td align='center'>".$row["attend_time"]."</td>";
                echo "<td align='center'>".$row["attend_address"]."</td>";
                echo "<td align='center'>".$row["term"]."</td>";
                echo "<td align='center'>".$row["begin_choose_time"]."</td>";
                echo "<td align.'center'>".$row["end_choose_time"]."</td>";
                echo "<td align.'center'>".$row["description"]."</td>";
                if($_SESSION["status"]==='0'){
                    $str="<a href='javascript:del(&apos;{$row['course_id']}&apos;)'
                        style='color: #ef0849;'>删除</a>";
                    echo "<td align='center'>
                        <a href='editCourse.php?id={$row['course_id']}'
                        style='color:#ac1dfa;'>修改</a>$str
                    </td>";
                    }else{
                    $op=($row['choose']?
                    "<a href='action-chooseCourse.php?
                        courseId={$row['course_id']}&tableName=chooseCourse'
                        style='color:#ac1dfa;'>选课</a>":"" );
                    echo "<td align='center'>$op</td>";
                }
                echo "</tr>";
                }
            //释放资源，关闭数据库连接
                $res->free( );   $link->close( );
                ?>
    </table>
    </div>
    <?php include("footer.php"); ?>
</body>
<script type="text/javascript">
    function del (id){
        if(confirm("确定删除这条信息吗？删除这条信息，将删除这张表的外键信息")){
            window.location="action-del.php?id="+id+"&tableName=course";
        }
    }

    function searchCourse( ){
        var keyWord=document.getElementById("keyWord").value;
        window.location="courseManage.php?key="+keyWord;
    }
```

```
</script>
</html>
```

选课页面 action-chooseCourse.php 的代码如下。

```php
<?php
  session_start( );
  require_once("dbtools.inc.php");
  $link=create_connection( );
  $courseId=$_GET['courseId'];
  $tableName=$_GET['tableName'];

  //选课功能管理
  if ($tableName=='chooseCourse'){
      $studentid=$_SESSION['id'];
      //检测学生是否已经选过指定的课程
      $sql="SELECT * FROM choose WHERE course_id='$courseId'
          AND student_id='$studentid'";
      $res=$link->query($sql) or die("执行命令'$sql'失败, 因为: ".$link->error);
      $rows=$res->num_rows;
      if($rows==0){ //学生还未选过指定的课程
          //检测课程选课人数是否已经达到上限/是否选满了
          $sql="SELECT (count(*)>=capacity) FROM choose c,course k
              WHERE c.course_id='$courseId' AND c.course_id=k.course_id";
          $res=$link->query($sql)
                  or die('命令: '.$sql.'执行失败, 原因: '.$db->error);
          $row=$res->fetch_array( );
          if(!$row[0] ) {    //以前没有选过这门课, 而且这门课也没有选满, 没有达到人数上限
            $sql="INSERT INTO choose(student_id,course_id,choose_time,score)
                  VALUES ('$studentid','$courseId',now( ),NULL)";
          }else{echo "<script>
                  alert('这门课已经满员, 不能再选了, 请另选别的课程。')</script>";
                  header("refresh:0;url=courseManage.php?key=key"); die;
          }
      }else{
          echo "<script>alert('您已选过这门课了')</script>";
          header("refresh:0;url=courseManage.php?key=key"); die;
      }
  }
  $result=$link->query($sql) or die("执行命令'$sql'失败, 因为: " . $link->error);
  $link->close( );
  echo "<script>alert('已选上课')</script>";
  header("refresh:0;url=courseManage.php?key=key");
?>
```

5. 我的课程

学生可按学号、课程编号、课程名称、选课时间检索已选课程的成绩和学分, 并显示"已获学分""总成绩""最高分""最低分""平均分""选课门数"和"通过率"等统计信息, 若该课程允许退选, 此处的操作列将会显示"退选"按钮, 单击该按钮可以退选相应课程, 如图9-9所示。

图 9-9 "我的课程"页面

页面 mychoose.php 的代码如下。

```html
<!DOCTYPE html>
<html lang="zh-cmn-hans">
<head>
    <meta charset="utf-8">
    <link href="css/style.css" rel="stylesheet" type="text/css">
    <title>我的课程</title>
</head>
<body class="context">
<?php include("header.php"); ?>
  <p align="center"><img src="img/tnsau.png" width="800" alt="西南联大"></p>
  <div class="context-container" style="width:800px;">
  <?php
      $k=isset($_GET['key'])?$_GET['key']:'';
      echo '<p class="welcome" style="margin-left: 5%">' .
          '可按学号、课程编号、课程名称、选课时间检索已选课程:
      <input type="text" name="keyWord" value="'.$k.'" id="keyWord"/>
      <input type="button" value="检索" onclick="searchScore( )">
      </p>';
  ?>
  <hr>
  <table border="0" cellspacing="2" style="overflow:scroll" align="center">
      <tr bgcolor="#fed9ca" align="center">
          <th>编号</th><th>课程编号</th><th>课程名称</th>
          <th align="right">选课时间</th><th>成绩</th><th>学分</th><th>操作</th>
      </tr>
      <?php
      require_once("dbtools.inc.php");
      $link=create_connection( ); //建立数据库连接
      $id=$_SESSION['id'];
      $keyWord=isset($_GET['key'])?$_GET['key']:'';
      $sql="SELECT c.id, c.course_id,k.course_name,choose_time,score,credit
          FROM choose c,course k
```

```php
            WHERE student_id='$id' AND c.course_id=k.course_id";
        if(!empty($keyWord))
          $sql.="AND (c.course_id LIKE '%{$keyWord}%'
          OR student_id LIKE '%{$keyWord}%'
          OR choose_time RLIKE '{$keyWord}'
          OR k.course_name RLIKE '{$keyWord}')";
          $sql='('.$sql.') UNION (SELECT "-","-","-","已获学分: ",sum_credit," "
                    FROM view_sumCredit WHERE student_id="'.$id.'")';
          $sql.=' UNION (SELECT "-","-","-","总成绩: ",SUM(score)," "
                    FROM choose WHERE student_id="'.$id.'")';
          $sql.=' UNION (SELECT "-","-","-","最高分: ",MAX(score)," "
                    FROM choose WHERE student_id="'.$id.'")';
          $sql.=' UNION (SELECT "-","-","-","最低分: ",MIN(score)," "
                    FROM choose WHERE student_id="'.$id.'")';
          $sql.=' UNION (SELECT "-","-","-","平均分: ",ROUND(AVG(score),2)," "
                    FROM choose WHERE student_id="'.$id.'")';
          $sql.=' UNION (SELECT "-","-","-","选课门数: ",COUNT(course_id)," "
                    FROM choose WHERE student_id="'.$id.'")';
          $sql.=' UNION (SELECT "-","-","-","通过率: ",
                    CONCAT(ROUND(100*SUM(score>=60)/COUNT(course_id),2),"%")," "
                    FROM choose WHERE student_id="'.$id.'")';
          $res=$link->query($sql) or die("执行命令'$sql'失败, 因为: ".$link->error);
          $row_count=$res->num_rows;          //获得课程总数
          for($i=0; $i<$row_count; $i++){   //列出所有课程信息
            $row=$res->fetch_assoc( );          //取得课程信息
          //显示课程各栏的信息
            $credit=($row["score"]>=60 or $row["id"]=='-')?$row["credit"]:'0';
            echo "<tr bgcolor='#fff'>";
            echo "<td align='center'>".$row["id"]."</td>";
            echo "<td align='center'>".$row["course_id"]."</td>";
            echo "<td align='center'>".$row["course_name"]."</td>";
            echo "<td align='right'>".$row["choose_time"]."</td>";
            echo "<td align='center'>".$row["score"]."</td>";
            echo "<td align='center'>".$credit."</td>";
            if($row["score"]===null and $row['id']!=''){
              echo "<td align='center'>
                <a href='javascript:chosen({$row['id']},{$row['course_id']})'
                    style='color:#ac1dfa;'>退选</a>
                </td>";
            }else echo '<td></td>';
            echo "</tr>";
            }
        //释放资源, 关闭数据库连接
        $res->free( ); $link->close( );
        ?>
    </table>
</div>
<?php include("footer.php"); ?>
</body>
<script type="text/javascript">
    function chosen(id,courseid) {      //退选功能
        if(confirm("确定要退选吗? ")){
            window.location="action-del.php?id="+id+
```

```
                       "&courseid="+courseid + "&tableName=choose";
        }
    }

    function searchScore( ){
        var keyWord=document.getElementById("keyWord").value;
        window.location="mychoose.php?key="+keyWord;
    }
</script>
</html>
```

学生退出登录的方法可参考教师子系统的退出登录方法。

9.4.3　教师子系统实现

1．教师登录

教师输入自己的工号和密码，并选择教师身份，单击"登录"按钮即可，如图 9-10 所示，这里使用工号"10101"、密码"123456"进行登录。教师登录页面对应的文件和学生的完全一致，不再赘述。

2．教师信息

教师登录之后，导航栏中有"我的信息""信息维护""考核情况""退出登录"4个菜单，下方则是教师的个人信息，如图 9-11 所示。教师信息页面对应的文件和学生的完全一致，不再赘述。

图 9-10　教师登录页面

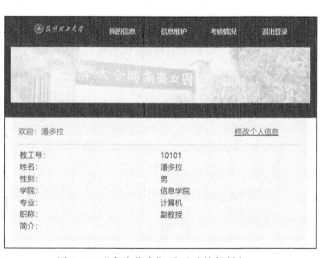

图 9-11　"我的信息"页面（教师版）

3．修改教师个人信息

教师在"我的信息"页面单击"修改个人信息"超链接，可以修改除工号之外的其他所有信息，这里将职称从"副教授"改为"教授"，如图 9-12 所示。修改页面对应的文件和学生的完全一致，不再赘述。

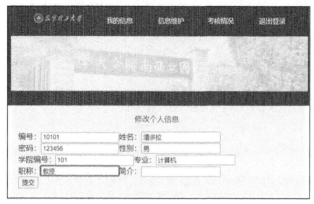

图 9-12 "修改个人信息"页面（教师版）

4．信息维护

单击"信息维护"菜单，可对各表进行管理，如图 9-13 所示。

图 9-13 "信息维护"页面

"信息维护"页面 information.php 的代码如下。

```
<!DOCTYPE html>
<html lang="zh-cmn-hans">
<head>
    <meta charset="utf-8">
    <link href="css/style.css" rel="stylesheet" type="text/css">
    <title>信息维护</title>
</head>
<body class="context">
    <?php include("header.php"); ?>
    <p align="center"><img src="img/tnsau.png" width="640" alt="西南联大"> </p>
    <div class="context-container">
        <?php include("public-nav.php"); ?>
    </div>
    <?php include("footer.php"); ?>
</body>
</html>
```

5．学院管理

单击"学院管理"超链接，可进行添加学院、删除学院、修改学院等操作，如图 9-14 所示。

图 9-14 "学院管理"页面

页面 departmen.php 的代码如下。

```
<!DOCTYPE html>
<html lang="zh-cmn-hans">
<head>
    <meta charset="utf-8">
    <link href="css/style.css" rel="stylesheet" type="text/css">
    <title>学院管理</title>
</head>
<body class="context">
<?php include("header.php"); ?>
<p align="center"><img src="img/tnsau.png" width="640" alt="西南联大"></p>
<div class="context-container">
    <?php include("public-nav.php"); ?>
    <?php
      if($_SESSION["status"]==='0'){
          echo '<p class="welcome" style="margin-left: 80%"><a href="addDept.php
">添加学院</a></p>';
      }
    ?>
    <hr>
    <table bordcr="0" width="600" cellspacing="2">
        <tr bgcolor="#fed9ca" align="center">
            <th>学院编号</th><th>学院名称</th>
            <?php
            if ($_SESSION["status"]==='0')
                echo "<th>操作</th>";
            ?>
        </tr>
        <?php
        require_once("dbtools.inc.php");
        $link=create_connection( );
        $sql="SELECT * FROM department";
        $res=$link->query($sql) or die("执行命令'$sql'失败, 因为: ".$link->error);
        $row_count=$res->num_rows;
```

```
                for($i=0; $i<$row_count;$i++){
                    $row=$res->fetch_assoc( );
                    echo "<tr bgcolor='#fff'>";
                    echo "<td align='center'>".$row["department_id"]."</td>";
                    echo "<td align='center'>"   .$row["department_name"]."</td>";
                    if($_SESSION["status"]==='0'){
                        $str="<a href='javascript:del(&apos;{$row['department_id']}&a
pos;)'
                        style='color:#ef0849;'>删除</a>";
                    echo"<td align='center'>
                            <a href='editdep.php?id={$row['department_id']}'
                                style='color:#ac1dfa;'>修改</a>$str
                    </td>";
                    }
                    echo "</tr>";
                }
                $res->free( ); $link->close( );      //释放资源，关闭数据库连接
            ?>
        </table>
    </div>
    <?php include("footer.php"); ?>
</body>
<script type="text/javascript">
    function del(id){
        if(confirm("确定删除这条信息吗? ")){
            window.location="action-del.php?id="+id+"&tableName=department";
        }
    }
</script>
</html>

<!DOCTYPE html>
<html lang="zh-cmn-hans">
<head>
    <meta charset="utf-8">
    <link href="css/style.css" rel="stylesheet" type="text/css">
    <title>添加学院</title>
</head>
<body class="context">
    <?php include("header.php"); ?>
    <p align="center"><img src="img/tnsau.png" width="640" alt="西南联大"></p>
    <div class="context-container">
        <p class="welcome"style="text-align: center">添加学院信息</p>
        <form action="action-editdep.php" method="post">
            <label>学院编号: </label><input type="text" name="departmentId" value="">
            <label>学院名称: </label><input type="text" name="departmentName" value="">
            <input type="submit" value="提交">
            <input hidden name="tableName" value="departmentADD">
        </form>
    </div>
    <?php include("footer.php"); ?>
</body>
</html>

<!DOCTYPE html>
```

```
<html lang="zh-cmn-hans">
<head>
    <meta charset="utf-8">
    <link href="css/style.css" rel="stylesheet" type="text/css">
    <title>修改学院</title>
</head>
<body class="context">
    <?php include("header.php");
        //包含公共文件
        require_once("dbtools.inc.php");
        //建立数据库连接
        $link=create_connection( );
        $id=$_REQUEST['id'];
        $sql="SELECT * FROM department WHERE department_id='$id'";
        $res=$link->query($sql) or die("执行命令'$sql'失败，因为: ".$link->error);
        //获取数据
        $row=$res->fetch_assoc( );
    ?>
    <p align="center"><img src="img/tnsau.png" width="640" alt="西南联大"></p>
    <div class="context-container">
        <p class="welcome"style="text-align:center">修改学院</p>
        <form action="action-editdep.php" method="post">
            <label>学院编号: </label><input type="text" name="departmentId"
              value="<?php echo $row['department_id']?>" readonly="readonly">
            <label>学院名称: </label><input type="text" name="departmentName"
              value="<?php echo $row['department_name']?>">
            <input type="submit" value="提交">
            <input hidden name="tableName" value="departmentEdit">
        </form>
    </div>
    <?php include("footer.php"); ?>
</body>
```

</html>院系记录的添加和修改是通过页面 editdep.php 实现的，核心代码如下。

```
<?php
    require_once("dbtools.inc.php");
    $link=create_connection( );
    $departmentId=$_POST['departmentId'];
    $tableName=$_POST['tableName'];
    $departmentName=$_POST['departmentName'];
    if($tableName=='departmentEdit'){ //编辑院系记录
        $sql="UPDATE department SET department_name='$departmentName'
                WHERE department_id='$departmentId'";
        $res=$link->query($sql) or die("执行命令'$sql'失败，因为: ".$link->error);
    }
    if($tableName=='departmentADD'){    //添加院系记录
        $sql="SELECT * FROM department WHERE department_id='$departmentId'";
        $res=$link->query($sql) or die("执行命令'$sql'失败，因为: ".$link->error);
        if($res->num_rows>0)
            {echo "<script>alert('阁下要添加的部门编号{$departmentId}已经被占用了')
</script>";
            header("Refresh:0;url='teacherManage.php'"); die($sql);
```

```
        }
        $sql="INSERT INTO department(department_id,department_name)
            VALUES ('$departmentId','$departmentName')";
        $res=$link->query($sql) or die("执行命令'$sql'失败,因为: ".$link->error);
    }
    $link->close( );
    header("Location:information.php");
?>
```

院系记录的删除在通用模块页面 action-del.php 通过记录 id 和表名 tableName 来实现,不再赘述。

6. 班级管理

单击"班级管理"超链接,可进行添加班级、删除班级、修改班级等操作,如图 9-15 所示。

图 9-15 "班级管理"页面

"班级管理"页面 classManage.php 的代码如下。

```
<!DOCTYPE html>
<html lang="zh-cmn-hans">
<head>
    <meta charset="utf-8">
    <link href="css/style.css" rel="stylesheet" type="text/css">
    <title>班级管理</title>
</head>
<body class="context">
<!-- 包含 header.php  -->
<?php include("header.php"); ?>
<p align="center"><img src="img/tnsau.png" width="640" alt="西南联大"></p>
<div class="context-container">
    <?php include("public-nav.php"); ?>
    <?php
    if($_SESSION["status"]==='0')
```

```php
        echo '<p class="welcome">可按班级编号、班级名称、年级、学院编号检索班级：<br/>
            <input style="margin-left: 38%" type="text" name="keyWord" value=""
                id="keyWord" placeholder="请输入关键词进行搜索"/>
            <input type="button" value="检索" onclick="search( )">
                <a href="addClass.php" style="margin-left: 10%">添加班级</a></p>';
    ?>

    <hr>
    <table border="0" width="600" cellspacing="2" style="overflow:scroll">
        <tr bgcolor="#fed9ca" align="center">
            <th>班级编号</th><th>班级名称</th><th>年级</th><th>学院编号</th>
            <?php if($_SESSION["status"]==='0')  echo "<th> 操作</th>";?>
        </tr>
        <?php
        require_once("dbtools.inc.php");
        $link=create_connection( );
        $sql="SELECT * FROM classes ";
        $k=isset($_GET['key'])?$_GET['key']:'';
        if(!empty($k))
            $sql.=" WHERE class_id LIKE '%{$k}%' OR class_name LIKE '%{$k}%'
                        OR year RLIKE '{$k}' OR department_id RLIKE '{$k}'";
        $sql.="ORDER BY class_id ASC";
        $res=$link->query($sql) or die("执行命令'$sql'失败, 因为: ".$link->error);
        $row_count=$res->num_rows;
        for($i=0; $i < $row_count; $i++) {
            $row=$res->fetch_assoc( ); //取得班级信息
            echo "<tr bgcolor='#fff'>";
            echo "<td align='center'>".$row["class_id"]."</td>";
            echo "<td align='center'>".$row["class_name"]."</td>";
            echo "<td align='center'>".$row["year"]."</td>";
            echo "<td align='center'>".$row["department_id"]."</td>";
            if($_SESSION["status"]==='0'){
                $sdel="<a href='javascript:del(&apos;{$row['class_id']}&apos;)'
                        style='color:#ef0849;'>删除</a>";
                echo "<td align='center'>
                        <a href='editclass.php?id={$row['class_id']}'
                            style='color:#ac1dfa;'>修改</a>$sdel
                </td>";
            }
            echo "</tr>";
        }
        $res->free( ); $link->close( );
        ?>
    </table>
</div>
<?php include("footer.php"); ?>
</body>
<script type="text/javascript">
    function del(id){
        if(confirm("确定删除这条信息吗? 删除这条信息, 将删除这张表的外键信息")){
            window.location="action-del.php?id="+id+"&tableName=classes";
        }
    }
}
```

```
        function search( ){
            var keyWord=document.getElementById("keyWord").value;
            window.location="classManage.php?key="+keyWord;
        }
    </script>
</html>
```

班级的添加通过页面 addClass.php 实现，代码如下。

```
<!DOCTYPE html>
<html lang="zh-cmn-hans">
<head>
    <meta charset="utf-8">
    <link href="css/style.css" rel="stylesheet" type="text/css">
    <title>添加班级</title>
</head>
<body class="context">
<?php include("header.php"); ?>
<p align="center"><img src="img/tnsau.png" width="640" alt="西南联大"></p>
<div class="context-container">
    <p class="welcome"style="text-align:center">添加班级</p>
    <form action="action-editclass.php" method="post">
        <label>班级编号: </label><input type="text" name="classId" value="" >
        <label>班级名称: </label><input type="text" name="className" value="" >
        <br>
        <label>年级: </label><input type="text" name="year" value="" >
        <label>学院编号: </label><input type="text" name="departmentId" value="">
        <br>
        <input type="submit" value="提交">
        <input hidden name="tableName" value="classADD">
    </form>
</div>
<?php include("footer.php"); ?>
</body>
</html>
```

班级的修改通过页面 editclass.php 并根据班级 id 实现，代码如下。

```
<!DOCTYPE html>
<html lang="zh-cmn-hans">
<head>
    <meta charset="utf-8">
    <link href="css/style.css" rel="stylesheet" type="text/css">
    <title>修改班级</title>
</head>
<body class="context">
    <?php include("header.php");
        require_once("dbtools.inc.php");
        $link=create_connection( );
        $id=$_REQUEST['id'];
        $sql="SELECT * FROM classes WHERE class_id='$id'";
        $res=$link->query($sql) or die("执行命令'$sql'失败, 因为: ".$link->error);
        $row=$res->fetch_assoc( );
    ?>
    <p align="center"><img src="img/tnsau.png" width="640" alt="西南联大"></p>
    <div class="context-container">
```

```html
            <p class="welcome"style="text-align: center">修改班级</p>
            <form action="action-editclass.php" method="post">
                班级编号: <input type="text" name="classId"
                    value="<?php echo $row['class_id'] ?>" readonly="readonly">
                班级名称: <input type="text" name="className"
                    value="<?php echo $row['class_name'] ?>">
                <br>
                年级: <input type="text" name="year" value="<?php echo $row ['year'] ?>">
                学院编号: <input type="text" name="departmentId"
                    value="<?php echo $row['department_id'] ?>">
                <br>
                <input type="submit" value="提交">
                <input hidden name="tableName" value="classEdit">
            </form>
        </div>
        <?php include("footer.php"); ?>
    </body>
</html>
```

班级编辑页面 action-editclass.php 用于实现班级的添加和修改，核心代码如下。

```php
<?php
    require_once("dbtools.inc.php");
    $link=create_connection( );
    $classId=$_POST['classId'];
    $tableName=$_POST['tableName'];
    $className=$_POST['className'];
    $year=$_POST['year'];
    $departmentId=$_POST['departmentId'];

    $sql1="SELECT * FROM department WHERE department_id='$departmentId'";
    $res1=$link->query($sql1) or die("执行命令'$sql1'失败, 因为: ".$link->error);
    $row_count=$res1->num_rows; $res1->free( );
    if($tableName=='classEdit'){
        if($row_count>0){
            $sql="UPDATE classes SET class_name='$className',`year`='$year',
                department_id='$departmentId' WHERE class_id='$classId'";
        }else{
            echo "<script>alert('阁下要修改的编号为: {$departmentId}的学院不存在! ')</script>";
            header("Refresh:0;url='classManage.php'"); die;
        }
    }
    if ($tableName=='classADD'){
        if($row_count>0){
            $sql1="SELECT * FROM classes WHERE class_id='$classId'";
            $res1=$link->query($sql1) or die("执行命令'$sql1'失败, 因为: ".$link->error);
            if($res1->num_rows>0 ){
                echo "<script>alert('阁下要添加班级的编号{$classId}已经被占用了! ')</script>";
                header("Refresh:0;url='classManage.php'"); die;
            }else{
                $res1->free( );
                $sql="INSERT INTO classes(class_id,class_name,`year`,department_id)
                        VALUES ('$classId','$className','$year','$departmentId')";
```

```
            }
        }else{
            echo "<script>alert('阁下要添加班级的学院编号{$departmentId}不存在！')
</script>";
            header("Refresh:0;url='classManage.php'"); die;
        }
    }
    $res=$link->query($sql) or die("执行命令'$sql'失败，因为："." .$link->error);
    $link->close( );
    header("Location:classManage.php");
?>
```

班级的删除和院系的删除一样,通过页面action-del.php并根据记录id和表名tableName来实现,不再赘述。

7. 学生管理

单击"学生管理"超链接,可进行添加学生、删除学生、修改学生等操作,如图 9-16 所示。

图 9-16 "学生管理"页面

"学生管理"页面 studentManage.php 的代码如下。

```
<!DOCTYPE html>
<html lang="zh-cmn-hans">
<head>
    <meta charset="utf-8">
    <link href="css/style.css" rel="stylesheet" type="text/css">
    <title>学生管理</title>
</head>
<body class="context">
<!-- 包含 header.php -->
<?php include("header.php");
    echo '<p align="center"><img src="img/tnsau.png" width="800" alt="西南联大"></p>';
    if($_SESSION["status"]==='0'){
?>
<div class="context-container" style="width:800px;">
    <a class="welcome" href="information.php">学院管理</a>
```

```php
<a class="welcome" style="margin-left:5%;" href="classManage.php">班级管理</a>
<a class="welcome" style="margin-left:5%;"
    href="studentManage.php">学生管理</a>
<a class="welcome" style="margin-left:5%;"
    href="teacherManage.php">教师管理</a>
<a class="welcome" style="margin-left:5%;"
    href="courseManage.php?key=key">课程管理</a>
<a class="welcome" style="margin-left:5%;"
    href="chooseManage.php?key=key">成绩管理</a>
<p class="welcome" style="margin-left:55%">
  <a href="courseStudent.php?courseid=flag">查看所任课程下的学生</a>
  <a href="addStudent.php" style="margin-left:15%">添加学生</a></p>
<?php
  $k=isset($_GET['key'])?$_GET['key']:'';$k=$k=='key'?'':$k;
    echo '<p class="welcome" style="margin-left: 5%">' .
      '可按学号、姓名、生日、电话、家庭住址、学生简介检索学生:
    <input type="text" name="keyWord" value="'.$k.'" id="keyWord">
    <input type="button" value="检索" onclick="searchStudent( )">
    </p>';
}
?>
<hr>
<table border="0" width="800" cellspacing="2" style="overflow:scroll">
    <tr bgcolor="#fed9ca" align="center">
        <th>学号</th><th>姓名</th><th>密码</th><th>性别</th>
        <th>学院编号</th><th>班级编号</th><th>生日</th><th>电话</th>
        <th>家庭住址</th><th>学生简介</th>
        <?php if($_SESSION["status"]==='0') echo "<th>操作</th>"; ?>
    </tr>
    <?php
    require_once("dbtools.inc.php");
    $link=create_connection( );
    $sql="SELECT * FROM student";
    if(!empty($k))
        $sql.="WHERE student_id Like '%{$k}%' OR student_name LIKE '%{$k}%'
                OR birthday RLIKE '{$k}'
                OR phone LIKE '%{$k}%' OR home_address LIKE '%{$k}%'
                OR introduction LIKE '%{$k}%' ";
    $res=$link->query($sql) or die("执行命令'$sql'失败, 因为: ".$link->error);
    $row_count=$res->num_rows;
    for($i=0;$i<$row_count;$i++){
        $row=$res->fetch_assoc( );
        echo "<tr bgcolor='#fff'>";
        echo "<td align='center'>".$row["student_id"] . "</td>";
        echo "<td align='center'>".$row["student_name"]."</td>";
        echo "<td align='center'>".$row["password"]."</td>";
        echo "<td align='center'>".$row["gender"]."</td>";
        echo "<td align='center'>".$row["department_id"]."</td>";
        echo "<td align='center'>".$row["class_id"]."</td>";
        echo "<td align='center'>".$row["birthday"]."</td>";
        echo "<td align='center'>".$row["phone"]."</td>";
        echo "<td align='center'>".$row["home_address"]."</td>";
        echo "<td align='center'>".$row["introduction"] . "</td>";
```

```
                if($_SESSION["status"]==='0'){
                    echo "<td align='center'>
                        <a href='editstudent.php?id={$row['student_id']}'
                            style='color: #ac1dfa;'>修改</a>";
                    $str="<a href='javascript:del("."&apos;{$row['student_id']}&apos
;" . ")'
                            style='color: #ef0849;'>删除</a>";
                    echo "$str";
                    echo "</td>";
                }
                echo "</tr>";
            }
        $res->free( ); $link->close( );
        ?>
    </table>
</div>
<?php include("footer.php"); ?>
</body>
<script type="text/javascript">
    function del(id){
        if(confirm("确定删除这条信息吗? 删除这条信息, 将删除这张表的外键信息")){
            window.location="action-del.php?id="+id+"&tableName=student";
        }
    }
    function searchStudent( ){
        var keyWord=document.getElementById("keyWord").value;
        window.location="studentManage.php?key="+keyWord;
    }
</script>
</html>
```

学生的添加通过页面 addStudent.php 实现, 代码如下。

```
<!DOCTYPE html>
<html lang="zh-cmn-hans">
<head>
    <meta charset="utf-8">
    <link href="css/style.css" rel="stylesheet" type="text/css">
    <title>添加学生</title>
</head>
<body class="context">
<?php include("header.php"); ?>
    <p align="center"><img src="img/tnsau.png" width="640" alt="西南联大"></p>
    <div class="context-container">
        <p class="welcome"style="text-align: center">添加学生信息</p>
        <form action="action-editstudent.php" method="post">
            学号: <input type="text" name="studentId" value="">
            姓名: <input type="text" name="studentName" value="">
            <br>
            密码: <input type="text" name="password" value="">
            性别: <input type="text" name="gender" value="">
            <br>
            学院编号: <input type="text" name="departmentId" value="">
            班级编号: <input type="text" name="classId" value="">
            <br>
            生日: <input type="date" name="birthday" value="">
```

```
            电话: <input type="text" name="phone" value="">
            <br>
            家庭住址: <input type="text" name="homeAddress" value="">
            学生简介: <input type="text" name="introduction" value="">
            <br>
            <input type="submit" value="提交">
            <input hidden name="tableName" value="studentADD">
        </form>
    </div>
    <?php include("footer.php"); ?>
    </body>
</html>
```

班级的修改通过页面 editstudent.php 并根据班级 id 实现，代码如下。

```
<!DOCTYPE html>
<html lang="zh-cmn-hans">
<head>
    <meta charset="utf-8">
    <link href="css/style.css" rel="stylesheet" type="text/css">
    <title>修改学生</title>
</head>
<body class="context">
<?php include("header.php");
    require_once("dbtools.inc.php");
    $link=create_connection( );
    $id=$_REQUEST['id'];
    $sql="SELECT * FROM student WHERE student_id='$id'";
    $result=$link->query($sql)   or die("执行命令'$sql'失败，因为: " . $link->error );
    $row=$result->fetch_assoc( );
    $link->close( ); $result->free ( );
?>
<p align="center"><img src="img/tnsau.png" width="640" alt="西南联大"></p>
<div class="context-container">
    <p class="welcome" style="text-align: center">修改学生信息</p>
    <form action="action-editstudent.php" method="post">
        学号: <input type="text" name="studentId"
            value="<?php echo $row['student_id']?>" readonly="readonly">
        姓名: <input type="text" name="studentName"
            value="<?php echo $row['student_name']?>" >
        <br>
        密码: <input type="text" name="password" value="<?php
            echo $row['password']?>" >
        性别: <input type="text" name="gender" value="<?php echo $row['gender']?>">
        <br>
        学院编号: <input type="text" name="departmentId"
                value="<?php echo $row['department_id']?>">
        班级编号: <input type="text" name="classId" value="<?php
                echo $row['class_id']?>">
        <br>
        生日: <input type="text" name="birthday" value="<?php
            echo $row['birthday']?>">
        电话: <input type="text" name="phone" value="<?php echo $row['phone'] ?>">
        <br>
```

```
        家庭住址：<input type="text" name="homeAddress" value="<?php
                   echo $row['home_address']?>">
        学生简介：<input type="text" name="introduction" value="<?php
                   echo $row['introduction']?>">
        <br>
        <input type="submit" value="提交">
        <input hidden name="tableName" value="studentEdit">
    </form>
</div>
<?php include("footer.php"); ?>
</body>
</html>
```

页面 action-editstudent.php 用于实现学生的添加和修改，核心代码如下。

```php
<?php
    require_once("dbtools.inc.php");
    $link=create_connection( );
    $studentId=$_POST['studentId'];
    $studentName=$_POST['studentName'];
    $password=$_POST['password'];
    $gender=$_POST['gender'];
    $departmentId=$_POST['departmentId'];
    $classId=$_POST['classId'];
    $birthday=$_POST['birthday'];
    $phone=$_POST['phone'];
    $homeAddress=$_POST['homeAddress'];
    $introduction=$_POST['introduction'];
    $tableName=$_POST['tableName'];

    $sql1="SELECT * FROM department WHERE department_id='$departmentId'";
    $res1=$link->query($sql1) or die('执行失败: ' .$sql1 .'<br/>失败原因: '.$link ->error);
    $row_count1=$res1->num_rows;
    $sql2="SELECT * FROM classes WHERE class_id='$classId'";
    $res2=$link->query($sql2) or die(' 执行失败：'.$sql2.'<br/>失败原因：'.$link->
error);
    $row_count2=$res2->num_rows;
    $res1->free( ); $res2->free( );
    if($tableName=='studentEdit'){
        if($row_count1 >0&&$row_count2>0){
            $sql="UPDATE student
                SET student_name='$studentName',password='$password',
                gender='$gender', department_id='$departmentId',
                class_id='$classId',birthday='$birthday',phone='$phone',
                home_address='$homeAddress',introduction='$introduction'
                WHERE student_id='$studentId'";
        }else{echo "<script> alert
            ('编号为 $departmentId 的学院不存在 或 编号为 $classId 的班级不存在! ')
            </script>";
            header("refresh:0;url=studentManage.php"); die;
        }
    }
    if($tableName=='studentEditPerson'){
        if($row_count1>0&&$row_count2>0){
            $sql="UPDATE student SET student_name='$studentName',
```

```
                     password='$password', gender='$gender',
                     department_id='$departmentId',class_id='$classId',
                     birthday='$birthday',phone='$phone',
                     home_address='$homeAddress',introduction='$introduction'
                     WHERE student_id='$studentId'";
            $res=$link->query($sql)
               or die('执行失败: ' .$sql .'<br/>失败原因: '.$link->error);
            $link->close( );
            header("Location:myinfo.php");
        }else{echo "<script> alert
            ('编号为 $departmentId 的学院不存在 或 编号为 $classId 的班级不存在! ')
            </script>";
            header("refresh:0;url=myinfo.php"); die;
        }
    }
    if($tableName=='studentADD') {
        if($row_count1>0&&$row_count2>0){
            $sql="INSERT INTO student(student_id,student_name,password,gender,
                    department_id,class_id,birthday,phone,home_address,introduction)
                    VALUES ('$studentId','$studentName','$password','$gender',
                    '$departmentId','$classId','$birthday','$phone',
                    '$homeAddress','$introduction')";
        }else {echo "<script> alert
                ('编号为 $departmentId 的学院不存在 或 编号为 $classId 的班级不存在! ')
                </script>";
                header("refresh:0;url=studentManage.php"); die;
        }
    }
    $res=$link->query($sql) or die('执行失败: '.$sql.'<br/>失败原因: '.$link->error);
    $link->close( );
    header("Location:studentManage.php");
?>
```

学生的删除和院系的删除一样,通过页面 action-del.php 并根据记录 id 和表名 tableName 来实现,不再赘述。

8. 查看所任课程下的学生

单击"查看所任课程下的学生"超链接, 可显示与教师所任课程相关的学生的信息, 如图 9-17 所示。

图 9-17　查看所任课程下的学生

查看所任课程下的学生通过 courseStudent.php 页面实现，代码如下。

```
<!DOCTYPE html>
<html lang="zh-cmn-hans">
<head>
    <meta charset="utf-8">
    <link href="css/style.css" rel="stylesheet" type="text/css">
    <title>所任课程下的学生</title>
</head>
<body class="context">
<?php include("header.php"); ?>
<p align="center"><img src="img/tnsau.png" width="800" alt="西南联大"></p>
<div class="context-container" style="width:800px;">
    <?php
    require_once("dbtools.inc.php");
    $link=create_connection( );
    $teacher_id=$_SESSION["id"];
    $courseid=$_GET['courseid'];
    if($courseid==='flag') {
        $sql="SELECT * FROM course
                WHERE teacher_id='$teacher_id' GROUP BY course_name";
        $res=$link->query($sql) or die("执行命令'$sql'失败，因为: ".$link->error);
        $row_count=$res->num_rows;
        for($i=0;$i<$row_count;$i++){
            $row=$res->fetch_assoc( );
            echo '<a class="welcome" style="margin-left: 5%"
                    href="courseStudent.php?courseid='.$row["course_id"].'">'
                    . $row["course_name"].'</a>';
        }
        $res->free( ); $link->close( );
    }
    else{
        $sql1="SELECT student.student_id AS student_id,
                student.student_name AS student_name,
                course.course_name AS course_name,choose.score AS score,
                choose.course_id AS course_id,choose.id AS id
                FROM course INNER JOIN choose
                ON course.course_id=choose.course_id
                INNER JOIN student ON choose.student_id=student.student_id
                WHERE course.teacher_id='$teacher_id'
                and course.course_id='$courseid'";
        $res1=$link->query($sql1)
                or die("执行命令'$sql1'失败，因为: ".$link->error);
        $row_count1=$res1->num_rows;
        echo '<hr>';
        echo '<table border="0" width="800" cellspacing="2" style="overflow: scroll">';
        echo '<tr bgcolor="#fed9ca" align="center">';
        echo '<th>学生编号</th><th>学生姓名</th><th>课程编号</th>
                <th>课程名称</th><th>分数</th><th>操作</th>';
        echo '</tr>';
```

```
        for($i=0;$i<$row_count1;$i++){
            $row1=$res1->fetch_assoc( );
            echo "<tr bgcolor='#fff'>";
            echo "<td align='center'>".$row1["student_id"]."</td>";
            echo "<td align='center'>".$row1["student_name"]."</td>";
            echo "<td align='center'>".$row1["course_id"]."</td>";
            echo "<td align='center'>".$row1["course_name"]."</td>";
            echo "<td align='center'>".$row1["score"]."</td>";
            echo "<td align='center'><a href='editScore.php
                    ?id={$row1['id']}&studentId={$row1['student_id']}
                    &studentName={$row1['student_name']}
                    &courseName={$row1['course_name']}
                    &score={$row1['score']}' style='color:#ac1dfa;'>修改</a>
                </td>";
        }
        $res1->free( ); $link->close( );
        echo '</table>';
    }
    ?>
</div>
<?php include("footer.php"); ?>
</body>
<script type="text/javascript">
</script>
</html>
```

9.教师管理

单击"教师管理"超链接，可进行添加教师、删除教师、修改教师等操作，如图 9-18
所示。

图 9-18 "教师管理"页面

"教师管理"页面 teacherManage.php 的代码如下。

```
<!DOCTYPE html>
<html lang="zh-cmn-hans">
<head>
    <meta charset="utf-8">
    <link href="css/style.css" rel="stylesheet" type="text/css">
    <title>教师管理</title>
</head>
<body class="context">
<?php include("header.php");
  echo '<p align="center"><img src="img/tnsau.png" width="800" alt="西南联大"> </p>';
  if($_SESSION["status"]==='0') { ?>
  <div class="context-container" style="width: 800px; ">
  <a class="welcome" href="information.php">学院管理</a>
  <a class="welcome" style="margin-left:5%;" href="classManage.php">班级管理</a>
  <a class="welcome" style="margin-left:5%;"
      href="studentManage.php">学生管理</a>
  <a class="welcome" style="margin-left:5%;"
      href="teacherManage.php">教师管理</a>
  <a class="welcome" style="margin-left:5%;"
      href="courseManage.php?key=key">课程管理</a>
  <a class="welcome" style="margin-left:5%;"
      href="chooseManage.php?key=key">成绩管理</a>
  <?php
      $k=isset($_GET['key'])?$_GET['key']:'';$k=$k==='key'?'':$k;
      echo '<p class="welcome" style="margin-left:3%">' .
          '可按教师编号、教师姓名、学院编号、专业、职称、教师简介检索教师：
          <input type="text" name="keyWord" value="'.$k.'" id="keyWord">
          <input type="button" value="检索" onclick="searchTeacher( )">
          <a style="margin-left:3%" href="addTeacher.php">添加教师</a>
      </p>';
  }
  ?>
  <hr>
  <table border="0" width="800" cellspacing="2" style="overflow:scroll">
      <tr bgcolor="#fed9ca" align="center">
          <th>教师编号</th><th>教师姓名</th><th>密码</th><th>学院编号</th>
          <th>性别</th><th>专业</th><th>职称</th><th>教师简介</th>
          <?php if ($_SESSION["status"]==='0') echo "<th>操作</th>"; ?>
      </tr>
      <?php
      require_once("dbtools.inc.php");
      $link=create_connection( );
      $sql="SELECT * FROM teacher";
      if(!empty($k))
          $sql.="WHERE teacher_id LIKE '%{$k}%' OR teacher_name LIKE '%{$k}%'
              OR department_id RLIKE '{$k}' OR major LIKE '%{$k}%'
              OR professional LIKE '%{$k}%' OR introduction LIKE '%{$k}%'";
      $res=$link->query($sql) or die("执行命令'$sql'失败，因为: ".$link->error);
      $row_count=$res->num_rows;
      for($i=0;$i<$row_count;$i++){
```

```
                $row=$res->fetch_assoc( );
                echo "<tr bgcolor='#fff'>";
                echo "<td align='center'>".$row["teacher_id"]."</td>";
                echo "<td align='center'>".$row["teacher_name"]."</td>";
                echo "<td align='center'>".$row["password"]."</td>";
                echo "<td align='center'>".$row["department_id"]."</td>";
                echo "<td align='center'>".$row["gender"]."</td>";
                echo "<td align='center'>".$row["major"]."</td>";
                echo "<td align='center'>".$row["professional"]."</td>";
                echo "<td align='center'>".$row["introduction"]."</td>";
                if($_SESSION["status"]==='0'){
                    $str="<a href='javascript:del(&apos;{$row['teacher_id']}&apos;)'
                            style='color: #ef0849'>删除</a>";
                    echo "<td align='center'>
                            <a href='editTeacher.php?id={$row['teacher_id']}'
                                style='color: #ac1dfa;'>修改</a>$str
                        </td>";
                }
                echo "</tr>";
            }
            $res->free( );  $link->close( );
            ?>
    </table>
    </div>
<?php include("footer.php"); ?>
</body>
<script type="text/javascript">
    function del(id){
        if(confirm("确定删除该教师信息吗？删除后以该教师作为外键的信息也会一并被删除。")){
            window.location="action-del.php?id="+id+"&tableName=teacher"; }
    }
    function searchTeacher( ){
        var keyWord=document.getElementById("keyWord").value;
        window.location="teacherManage.php?key="+keyWord;
    }
</script>
</html>
```

教师的添加通过页面 addTeacher.php 实现，代码如下。

```
<!DOCTYPE html>
<html lang="zh-cm<html>
<head>
    <meta charset="utf-8">
    <link href="css/style.css" rel="stylesheet" type="text/css">
    <title>编辑教师</title>
</head>
<body class="context">
<?php include("header.php"); ?>

<p align="center"><img src="img/tnsau.png" width="640" alt="西南联大"></p>
<div class="context-container">
```

```
        <p class="welcome" style="text-align:center">添加教师信息</p>
        <form action="action-editTeacher.php" method="post">
            教师编号：<input type="text" name="teacherId" value="" >
            教师姓名：<input type="text" name="teacherName" value="" >
            <br>
            密码：<input type="text" name="password" value="" >
            学院编号：<input type="text" name="departmentId" value="">
            <br>
            性别：<input type="text" name="gender" value="">
            专业：<input type="text" name="major" value="">
            <br>
            职称：<input type="text" name="professional" value="">
            教师简介：<input type="text" name="introduction" value="">
            <br>
            <input type="submit" value="提交">
            <input hidden name="tableName" value="teacherADD">
        </form>
    </div>
    <?php include("footer.php"); ?>
    </body>
    </html>
```

教师信息的修改通过页面 editTeacher.php 并根据 teacher_id 来实现，代码如下。

```
<!DOCTYPE html>
<html lang="zh-cmn-hans">
<head>
    <meta charset="utf-8">
    <link href="css/style.css" rel="stylesheet" type="text/css">
    <title>编辑教师</title>
</head>
<body class="context">
<?php include("header.php");
    require_once("dbtools.inc.php");
    // 建立数据库连接
    $link=create_connection( );
    $id=$_REQUEST["id"];
    $sql="SELECT * FROM teacher WHERE teacher_id='$id'";
    $result=$link->query($sql) or die("执行命令'$sql'失败，因为："$link->error);
    $row=$result->fetch_assoc( );
    $link->close( ); $result->free( );
?>
<p align="center"><img src="img/tnsau.png" width="640" alt="西南联大"></p>
<div class="context-container">
    <p class="welcome" style="text-align:center">修改教师信息</p>
    <form action="action-editTeacher.php" method="post">
        教师编号：<input type="text" name="teacherId"
                value="<?php echo $row['teacher_id'] ?>" readonly="readonly">
        教师姓名：<input type="text" name="teacherName"
                value="<?php echo $row['teacher_name'] ?>">
```

```
         <br>
         密码: <input type="text" name="password" value="<?php
                echo $row['password'] ?>">
         学院编号: <input type="text" name="departmentId"
                value="<?php echo $row['department_id']?>">
         <br>
         性别: <input type="text" name="gender" value="<?php echo $row['gender']?>">
         专业: <input type="text" name="major" value="<?php echo $row['major']?>">
         <br>
         职称: <input type="text" name="professional" value="<?php
                echo $row['professional']?>">
         教师简介: <input type="text" name="introduction" value="<?php
                echo $row['introduction']?>">
         <br>
         <input type="submit" value="提交">
         <input hidden name="tableName" value="teacherEdit">
    </form>
</div>
<?php include("footer.php"); ?>
</body>
</html>
```

页面 action-editTeacher.php 用于实现教师的添加和修改,核心代码如下。

```php
<?php
  require_once("dbtools.inc.php");
  $db=create_connection( );
  $teacherId=$_POST['teacherId'];
  $teacherName=$_POST['teacherName'];
  $password=$_POST['password'];
  $gender=$_POST['gender'];
  $departmentId=$_POST['departmentId'];
  $major=$_POST['major'];
  $professional=$_POST['professional'];
  $introduction=$_POST['introduction'];
  $tableName=$_POST['tableName'];

  //外键必须存在才能进行更新和数据添加
  $sql1="SELECT * FROM department WHERE department_id='$departmentId'";
  $res1=$db->query($sql1)  or die('执行失败: ' .$sql1 .'<br/>失败原因: '.$db->error );
  $rows1=$res1->num_rows;
  $res1->free( );
  if($tableName=='teacherEdit'){
     if($rows1>0){
        $sql="UPDATE teacher SET teacher_name='$teacherName',
              password='$password', gender='$gender',
              department_id='$departmentId',major='$major',
              professional='$professional',introduction='$introduction'
              WHERE teacher_id='$teacherId'";
     }else{
        echo "<script>alert('指定编号 $departmentId 的学院不存在! ')</script>";
```

```
            header("Refresh:0;url=teacherManage.php"); die;
        }
    }
    if($tableName=='teacherEditPerson') {
        if($rows1>0) {
            $sql="UPDATE teacher SET teacher_name='$teacherName',
                  password='$password', gender='$gender',
                  department_id='$departmentId',major='$major',
                  professional='$professional', introduction='$introduction'
                  WHERE teacher_id='$teacherId'";
            $res=$db->query($sql)
                  or die('执行失败: '.$sql.'<br/>失败原因: '.$db->error);
            $db->close( );
            header("Location:myinfo.php");
        }else{
            echo "<script>alert('指定编号 $departmentId 的学院不存在! ')</script>";
            header("Refresh:0;url=myinfo.php"); die;
        }
    }
    if ($tableName=='teacherADD'){
    $sql2="SELECT * FROM teacher WHERE teacher_id='$teacherId'";
    $res2=$db->query($sql2) or die('执行失败: '.$sql2.'<br/>失败原因: '.$db ->error );
    $rows2=$res2->num_rows;
    $res2->free( );
     if($rows1>0 and $rows2===0 ) {
        $sql="INSERT INTO teacher
            (teacher_id,teacher_name,password,gender,department_id,
             major,professional,introduction)
            VALUES ('$teacherId','$teacherName','$password',
              '$gender','$departmentId','$major','$professional','$introduction')";
    }else if($rows2>0or$rows1===0){ echo "<script> alert
            ('没有编号为 $departmentId 的学院, 或已经有编号为 $teacherId 的教师! ')
            </script>";
            header("Refresh:0;url=teacherManage.php"); die;
    }
    }
    $res=$db->query($sql) or die('执行失败: '.$sql.'<br/>失败原因: '.$db->error);
    $db->close( );
    header("Location:teacherManage.php");
    ?>
```

　　教师的删除和院系的删除一样, 通过页面 action-del.php 并根据记录 id 和表名 tableName 来实现, 不再赘述。

10. 课程管理

　　单击"课程管理"超链接, 可进行添加课程、删除课程、修改课程等操作, 如图 9-19 所示。

　　"课程管理"页面 courseManage.php 与学生子系统中课程查看及检索页面一致, 不再 赘述。

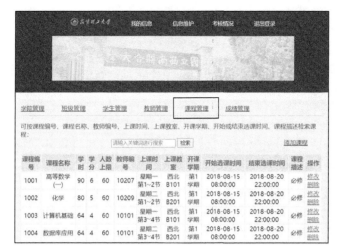

图 9-19 "课程管理"页面

添加课程页面 addCourse.php 的代码如下。

```
<!DOCTYPE html>
<html lang="zh-cmn-hans">
<head>
    <meta charset="utf-8">
    <link href="css/style.css" rel="stylesheet" type="text/css">
    <title>添加课程</title>
</head>
<body class="context">
<?php include("header.php"); ?>
<p align="center"><img src="img/tnsau.png" width="640" alt="西南联大"></p>
<div class="context-container">
    <p class="welcome" style="text-align:center">添加课程信息</p>
    <form action="action-editCourse.php" method="post">
        课程编号：<input type="text" name="courseId" value="">
        课程名称：<input type="text" name="courseName" value="">
        <br>
        学时：<input type="text" name="period" value="">
        学分：<input type="text" name="credit" value="">
        <br>
        人数上限：<input type="text" name="capacity" value="">
        教师编号：<input type="text" name="teacherId" value="">
        <br>
        上课时间：<input type="text" name="attendTime" value="">
        上课教室：<input type="text" name="attendAddress" value="">
        <br>
        开课学期：<input type="text" name="term" value="">
        开始选课时间：<input type="date" name="beginChooseTime" value="">
        <br>
        结束选课时间：<input type="date" name="endChooseTime" value="">
        课程描述：<input type="text" name="description" value="">
        <br>
        <input type="submit" value="提交">
```

```
            <input hidden name="tableName" value="courseADD">
        </form>
    </div>
<?php include("footer.php"); ?>
</body>
</html>
```

课程的修改是通过页面 editCourse.php 实现的，代码如下。

```
<!DOCTYPE html>
<html lang="zh-cmn-hans">
<head>
    <meta charset="utf-8">
    <link href="css/style.css" rel="stylesheet" type="text/css">
    <title>修改课程</title>
</head>
<body class="context">
<?php include("header.php");
    require_once("dbtools.inc.php");
    $link=create_connection( );
    $id=$_REQUEST['id'];
    $sql="SELECT * FROM course WHERE course_id='$id'";
    $res=$link->query($sql) or die("执行命令'$sql'失败，因为: ".$link->error);
    $row=$res->fetch_assoc( );
?>
<p align="center"><img src="img/tnsau.png" width="640" alt="西南联大"></p>
<div class="context-container">
    <p class="welcome" style="text-align:center">修改课程信息</p>
    <form action="action-editCourse.php" method="post">
        课程编号: <input type="text" name="courseId"
                    value="<?php echo $row['course_id'] ?>" readonly="readonly">
        课程名称: <input type="text" name="courseName"
                    value="<?php echo $row['course_name'] ?>">
        <br>
        学时: <input type="text" name="period" value="<?php echo $row['period'] ?>">
        学分: <input type="text" name="credit" value="<?php echo $row['credit'] ?>">
        <br>
        人数上限: <input type="text" name="capacity"
                    value="<?php echo $row['capacity'] ?>">
        教师编号: <input type="text" name="teacherId"
                    value="<?php echo $row['teacher_id'] ?>">
        <br>
        上课时间: <input type="text" name="attendTime"
                    value="<?php echo $row['attend_time'] ?>">
        上课教室: <input type="text" name="attendAddress"
                    value="<?php echo $row['attend_address'] ?>">
        <br>
        开课学期: <input type="text" name="term" value="<?php echo $row['term'] ?>">
        开始选课时间: <input type="date" name="beginChooseTime"
                    value="<?php echo $row['begin_choose_time'] ?>">
        <br>
```

```
          结束选课时间: <input type="date" name="endChooseTime"
                        value="<?php echo $row['end_choose_time'] ?>">
          课程描述: <input type="text" name="description"
                    value="<?php echo $row['description'] ?>">
          <br>
          <input type="submit" value="提交">
          <input hidden name="tableName" value="courseEdit">
      </form>
  </div>
<?php include("footer.php"); ?>
</body>
</html>
```

添加和修改课程由页面 action-editCourse.php 实现，核心代码如下。

```
<?php
    require_once("dbtools.inc.php");
    $db=create_connection( );
    $courseId=$_POST['courseId'];
    $courseName=$_POST['courseName'];
    $period=$_POST['period'];
    $credit=$_POST['credit'];
    $capacity=$_POST['capacity'];
    $teacherId=$_POST['teacherId'];
    $attendTime=$_POST['attendTime'];
    $attendAddress=$_POST['attendAddress'];
    $term=$_POST['term'];
    $beginChooseTime=$_POST['beginChooseTime'];
    $endChooseTime=$_POST['endChooseTime'];
    $description=$_POST['description'];
    $tableName=$_POST['tableName'];
?>
//外键必须存在才能进行更新和数据添加
$sql1="SELECT * FROM choose WHERE course_id='$courseId'";
$res1=$db->query($sql1) or die("执行命令'$sql1'失败，因为: ".$db->error);
$rows1=$res1->num_rows; $res1->free( );

$sql2="SELECT * FROM course WHERE course_id='$courseId'";
$res2=$db->query($sql2) or die("执行命令'$sql2'失败，因为: ".$db->error);
$rows2=$res2->num_rows;  $res2->free( );

$sql3="SELECT * FROM teacher WHERE teacher_id='$teacherId'";
$res3=$db->query($sql3) or die("执行命令'$sql3'失败，因为: ".$db->error);
$rows3=$res3->num_rows;  $res3->free( );

if($tableName=='courseEdit'){
    if($rows3===0){ echo "<script>
        alert('没有编号为 \'$teacherId\' 的教师来承担变更的课程。')</script>";
        header("refresh:0;url=courseManage.php"); die;
    }
```

```
    $sql="UPDATE course SET course_name='$courseName',
        `period`='$period',credit='$credit',
        capacity ='$capacity',teacher_id='$teacherId',attend_time='$attendTime',
        attend_address='$attendAddress', term='$term',
        begin_choose_time='$beginChooseTime',
        end_choose_time='$endChooseTime',
        description='$description' WHERE course_id='$courseId'";
}
if($tableName=='courseADD'){
    if($rows2==0&&$rows3>0){
        $sql="INSERT INTO course(course_id,course_name,`period`,credit,
            capacity,teacher_id,attend_time,attend_address,term,
            begin_choose_time,end_choose_time,description)
            VALUES ('$courseId','$courseName','$period','$credit',
            '$capacity','$teacherId','$attendTime','$attendAddress',
            '$term','$beginChooseTime','$endChooseTime','$description')";
    }else if($rows2>0){ echo "<script>alert
        ('编号为 \'$courseId\' 的新课程和已有课程号冲突。')</script>";
    header("refresh:0;url=courseManage.php"); die;
    }else if($rows3===0){echo"<script>alert
        ('没有编号为 \'$teacherId\' 的教师来承担新加的课程。')</script>";
    header("refresh:0;url=courseManage.php"); die;
    }
}
$res=$db->query($sql) or die("执行命令'$sql'失败,因为: ".$db->error);
$db->close( );
header("Location:courseManage.php");
```

课程的删除和院系的删除一样,通过页面action-del.php并根据记录id和表名tableName 来实现，不再赘述。

11. 成绩管理

单击"成绩管理"超链接，可进行添加成绩、删除成绩、修改成绩等操作，如图 9-20 所示。

图 9-20 "成绩管理"页面

"成绩管理"页面 chooseManage.php 的代码如下。

```
<!DOCTYPE html>
<html lang="zh-cmn-hans">
<head>
    <meta charset="utf-8">
    <link href="css/style.css" rel="stylesheet" type="text/css">
    <title>成绩管理</title>
</head>
<body class="context">
<?php include("header.php"); ?>
    <p align="center"><img src="img/tnsau.png" width="800" alt="西南联大"></p>
<?php
    $addscore='';
    if ($_SESSION["status"]==='0') {
        $addscore.='<span class="welcome" style="margin-left:10%">
            <a href="addChoose.php">添加成绩</a></span>';
    }
?>
<div class="context-container" style="width:800px;">
    <?php
    $k=isset($_GET['key'])?$_GET['key']:''; $k=$k==='key'?'':$k;
    if($k!=='Gradebook'){
        echo '<a class="welcome" href="information.php">学院管理</a>';
        echo '<a class="welcome" style="margin-left:5%;"
                href="classManage.php">班级管理</a>';
        echo '<a class="welcome" style="margin-left:5%;"
                href="studentManage.php">学生管理</a>';
        echo '<a class="welcome" style="margin-left:5%;"
                href="teacherManage.php">教师管理</a>';
        echo '<a class="welcome" style="margin-left:5%;"
                href="courseManage.php?key=key">课程管理</a>';
        echo '<a class="welcome" style="margin-left:5%;"
                href="chooseManage.php?key=key">成绩管理</a>';
    }
    echo'<p class="welcome" style="margin-left:10%;">' .
        '可按学号、课程编号、选课时间检索成绩:
            <input type="text" name="keyWord" value="" id="keyWord"
                placeholder=""/>
            <input type="button" value=" 检索 "
                onclick="searchScore( ) ">'.$addscore.'
        </p>';
    ?>
    <hr>
    <table border="0" width="800" cellspacing="2" style="overflow:scroll">
        <tr bgcolor="#fed9ca" align="center">
        <th>编号</th><th>学号</th><th>课程编号</th>
        <th>选课时间</th><th>成绩</th><th>操作</th>
        </tr>
        <?php
         require_once("dbtools.inc.php");
```

```php
        $link=create_connection( );
        $id=$_SESSION['id'];
        $keyWord=isset($_GET['key'])?$_GET['key']:'key';
        $sql="SELECT * FROM choose WHERE 1=1";
        if($keyWord !=='key' and $keyWord !=='Gradebook')
            $sql.="AND   (course_id LIKE '%{$keyWord}%'
                    OR student_id LIKE '%{$keyWord}%'
                    OR choose_time LIKE '%{$keyWord}%')";
        if($_SESSION["status"]==='1')
            $sql.=" AND student_id='$id'";
        $cid=isset($_GET["course"])?$_GET["course"]:'0';
        if($cid!='0')   $sql.="AND course_id='$cid'";
        $res=$link->query($sql) or die("执行命令'$sql'失败，因为: ".$link->error);
        $row_count=$res->num_rows;
        for($i=0;$i<$row_count;$i++){
            $row=$res->fetch_assoc( );
            echo "<tr bgcolor='#fff'>";
            echo "<td align='center'>".$row["id"]."</td>";
            echo "<td align='center'>".$row["student_id"]."</td>";
            echo "<td align='center'>".$row["course_id"]."</td>";
            echo "<td align='center'>".$row["choose_time"]."</td>";
            echo "<td align='center'>".$row["score"]."</td>";
            if($_SESSION["status"]==='0'){
                $str="<a href='javascript:del(&apos;{$row['id']}&apos;)'
                        style='color:#ef0849;'>删除</a>";
                echo "<td align='center'>
                        <a href='editChoose.php?id={$row['id']}'
                        style='color: #ac1dfa;'>修改</a>$str
                            </td>";
            }else{
                if($row["score"]===null)
                    echo "<td align='center'>
                    <a href='javascript:chosen({$row['id']},{$row['course_id']})'
                        style='color: #ac1dfa;'>退选</a>
                        </td>";
                else echo '<td></td>';
            }
            echo "</tr>";
        }
        $res->free( ); $link->close( );
    ?>
    </table>
</div>
<?php include("footer.php"); ?>
</body>
<script type="text/javascript">
    function del(id){
        if(confirm("确定删除这条信息吗? 删除这条信息，将删除这张表的外键信息")){
            window.location="action-del.php?id="+id+"&tableName=choose";
        }
    }
```

```
    // 退选功能
    function chosen(id,courseid){
        if(confirm("确定要退选吗? ")){
            window.location="action-del.php?id="+id+"&courseid="+courseid+
                "&tableName=choose";
        }
    }

    function searchScore( ){
        var keyWord=document.getElementById("keyWord").value;
        window.location="chooseManage.php?key="+keyWord;
    }
</script>
</html>
```

成绩添加页面 addChoose.php 的代码如下。

```
<!DOCTYPE html>
<html lang="zh-cmn-hans">
<head>
    <meta charset="utf-8">
    <link href="css/style.css" rel="stylesheet" type="text/css">
    <title>添加成绩</title>
</head>
<body class="context">
<?php include("header.php"); ?>
<p align="center"><img src="img/tnsau.png" width="640" alt="西南联大"></p>
<div class="context-container">
    <p class="welcome" style="text-align:center">添加成绩</p>
    <form action="action-editChoose.php" method="post">
        学号: <input type="text" name="studentId" value="">
        <br>
        课程编号: <input type="text" name="courseId" value="">
        选课时间: <input type="date" name="chooseTime" value="">
        <br>
        成绩: <input type="text" name="score" value="">
        <br>
        <input type="submit" value="提交">
        <input hidden name="tableName" value="chooseADD">
        <input hidden name="id" value="">
    </form>
</div>
<?php include("footer.php"); ?>
</body>
</html>
```

成绩修改页面 editChoose.php 的代码如下。

```
<!DOCTYPE html>
<html lang="zh-cmn-hans">
<head>
    <meta charset="utf-8">
    <link href="css/style.css" rel="stylesheet" type="text/css">
```

```html
    <title>修改成绩</title>
</head>
<body class="context">
<?php include("header.php");
    require_once("dbtools.inc.php");
    $link=create_connection( );
    $id=$_REQUEST['id'];
    $sql="SELECT * FROM choose WHERE id='$id'";
    $res=$link->query($sql) or die("执行命令'$sql'失败，因为: ".$link->error);
    $row=$res->fetch_assoc( );
?>
<p align="center"><img src="img/tnsau.png" width="640" alt="西南联大"></p>
<div class="context-container">
    <p class="welcome" style="text-align:center">修改成绩</p>
    <form action="action-editChoose.php" method="post">
        编号: <input type="text" name="id" value="<?php echo $row['id'] ?>"
                readonly="readonly">
        学号: <input type="text" name="studentId"
                value="<?php echo $row['student_id'] ?>" readonly>
        <br>
        课程编号: <input type="text" name="courseId"
                value="<?php echo $row['course_id'] ?>" readonly>
        选课时间: <input type="text" name="chooseTime"
                value="<?php echo $row['choose_time'] ?>">
        <br>
        成绩: <input type="text" name="score" value="<?php echo $row['score'] ?>">
        <br>
        <input type="submit" value="提交">
        <input hidden name="tableName" value="chooseEdit">
    </form>
</div>
<?php include("footer.php"); ?>
</body>
</html>
```

成绩的添加和修改由页面 action-editChoose.php 实现，核心代码如下。

```php
<?php
    require_once("dbtools.inc.php");
    $link=create_connection( );
    $id=$_POST['id'];
    $studentId=$_POST['studentId'];
    $courseId=$_POST['courseId'];
    $chooseTime=$_POST['chooseTime'];
    $score=$_POST['score'];
    $tableName=$_POST['tableName'];
?>
$sql1="SELECT * FROM student WHERE student_id='$studentId'";
$res1=$link->query($sql1) or die("执行命令'$sql1'失败，因为: ".$link->error);
$has_student=$res1->num_rows;
```

```php
$res1->free( );
$sql2="SELECT * FROM course WHERE course_id='$courseId'";
$res2=$link->query($sql2) or die("执行命令'$sql2'失败, 因为: ".$link->error);
$has_course=$res2->num_rows;
$res2->free( );
if($tableName=='chooseEdit'){
  $sql="UPDATE choose SET student_id='$studentId',course_id='$courseId',
     choose_time='$chooseTime',score='$score' WHERE id='$id'";
}

if($tableName=='chooseADD'){
    if($has_student>0&&$has_course>0){
      $s="SELECT * FROM choose WHERE student_id='$studentId'
         AND course_id='$courseId'";
      $r3=$link->query($s) or die("执行命令'$s'失败, 因为: ".$link->error);
      if($r3->num_rows>0){  echo "<script> alert
('已经为学号为\'{$studentId}\'的学生添加过编号为\'{$courseId}\'的课程的成绩, 不能重复添加。')
      </script>";
        header("Refresh:0;url='chooseManage.php'"); die;
      }
      $r3->free( );
       $sql="INSERT INTO choose(student_id,course_id,choose_time,score)
            VALUES ('$studentId','$courseId','$chooseTime','$score')";
    }elseif($has_student==0&&$has_course==0){ echo "<script> alert
         ('既没有学号为\'{$studentId}\'的学生, '+
            '也没有编号为\'{$courseId}\'的课程, 不能添加成绩。') </script>";
      header("Refresh:0;url='chooseManage.php'"); die;
    }else if($has_student>0){
      echo "<script>alert('没有编号为\'{$courseId}\'的课程。')</script>";
      header("Refresh:0;url='chooseManage.php'"); die;
    }else{
      echo "<script>alert('没有学号为\'{$studentId}\'的学生。')</script>";
      header("Refresh:0;url='chooseManage.php'"); die;
    }
}
$res=$link->query($sql) or die("执行命令'$sql'失败, 因为: ".$link->error);
if($link->errno){
   die("执行命令:'$sql'失败, 原因为: $link->error 。");
   header("Refresh:0;url='chooseManage.php'"); die;
}
$link->close( );
header("Location:chooseManage.php");
```

"成绩"的删除和院系的删除一样,通过页面action-del.php并根据记录id和表名tableName来实现,不再赘述。

12. 考核情况

单击"考核情况"菜单,会出现当前教师所任的课程等信息,并且当前教师能对所任课程下的学生的成绩进行修改,如图9-21所示。

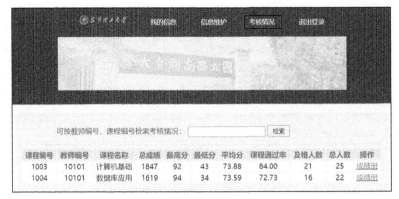

图 9-21 "考核情况"页面

"考核情况"页面 courseSummary.php 的代码如下。

```html
<!DOCTYPE html>
<html lang="zh-cmn-hans">
<head>
    <meta charset="utf-8">
    <link href="css/style.css" rel="stylesheet" type="text/css">
    <title>考核情况</title>
</head>
<body class="context">
<?php include("header.php"); ?>
    <p align="center"><img src="img/tnsau.png" width="800" alt="西南联大"></p>
<?php
    $addscore='';
    if($_SESSION["status"]==='0'){
        $addscore.='<span class="welcome" style="margin-left:10%">
            <a href="chooseManage.php?key=key"></a>
          </span>';
?>
<div class="context-container" style="width: 800px;">
    <?php      }
      $k=isset($_GET['key'])?$_GET['key']:'';
      echo '<p class="welcome" style="margin-left:10%">'
        .'可按教师编号、课程编号检索考核情况:'
      <input type="text" name="keyWord" value="'.$k.'" id="keyWord"
            placeholder=""/>
      <input type="button" value="检索"
            onclick="searchScore( ) ">'.$addscore.'
    </p>';
    ?>

    <hr>
    <table border="0" width="800" cellspacing="2" style="overflow:scroll">
        <tr bgcolor="#fed9ca" align="center">
            <th>课程编号</th><th>教师编号</th><th>课程名称</th>
            <th>总成绩</th><th>最高分</th><th>最低分</th>
            <th>平均分</th><th>课程通过率</th><th>及格人数</th>
            <th>总人数</th><th>操作</th>
        </tr>
        <?php
```

```php
        require_once("dbtools.inc.php");
        $link=create_connection( );
        $id=$_SESSION['id'];
        $keyWord=isset($_GET['key'])?$_GET['key']:$id;
        $sql="SELECT * FROM t_c_calc WHERE 1=1";
        $sql.="AND (cid LIKE '%{$keyWord}%' OR tid LIKE '%{$keyWord}%')";
        $res=$link->query($sql) or die("执行命令'$sql'失败, 因为: ".$link->error);
        $row_count=$res->num_rows;
        for ($i=0; $i<$row_count;$i++){
          $row=$res->fetch_assoc( );
          echo "<tr bgcolor='#fff'>";
          echo "<td align='center'>".$row["cid"]."</td>";
          echo "<td align='center'>".$row["tid"]."</td>";
          echo "<td align='center'>".$row["cname"]."</td>";
          echo "<td align='center'>".$row["sum"]."</td>";
          echo "<td align='center'>".$row["max"]."</td>";
          echo "<td align='center'>".$row["min"]."</td>";
          echo "<td align='center'>".$row["avg"]."</td>";
          echo "<td align='center'>".$row["prate"]."</td>";
          echo "<td align='center'>".$row["pn"]."</td>";
          echo "<td align='center'>".$row["tn"]."</td>";
          echo "<td align='center'>
                  <a href='chooseManage.php?course={$row['cid']}&key=Gradebook'
                      style='color:#ac1dfa;'>成绩册</a>
                </td>";
          echo "</tr>";
        }
        $res->free( ); $link->close( );
      ?>
    </table>
</div>
<?php include("footer.php"); ?>
</body>
<script>
    function searchScore( ){
        var keyWord=document.getElementById("keyWord").value;
        window.location="courseSummary.php?key="+keyWord;
    }
</script>
</html>
```

其中视图 t_c_calc 的定义如下。

```sql
CREATE OR REPLACE VIEW t_c_calc (cid,tid,cname,sum,max,min,avg,prate,pn,tn) AS
SELECT c.course_id,teacher_id,course_name,SUM(score),MAX(score),MIN(score),
        ROUND(AVG(score),2),ROUND(SUM(score>=60)*100/COUNT(score>=0),2),
        SUM(score>=60),COUNT(score>=0)
FROM choose c,course k
WHERE c.course_id=k.course_id
GROUP BY 1,teacher_id
ORDER BY 1;
```

13. 退出登录

单击"退出登录"菜单可退出系统,返回登录页面,如图 9-22 所示。

图 9-22 "退出登录"页面

"退出登录"页面 logout.php 的核心代码如下。

```php
<?php
  session_unset( );     //清除当前会话数据, 但保留 session 文件及 session_id
  session_destroy( );   //删除当前会话 session 文件及释放 session_id, 但不清除会话数据
  header("location:logon.php");     //跳转到登录页面
?>
```

9.5 课程管理系统的运行与测试

本实例是基于 PHP 和 MySQL 实现的网上课程管理系统, 主要是对教师开课、学生选课、成绩等信息进行管理, 分为学生子系统和教师子系统两个部分。

图 9-23 学生登录页面

9.5.1 学生用户的功能运行测试

用户通过本系统的网址访问 index.php, 若未登录则首先进入图 9-23 所示的登录页面。

输入学号和密码, 登录成功后显示图 9-24 所示页面。

单击"修改个人信息"超链接后显示图 9-25 所示页面, 学生可以在此页面更新自己的信息。

图 9-24 "我的信息"学生页面

图 9-25 "修改个人信息"学生页面

单击"选课"菜单后显示图 9-26 所示页面, 学生可以在此页面查看、搜索课程和选课。

单击"我的课程"菜单后显示图 9-27 所示页面, 在此页面, 学生可以查看自己的学习情况、搜索已经学习的课程和退选课程。

单击"退出登录"菜单后退出系统, 并重新回到登录页面。

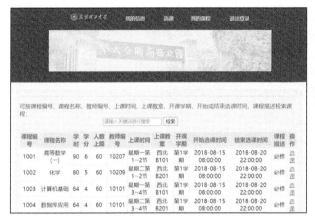

图 9-26　查看、搜索课程及选课　　　　　　　图 9-27　"我的课程"页面

9.5.2　教师用户的功能运行测试

用户通过本系统的网址访问 index.php，若未登录则首先进入登录页面。

输入工号和密码，并选择教师身份登录，如图 9-10 所示。

教师登录成功后显示图 9-11 所示页面。

单击"修改个人信息"超链接后显示图 9-12 所示页面，在此页面教师可以更新自己的个人信息。

单击"考核情况"菜单后显示图 9-28 所示页面，在此页面可以查看课程考核信息。默认查看教师执教的课程的考核信息，也可以通过空的检索词检索所有课程的考核信息。

单击图 9-28 所示的"成绩册"超链接可以查看、添加、修改和删除相应课程学生的成绩，如图 9-29 所示。

图 9-28　"考核情况"页面　　　　　　　　　图 9-29　"成绩册"页面

单击图 9-11 中的"信息维护"菜单，进入"信息维护"页面，在该页面中可以查看、添加、修改和删除数据库中各数据表的信息。

本实例所设计的程序代码前面陆续都有介绍，限于篇幅，本处从略。整个实例所用到的数据库备份和源程序，读者可在人民邮电出版社官网下载。

本章小结

本章重点介绍了课程管理系统中关键模块的开发过程。通过对本章的学习，读者可以熟悉 DBMS 的开发流程，并重点掌握在 PHP 项目中对数据进行增、删、改、查的操作。

参考文献

[1] 王珊，萨师煊. 数据库系统概论（第 5 版）[M]. 北京：高等教育出版社，2014.

[2] 孔祥盛. MySQL 数据库基础及实例教程[M]. 北京：人民邮电出版社，2016.

[3] 黄靖. 全国计算机等级考试二级教程——MySQL 数据库程序设计（2019 年版）[M]. 北京：高等教育出版社，2018.

[4] 徐丽霞，郭维树，袁连海. MySQL 8 数据库原理与应用[M]. 北京：电子工业出版社，2020.

[5] 钱雪忠，王燕玲，张平. MySQL 数据库技术与实验指导[M]. 北京：清华大学出版社，2012.

[6] 孙飞显，孙俊玲，马杰. MySQL 数据库实用教程[M]. 北京：清华大学出版社，2015.

[7] 本·福塔. MySQL 必知必会[M]. 刘晓霞，钟鸣，译. 北京：人民邮电出版社，2020.

[8] MICK. SQL 基础教程（第 2 版）[M]. 孙森，罗勇，译. 北京：人民邮电出版社，2017.

[9] 姜桂洪. MySQL 数据库应用与开发[M]. 北京：清华大学出版社，2018.

[10] 郑阿奇. MySQL 教程[M]. 北京：清华大学出版社，2015.

[11] 崔洋，贺亚茹. MySQL 数据库应用从入门到精通[M]. 北京：中国铁道出版社，2016.